FRIEDLICHE NUTZUNG DER KERNENERGIE

IHRE VORTEILE UND IHRE GEFAHREN

VON

DR.-ING. L. v. ERICHSEN

APL. PROFESSOR AM INSTITUT FÜR PHYSIKALISCHE CHEMIE
DER UNIVERSITÄT BONN

MIT 46 ABBILDUNGEN

SPRINGER-VERLAG
BERLIN · GÖTTINGEN · HEIDELBERG
1962

ISBN-13: 978-3-540-02813-0   e-ISBN-13: 978-3-642-92831-4
DOI: 10.1007/978-3-642-92831-4

Alle Rechte, insbesondere das der Übersetzung in fremde Sprachen,
vorbehalten

Ohne ausdrückliche Genehmigung des Verlages ist es auch nicht gestattet,
dieses Buch oder Teile daraus auf photomechanischem Wege
(Photokopie, Mikrokopie) zu vervielfältigen

© by Springer-Verlag OHG. Berlin · Göttingen · Heidelberg 1962

Die Wiedergabe von Gebrauchsnamen, Handelsnamen, Warenbezeichnungen
usw. in diesem Werk berechtigt auch ohne besondere Kennzeichnung nicht zu
der Annahme, daß solche Namen im Sinn der Warenzeichen- und Markenschutz-
Gesetzgebung als frei zu betrachten wären und daher von jedermann benutzt
werden dürften

Geleitwort

Im Jahre 1958 hat die Heidelberger Akademie der Wissenschaften die Preisaufgabe gestellt, in einer wissenschaftlichen Untersuchung die Vorteile und Gefahren bei der friedlichen Nutzung der Kernenergie gegeneinander abzuwägen und damit einen Beitrag zu der Frage zu liefern, welches das zweckmäßigste Tempo für die Einführung der neuen Energiequelle ist. Dieser Aufgabe hat sich der Autor der vorliegenden Schrift unter Beschränkung der Darstellung auf die naturwissenschaftlich-technischen Grundlagen und auf die wichtigsten wirtschaftlichen und soziologischen Aspekte mit Sachkenntnis und hohem Verantwortungsbewußtsein unterzogen. Hierbei hat er den Schutz des Menschen vor den Gefahren der Radioaktivität besonders berücksichtigt. Seine Schlußfolgerung, daß der Nutzen sich bei näherer Untersuchung als viel größer erweise als der unter ungünstigsten Bedingungen angenommene Schaden, den man bei anderen Industriezweigen ohne weiteres hinnehmen würde, kann als allgemeine Begründung und Rechtfertigung für die Arbeiten zur Erforschung und Nutzung der Kernenergie in der Bundesrepublik Deutschland dienen. Die Gefahren, die mit der neuen Technik verbunden sind, können beherrscht werden. Sie kommen nicht aus der Rationalisierung und Automatisierung der Produktionsprozesse, sondern aus einer Minderung des Verantwortungsbewußtseins. Es gilt daher, die Verantwortung des Menschen zu stärken, damit er sich jederzeit der Folgen seines Tuns oder Unterlassens im Labor, im Technikum, in der Schaltwarte oder auf welchem Arbeitsplatz auch immer bewußt ist.

Prof. Dr. Siegfried Balke
Bundesminister für Atomkernenergie

Vorwort

Zweifellos hätte dieses Buch erst viel später das Licht der Welt erblickt, wenn nicht die Heidelberger Akademie in zufälliger Koinzidenz — oder aus der in der Luft liegenden Problematik heraus — gerade diejenigen Fragen zur Diskussion gestellt hätte, für die ich den Stoff seit Jahren gesammelt, gesichtet und zum Teil durch ergänzende Untersuchungen in einen möglichst einheitlichen Rahmen zu bringen versucht habe. Wenn dann die Arbeit mit dem Preis der Akademie bedacht wurde, so bestätigte sich dadurch der gewählte Standpunkt, eine Feststellung, an der für gewöhnlich der Autor selbst am meisten zweifelt, sobald das Manuskript seine Hände verlassen hat und seinen eigenen Lebensweg antritt. Wenn weiterhin ein in der Wissenschaft bekannter Verlag von sich aus das Risiko eingeht, ein nicht auf ein enges Spezialthema begrenztes Buch herauszubringen, so werden diese Skrupel noch mehr behoben.

Bei der Abfassung der Arbeit war ich bemüht, beide für die friedliche Nutzung der Kernenergie wesentlichen Aspekte zu analysieren, d. h. die damit verbundenen Risiken und Gefahren für den Einzelnen und für die Allgemeinheit auf der einen Seite und die Notwendigkeit oder gar die Vorzüge einer solchen Nutzung andererseits; aus der synthetisierenden Gegenüberstellung schließlich ergeben sich als Fazit das Ja oder Nein, die Anwendungsmöglichkeiten, -notwendigkeiten und- grenzen.

Soweit dazu die Kenntnis von Einzelvorgängen und -daten erforderlich ist, sind diese näher dargestellt, stets jedoch nur in dem Umfang, wie es die Fragestellung dieses Buches notwendig macht. Daß dabei Dinge, die für die Kernenergienutzung nicht charakteristisch sind, die sie vielmehr mit anderen Zweigen der Technik gemeinsam hat, oft nur gestreift werden, ist nicht zu vermeiden. Die verwendete Literatur ist durchwegs zitiert worden, um dem Leser die Möglichkeit zu erleichtern, ihn besonders interessierenden Punkten im Originalschrifttum nachzuspüren.

Vorwort

Das Sammeln der Unterlagen, die persönliche Information, die Teilnahme an Aussprachen hat zwar seit Jahren einige Mühe und Aufwand an Zeit und anderen Dingen gefordert. Daß dieser Aufwand an anderer Stelle zum Teil wieder kompensiert werden konnte, verdanke ich der Deutschen Forschungsgemeinschaft, dem Verband der Chemischen Industrie und dem Bundesatomministerium. Allen diesen Institutionen gehört mein aufrichtiger Dank, ebenso dem Europarat, der eine frühere Untersuchung zum Standortproblem für Kernkraftwerke durch ein Stipendium gefördert hat. Teile des zuletzt genannten Berichtes sind in das vorliegende Buch hineingearbeitet worden.

Die Behandlung des gesamten Stoffes ist durch das Leitmotiv, die *friedliche Nutzung* der Kernenergie, gegeben. Folglich genügte hier die Darstellung der Sache allein nicht, sie ist auch stets auf ihre Auswirkungen hin zu untersuchen, wobei die Wechselbeziehungen physikalisch-technischer, biologischer, soziologischer, wirtschaftlicher und sonstiger Art nicht außer acht gelassen werden durften.

So hat sich schließlich die Schlußfolgerung ergeben, daß die Kernenergie im Interesse der Menschheit so bald und so intensiv wie möglich, jedoch keinesfalls nur um der Demonstration des technischen Fortschrittes willen, eingesetzt werden sollte. Andersmeinende muß ich bitten, die dafür gemachten Vorbehalte nicht zu übersehen, die ich sine ira et studio herauszustellen ebenso bemüht gewesen bin, wie das für die positiven Aspekte gilt.

Der Verfasser

Inhaltsverzeichnis

A. Einführung 1

B. Grundlagen und Methoden und physikalisch-technische Einzelheiten der Kernenergienutzung 3
   I. Physikalische Grundlagen 3
      a) Kernspaltung 3
      b) Spaltprodukte 8
      c) Neutronenabsorption durch Nicht-Spaltstoffe 9
      d) Neutronenabbremsung 12
   II. Aufbau und Funktion von Leistungsreaktoren 14
      a) Thermische Reaktoren 14
        1. Komponenten des thermischen Reaktors 16
        2. Reaktorsteuerung und Regelung 18
        3. Aufbau- und Konstruktionsstoffe des thermischen Reaktors 21
        4. Technisch angewendete Reaktortypen 39
      b) Brutreaktoren 57

C. Instrumentelle und konstruktive Ausrüstung von Kernkraftwerken 62
   I. Instrumentierung 63
   II. Konstruktive Einrichtungen 64

D. Schadenauslösende Vorgänge an Leistungsreaktoren 66

E. Rohmaterialien für Kernbrennstoffe 77
   I. Uran 77
      a) Vorkommen 77
      b) Aufbereitung der Uranerze 80
      c) Angereichertes Uran 80
   II. Thorium 82

F. Aufarbeitung ausgebrauchter Kernbrennstoffe 83
   I. Mechanische Aufarbeitung 84
   II. Physikalisch-chemische Aufarbeitung 85

G. Biologische Wirkung radioaktiver Strahlung 90
   I. Allgemeine Grundlagen 90
      a) γ-Strahlung 91
      b) β-Strahlung 93
      c) α-Strahlung 94

Inhaltsverzeichnis

II. Strahlenauswirkung 95
   a) Primäre biologische Strahlenwirkung 95
   b) Systematik der biologischen Strahlenschäden 97
      1. Primärschädigung 97
      2. Somatische Schädigung 97
      3. Genetische Schädigung 99
III. Strahleneinwirkung und Strahlenschutz 103
   a) Normale Betriebsverhältnisse 103
      1. Äußere Strahleneinwirkung 105
      2. Inkorporierung 106
   b) Strahleneinwirkung durch Reaktorzwischenfälle 112
      1. Schädigung durch Explosion 113
      2. Äußere Strahleneinwirkung 114
      3. Innere Strahleneinwirkung (Inkorporierung) 119
      4. Nachträgliche Inkorporierung 123

H. Radioaktive Abfälle aus der Kernenergiegewinnung 127
   I. Abtrennung und Anreicherung der radioaktiven Abfälle .. 127
   II. Transport radioaktiver Abfälle 132
   III. Endgültige Beseitigung radioaktiver Abfälle 133

J. Standort und Sicherheit 138
   I. Sicherheitsberichte 140
   II. Ortsbewegliche Anlagen 147
      a) Wasserfahrzeuge 148
      b) Land- und Luftfahrzeuge 150
      c) Transportable Klein-Kernkraftwerke 150

K. Soziologische Aspekte der Kernenergienutzung 152
   I. Sozialstruktur und Kernenergie 152
   II. Soziopsychologie und Kernenergie 159

L. Wirtschaftliche Aspekte der Kernenergienutzung 166
   I. Entwicklung und Aufschlüsselung der Weltenergieproduktion 167
   II. Aufschlüsselung des Energiebedarfes 170
      a) Strahlungsenergie 170
      b) Wärmeenergie 171
         1. Hochtemperaturwärme 171
         2. Mitteltemperaturwärme 171
         3. Niedertemperaturwärme 172
      c) Elektrische Energie für Direktverbrauch 173
      d) Bewegungsenergie (Mechanische Energie) 173
         1. Produktionswesen 173
         2. Transportwesen 174
         3. Allgemein zivilisatorischer Bedarf 174
   III. Voraussichtliche Entwicklung des Bedarfes an elektrischer Energie 175

IV. Verbundnetze und Lastausgleich 180
V. Wirtschaftlichkeit der Kernenergie 182
   a) Kapitalkosten und Kapitaldienst 183
   b) Betriebskosten 183
   c) Gesamtgestehungskosten für Atomstrom 186
VI. Atompläne 190

M. Nutzen und Gefahren der Kernenergie 193
   I. Faktoren zugunsten der Kernenergienutzung 194
   II. Nachteile und Gefahren der Kernenergie 198
   III. Schlußfolgerungen 199

Schrifttum 201

Sachverzeichnis 222

A. Einführung

Wie die Entwicklung des Flugzeuges, der Raketen und der modernen Elektronik innerhalb kurzer Zeitspannen, so verdankt auch die Kernenergie den Übergang aus dem Bereich wissenschaftlicher Laboratorien in den großtechnischen Maßstab einer Zeit kriegerischer Auseinandersetzungen. Flugzeuge, elektronische Roboter und Raketen sind nach ihrem Großeinsatz als Hilfsmittel der Vernichtung zu solchen des menschlichen Fortschrittes geworden bzw. auf dem Wege, es zu werden. Darum kann man wünschen und hoffen, und die Entwicklungstendenz scheint es zu bestätigen, daß auch die Kernenergie nunmehr ein nützliches Werkzeug des Menschen zu werden beginnt.

Immerhin sind alle diese Dinge von Menschen entwickelt worden, und ihr Einsatz und ihre Verwendung werden von Menschen bestimmt; da dieser aber erfahrungsgemäß immer wieder zu atavistischen Rückfällen neigt, sind gerade die wirkungsvollsten Werkzeuge in seiner Hand mit der Hypothek des potentiellen Mißbrauches belastet.

Diese Tatsache sollte jedoch nicht zur lähmenden Resignation oder gar zu einer noch verhängnisvolleren Bilderstürmerei gegenüber der Kernenergienutzung führen. Einmal ist ein neuer Entwicklungsschritt ein irreversibler Prozeß, den man nicht durch emotionelle Reaktionen annullieren kann; zum anderen liegt die Gefahr des Mißbrauches ebenso in jedem anderen vom Menschen hervorgebrachten neuen Gegenstand, jedem Verfahren und jeder neuen Idee.

Das Problem der Nutzung der Atomenergie ist als Ganzes ein außerordentlich vielschichtiges und so komplex, daß man nur unter Außerachtlassen aller imponderablen Parameter versuchen kann, es einigermaßen sachlich zu betrachten. Es wird ferner der gegenseitigen Verständigung dienlich sein, einige später gemachte Voraussetzungen und Standpunkte vorwegnehmend festzulegen.

Unter Kernenergie im engeren Sinne soll die bei der Spaltung von Atomkernen in einer Kettenreaktion freiwerdende und nutzbare Energie verstanden werden; da die technischen Möglichkeiten, Fusionsenergie in kontrollierter Weise zu verwerten, noch in weiter Ferne liegen, ist diese in die Diskussion der hier anstehenden Fragen nicht mit einbezogen.

Autarkiebestrebungen, politische, wirtschaftliche und militärische Ambitionen einzelner Staaten, Staatengruppen oder Interessenverbände können nicht in das Für und Wider der Kernenergienutzung einbezogen werden, da sie einer rationalen Betrachtung noch nicht zugänglich sind, und da Voraussagen und Schätzungen hierüber beliebige spekulative Möglichkeiten zulassen.

Mit friedlicher Nutzung der Kernenergie ist hier die Ausnutzung der bei der Kernspaltung freiwerdenden, gewaltigen Energiemengen durch ihre *großtechnische* Umwandlung in konventionelle Energieformen, vor allem in elektrische, Wärme- und Bewegungsenergie gemeint. Wollte man die Vielzahl der bereits vorhandenen Forschungs- und Versuchsreaktoren und andere Experimente mit einbeziehen, so würde das Bild sehr unübersichtlich werden. Diese Vernachlässigung ist zu verantworten, weil es sich dabei im allgemeinen um kleine, geschlossene Forschungseinrichtungen in abgeschlossenen Bezirken handelt, die zudem durch ein überdurchschnittlich sachkundiges Personal betrieben werden; auch ist ihre Einzelleistung durchweg sehr gering im Vergleich zu der von Kernkraftwerken.

Der Begriff Menschheit schließlich umfaßt nicht nur die derzeit über die bewohnbare Erdoberfläche verteilte Menschengeneration, sondern auch die in eine vorerst noch nicht absehbare Zukunft hinein existierende Geschlechterfolge des genus humanum, deren maximaler Nutzen aus der neu erschlossenen Energiequelle des Atomkernes erstrebt werden sollte.

Im Laufe der folgenden Darstellung sollen die Eigenheiten der Kernenergiegewinnung, ihre Besonderheiten und ihr Gemeinsames mit der klassischen Energieerzeugung so weit untersucht werden, wie sie Bezug zur praktischen Nutzung der Kernenergie haben. Daraus ergeben sich zahlreiche Einzelheiten physikalisch-technischer, biologischer, soziologischer und ökonomischer Art, die positiv oder negativ bei der Bewertung und Beurteilung der Kernenergie zu Buche schlagen können. Erst das Fazit aus diesen Einzelheiten kann zeigen, ob, in welchem Umfang und wie rasch die Energiegewinnung aus Kernbrennstoffen ausgebaut werden darf oder soll.

B. Grundlagen und Methoden und physikalisch-technische Einzelheiten der Kernenergienutzung

I. Physikalische Grundlagen

a) Kernspaltung

Die Kenntnis der mit der Spaltung von Atomkernen potentiell verbundenen Energiemengen reicht bereits eine Reihe von Jahrzehnten zurück. Diese Energien praktisch nutzbar zu machen, blieb so lange ein Wunschtraum, als die bei einem einzelnen Kernabbau freigesetzte Energie nicht dazu verwendet werden konnte, zumindest *einen* weiteren, analogen Elementarprozeß, also eine sich selbst unterhaltende Kettenreaktion auszulösen.

Als entscheidende Wende ist die 1938 von O. HAHN und F. STRASSMANN gemachte und Anfang 1939 veröffentlichte Entdeckung anzusehen, wonach bei der Bestrahlung von Uran mit Neutronen Kernbruchstücke von mittlerer Massenzahl sowie mindestens zwei neue Neutronen anfallen (O. HAHN, 1939 I—V). In Erkenntnis der Bedeutung dieses Phänomens befaßte sich unmittelbar nach seinem Bekanntwerden ein Großteil der gesamten physikalischen Welt mit diesem, resultierend in einer heute nicht mehr zu überschauenden Flut von Veröffentlichungen.

Das Wesentliche an dieser Spaltung der Kerne des Urans und sich analog verhaltender Elemente sind die hohe Energie und die Tatsache, daß, wie oben erwähnt, dabei immer wieder neue Neutronen frei werden, die damit quasi einen Spaltungskatalysator für beliebige Spaltstoffmengen darstellen.

Über den freiwerdenden Energiebetrag sind seinerzeit sofort entsprechende theoretische Rechnungen und praktische Messungen angestellt worden, die zu dem außerordentlich hohen Wert von wenigstens 200 MeV führten (L. MEITNER, 1939; S. FLÜGGE, 1939). Bezüglich der Zahl der sekundären Spaltungsneutronen wurde ebenfalls unverzüglich mehr und mehr experimentelle Klarheit geschaffen (O. R. FRISCH, 1939; H. v. HALBAN, 1939; u. v. a.) und gefunden, daß sie 2—3 je Spaltung beträgt. Die neuesten Werte für die verschiedenen Spaltstoffe findet man in der Tabelle 1.

Tabelle 1. *Zahl $\bar{\nu}$ der je Spaltung im Mittel entstehenden Spaltneutronen für verschiedene Spaltkerne.* (Nach AEC-Reactor Handbook, 1955; u. a.)

Neutronen-energie	U-233	U-235	U-238	Pu-239	Pu-241
therm	2,49—2,51	2,47—2,48	2,30	2,90	3,00
(1 MeV)	2,60	2,65—2,85	2,45	2,98	—
(10 MeV)	2,70	2,90	2,50—2,65	3,10	—

Unter der großen Zahl von Einzelbefunden über den Mechanismus der Kernspaltung ist besonders hervorzuheben die Feststellung, daß nicht alle Spaltungsneutronen im Augenblick der Spaltung frei werden; der Anteil dieser *prompten* Neutronen beträgt vielmehr nur etwa 99%. Der Rest wird als *verzögerte* Neutronen seitens einiger der entstandenen Bruchstücke mit Halbwertszeiten bis nahezu 1 min abgegeben. Die bisher nachgewiesenen Hauptvertreter dieser Spaltprodukte mit Emission verzögerter Neutronen sind Halogene, deren Massenzahlen nur wenig oberhalb der magischen Zahlen liegen, da deren Neutronenbindungsenergie besonders niedrig ist (G. J. PERLOW, 1957; U. SCHINDEWOLF, 1959; G. HERTZ, 1961; K. W. HOFFMANN, 1961). Die Tabelle 2 bringt eine Übersicht über die Eigenschaften dieser Neutronenstrahler. Es wird weiter unten zu zeigen sein, daß gerade das Auftreten verzögerter Neutronen es durch Verlängerung der Reaktorperiode (s. dort) ermöglicht, einen Reaktor mit vertretbarem technischem Aufwand und zureichender Sicherheit zu steuern und zu regeln.

Tabelle 2. *Eigenschaften der Spaltprodukte aus U-233, U-235 und Pu-239 mit Emission verzögerter Neutronen*

Gruppen-Nr. i	$T^{1/2}$ sec	β_i für U-233 % d. Sp.-Neutr.	β_i für U-235 % d. Sp.-Neutr.	β_i für Pu-239 % d. Sp.-Neutr.	E_i d. verz. Neutronen MeV
1	54,0—55,7	0,018	0,026	0,012	0,250
2	19,8—22,7	0,058	0,170	0,094	0,560
3	5,5—6,2	0,086	0,210	0,112	0,430
4	2,1—2,3	0,061	0,240	0,105	0,620
5	0,44—0,61	0,018	0,083	0,040	0,420
6	0,11—0,23	—	0,030	—	0,30
$\sum \beta_i = \beta$	—	0,241	0,759	0,363	

Verlauf und Endprodukte der Kernspaltung

Die Spaltungswahrscheinlichkeit hängt von der Massenzahl (gerade oder ungerade) sowie von der Energie des den Kern treffenden Neutrons ab, des weiteren von dem Verhältnis $\alpha = \sigma_E/\sigma_{sp}$ der Querschnitte für Spaltung ($\sigma_{sp} : X(n,f)\ Y, Z, (1\text{---}6)n$) bzw. Einfang ($\sigma_E : {}_A X(n, \gamma)\ {}^{A+1}X$).

Die Kerne mit gerader Massenzahl (z. B. Th-232, U-234, U-236, U-238, Pu-240) bedürfen wegen der höheren Bindungsenergie des letzten Neutrons einer um mindestens 1 MeV höheren Energie zur Spaltung als diejenigen mit ungerader Massenzahl (U-233, U-235, Pu-239, Pu-241). Die erste Gruppe ist also nur mit schnellen Neutronen, die letztere schon mit thermischen zu spalten (B. C. DIVEN, 1956; V. G. NESTEROV, 1961; G. N. WALTON, 1961).

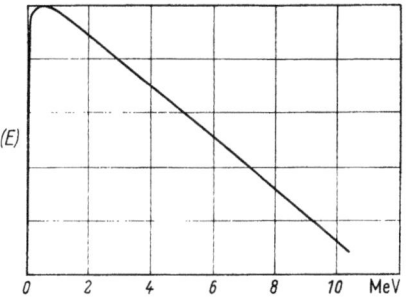

Abb. 1. Primäres Energieverteilungsspektrum der prompten Spaltungsneutronen

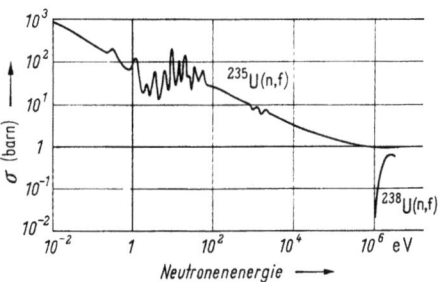

Abb. 2. Zusammenhang zwischen der Neutronenenergie und den Spaltungsquerschnitten von ^{235}U bzw. ^{238}U

Ob und in welchem Umfang nach einer primären Spaltung überhaupt Spaltungsneutronen für die schnelle Spaltung anfallen, ist aus dem Energiespektrum der Abb. 1 zu ersehen. Demnach stehen primär durchaus genügend schnelle Neutronen zur Verfügung, um auch z. B. U-238 zu spalten. Es ist allerdings der Vorbehalt zu machen, daß in der Wirklichkeit diese Energie bereits nach wenigen Zusammenstößen auch ohne Einfang verlorengeht, worauf in den Abschnitten B I d und vor allem B II a zurückzukommen ist, wo die praktische Durchführung der Spaltungsprozesse im energieliefernden Reaktor behandelt wird.

Die vorher erwähnten, großen Unterschiede in der Spaltbarkeit von U-235 bzw. U-238 durch Neutronen verschiedener Energie sind in der Abb. 2 dargestellt. Für die anderen Kernbrennstoffe mit ungeraden bzw. geraden Massenzahlen liegen die Verhältnisse durchaus analog (M. H. KALOS, 1960).

Ein weiterer, wesentlicher Umstand für die rationelle Ausnutzung der Kernbrennstoffe ist die als Konkurrenzreaktion zur Spaltung ablaufende, weiter oben erwähnte Einfangsreaktion, bei der das absorbierte Neutron nicht zur Spaltung des absorbierenden Kernes führt, sondern nur seine Massenzahl A auf $A + 1$ erhöht; die Überschußenergie wird als γ-Quant abgestrahlt. Als Gesamtreaktion ergibt sich also hier

$$^A X \, (n, \gamma) \, ^{A+1}X \, . \qquad (1)$$

Da dieser Einfang ausgeprägte Resonanzmaxima bei diskreten Neutronenenergien zeigt, werden während jeder Abbremsungsfolge mit großer Wahrscheinlichkeit diejenigen Neutronen herausgefangen, die gerade die Resonanzenergie aufweisen (L. DRESNER, 1960). Die Abb. 3 und 4 zeigen die Lage der Resonanzstellen und den sehr hohen Einfangquerschnitt an diesen Energiestellen für U-238 und Th-232. Die Tabelle 11 (Abschn. BIIb „Brutreaktoren") enthält zum Vergleich neben anderen Werten auch die Absorptionsanteile für die Spaltstoffe U-233, U-235 und Pu-239.

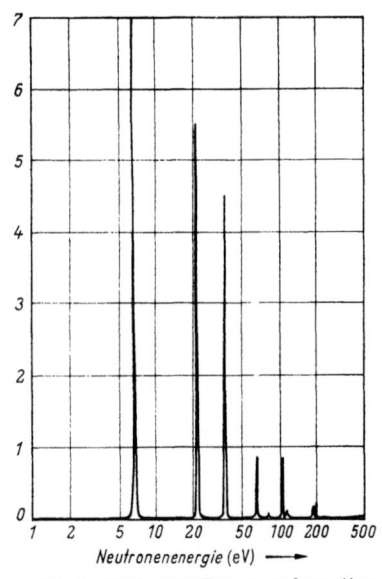

Abb. 3. Neutronen-Resonanzabsorption von ^{238}U

An hier relevanten Prozessen ist zusammenzufassen, daß mit langsamen (thermischen) Neutronen U-233, U-235, Pu-239 und Pu-241 mit hohem Wirkungsquerschnitt zu spalten sind, wobei sie neben Spaltbruchstücken 1—6, im Mittel 2,5—2,8 Spaltungsneutronen liefern; ferner daß Th-232 und U-238 mit schnellen Neutronen ebenfalls spaltbar sind, daneben aber mit gebremsten (epithermischen) Neutronen durch Resonanzabsorption Kerne mit ungerader Massenzahl aufbauen.

Weiterhin sind für die Spaltung charakteristische, primäre

Produkte die Spaltbruchstücke (Spaltprodukte), die Neutronen und
γ-Quanten.

Da in den Spaltprodukten trotz der prompten oder verzögerten
Neutronenabspaltung das Z_n/Z_p-Verhältnis immer noch zu hoch
liegt, um stabile Kerne zu ergeben, zerfallen sie durch β-Umwandlung, die oft mit einer
γ-Emission verknüpft
ist, direkt oder über
Zerfallsreihen in stabile
Endkerne. Als sekundäre, energieführende
Produkte dieses Zerfalls
sind demnach Rückstoßkerne (J. M. ALEXANDER,
1960), β-Teilchen und
γ-Quanten hinzuzunehmen, die zur Energielieferung bei der praktischen Anwendung der
Kernspaltung beitragen. Die mit dem β-Zerfall verbundene Neutrinoemission muß dabei außer acht gelassen werden, da die Wechselwirkung der Neutrinos mit der Materie verschwindend gering ist.

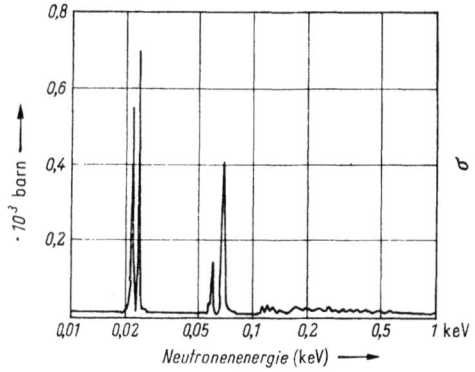

Abb. 4. Neutronen-Resonanzabsorption von [232]Th

Tabelle 3.
Anteil- und Zeitbilanz der Energielieferung durch Teilprozesse der Kernspaltung

Energielieferung durch	Energielieferung gegenüber der Spaltung	Energiebetrag MeV	Energieanteil %	Nutzbar
Kinetische Energie der Spaltprodukte	gleichzeitig	170	85,0	ja
Kinetische Energie der prompten Neutronen	gleichzeitig	3	1,5	teilweise
Kinetische Energie der verzögerten Neutronen	verzögert	gering	—	—
β-Zerfall der Spaltprodukte	wenig bis stark verzögert	7	3,5	teilweise
γ-Strahlung (prompt und Spaltprodukte)	gleichzeitig bis stark verzögert	11	5,5	überwiegend
Neutrinoanteil des β-Zerfalls	wenig bis stark verzögert	9	4,5	nein

8   Grundlagen und Methoden der Kernenergienutzung

Somit ergibt sich eine detaillierte Energiebilanz für die Spaltung, wie sie die Tabelle 3 darstellt (S. 7). Auf die darin enthaltenen Angaben wird weiter unten des öfteren zurückzukommen sein, da die dadurch festgelegten Charakteristika der Teilprozesse entscheidenden Einfluß auf das betriebliche Verhalten eines Reaktors, auf seine Neutronen- und damit Brennstoffökonomie, auf die Reaktorsicherheit, die Energiedichte und sekundär auf zahlreiche, mit diesen Parametern zusammenhängenden Faktoren haben.

b) Spaltprodukte

Die Betrachtung der Eigenheiten der bei der Spaltung entstehenden Spaltprodukte ist unumgänglich, da sie nicht nur die

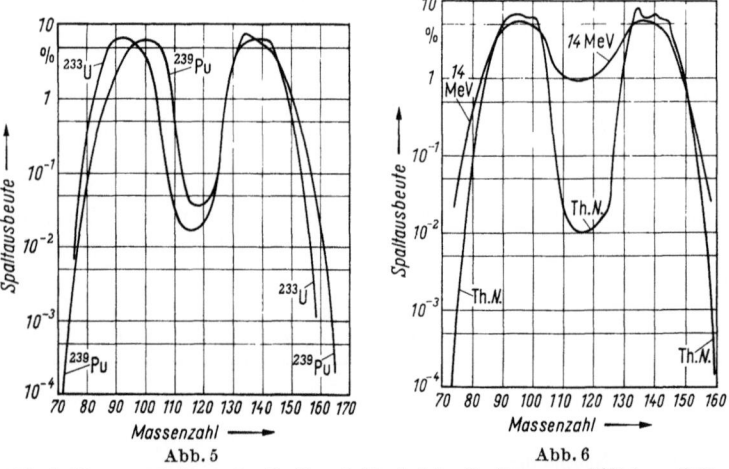

Abb. 5   Abb. 6

Abb. 5. Massenverteilung der Spaltprodukte bei der Spaltung von ^{233}U bzw. ^{239}Pu mit thermischen Neutronen. (Nach S. KATCOFF, 1960)

Abb. 6. Massenverteilung der Spaltprodukte bei der Spaltung von ^{235}U mit thermischen bzw. 14 MeV-Neutronen. (Nach S. KATCOFF, 1960)

Neutronenökonomie und damit die Reaktorbetriebsweise beeinflussen, sondern auch das heikle Problem der sog. radioaktiven Abfälle (vgl. Abschn. F und H), der Brennstoffaufarbeitung (Abschn. F), die Standortfrage usw. Eine Übersicht über die relative Häufigkeit dieser Spaltprodukte findet man in den Abbildungen 5—7. Zwar treten gewisse quantitative Unterschiede in den Massenverteilungsspektren bei der Spaltung verschiedener Spaltstoffe mit Neutronen unterschiedlicher Energie auf, jedoch ist die durchweg vorhandene Sattelkurve dadurch gekennzeichnet, daß Häufigkeitsmaxima der gebildeten Nuklide in den etwa zwischen 85—105 und 130—150 liegenden Massenbereichen vorhanden sind.

Neben der Konzentration der bei der Spaltung gebildeten Nuklide sind für ihren Energiebeitrag wie für die Brennstoffaufarbeitung usw. außer der Energie ihrer Strahlung ihre Zerfallsgeschwindigkeit bzw. ihre Halbwertszeit bedeutungsvoll. In den Tabellen 4 und 5 sind die entsprechenden Daten für die in größerem Anteil gebildeten Spaltungsnuklide zusammengefaßt (S. 10—12).

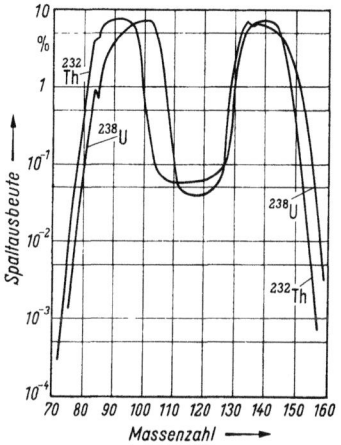

Abb. 7. Massenverteilung der Spaltprodukte bei der Spaltung von ^{232}Th bzw. ^{235}U mit Spaltneutronen. (Nach S. KATCOFF, 1960)

c) Neutronenabsorption durch Nicht-Spaltstoffe

Da ein Reaktor nicht nur aus Kernbrennstoff besteht, sondern große Mengen an Konstruktionsmaterialien und Betriebsmedien enthält, da weiterhin seine Spaltungsrate geregelt werden muß, und da schließlich während der Betriebszeit mehr und mehr Spaltprodukte gebildet werden, ist die Kenntnis der Absorption von Neutronen durch diese Spaltstoff-fremden Stoffe von grundlegender Bedeutung.

Substanzen, die Kerne mit nur geringem Absorptionsquerschnitt für Neutronen aufweisen, müssen in der Praxis zwar beachtet werden, können aber im Rahmen der hier vorliegenden Fragen außer acht gelassen werden. Anders steht es dagegen mit starken Neutronenabsorbern, die in die Reaktorfunktion entscheidend eingreifen, sie unterbinden, regulieren oder labil machen können.

Von den in der Tabelle 6 (S. 12) wiedergegebenen, durch besonders starke Neutronenabsorption ausgezeichneten Nukliden können die meisten sowohl als Verunreinigungen in den Reaktorkomponenten auftreten und dort die Neutronenökonomie ungünstig beeinflussen, sie sind andererseits die wirksamsten Medien zur Steuerung und Regelung der Reaktorleistung. Das Xe-135 nimmt darunter durch seinen Edelgascharakter, seine Entstehung als Spaltprodukt und seine recht kurze Halbwertszeit eine Sonderstellung insofern ein, als mit seinem Aufbau aus dem Mutterelement J-135 und dem überlagerten Abklingen eine zeitliche Variable gegeben ist, die den Reaktorbetrieb bei stärkeren Leistungsänderungen, insbesondere nach Abschaltperioden, empfindlich stören oder sogar gefährden kann.

Tabelle 4. *Spaltprodukte und ihre Zerfallsreihen aus dem ersten Maximum der Massen-Häufigkeitskurve*

Primäres Spaltungsnuklid	Zerfallsreihe	Stabiles Endnuklid
Se-84	$\xrightarrow[2\,m]{}$ Br-84 $\xrightarrow[30\,m]{}$	Kr-84
As-85	$\xrightarrow[0{,}43\,s]{}$ Se-85 $\xrightarrow[\text{kurz}]{}$ Br-85 $\xrightarrow[3\,m]{}$ Kr-85 $\xrightarrow[+10{,}6\,a]{4{,}4\,h}$	Rb-85
Br-87	$\xrightarrow[56\,s]{}$ Kr-87 $\xrightarrow[78\,m]{2\%\,n}$ Kr-86 $\to$	Rb-87
Br-88	$\xrightarrow[16\,s]{}$ Kr-88 $\xrightarrow[2{,}8\,h]{}$ Rb-88 $\xrightarrow[17{,}7\,m]{}$	Sr-88
Br-89	$\xrightarrow[4{,}5\,s]{n}$ Kr-89 $\xrightarrow[3{,}2\,m]{}$ Rb-89 $\xrightarrow[15\,m]{}$ Sr-89 $\xrightarrow[51\,d]{}$	Y-89
Kr-90	$\xrightarrow[33\,s]{}$ Rb-90 $\xrightarrow[2{,}7\,m]{}$ Sr-90 $\xrightarrow[28\,a]{}$ Y-90 $\xrightarrow[67\,h]{}$	Zr-90
Kr-91	$\xrightarrow[10\,s]{}$ Rb-91 $\xrightarrow[14\,m]{}$ Sr-91 $\xrightarrow[9{,}7\,h]{}$ Y-91 $\xrightarrow[+57\,d]{50\,m}$	Zr-91
Kr-92	$\xrightarrow[3\,s]{}$ Rb-92 $\xrightarrow[80\,s]{}$ Sr-92 $\xrightarrow[2{,}7\,h]{}$ Y-92 $\xrightarrow[3{,}4\,h]{}$	Zr-92
Kr-93	$\xrightarrow[2\,s]{}$ Rb-93 $\xrightarrow[\text{s. kurz}]{}$ Sr-93 $\xrightarrow[7\,m]{}$ Y-93 $\xrightarrow[10\,h]{}$ Zr-93 $\xrightarrow[9\cdot 10^5\,a]{}$	Nb-93
Kr-94	$\xrightarrow[1{,}4\,s]{}$ Rb-94 $\xrightarrow[\text{s. kurz}]{}$ Sr-94 $\xrightarrow[2\,m]{}$ Y-94 $\xrightarrow[16{,}5\,m]{}$	Zr-94
Kr-95	$\xrightarrow[\text{kz.}]{}$ Rb-95 $\xrightarrow[\text{kz.}]{}$ Sr-95 $\xrightarrow[\text{kz.}]{}$ Y-95 $\xrightarrow[\text{kz.}]{}$ Zr-95 $\xrightarrow[\text{kz.}]{}$ Nb-95 $\xrightarrow[35\,d]{}$	Mo-95
Nb-96	$\xrightarrow[23\,h]{}$	Mo-96
Kr-97	$\xrightarrow[1\,s]{}$ Rb-97 $\xrightarrow[\text{kz.}]{}$ Sr-97 $\xrightarrow[\text{kz.}]{}$ Y-97 $\xrightarrow[\text{kz.}]{}$ Zr-97 $\xrightarrow[17\,h]{}$ Nb-97 $\xrightarrow[+72\,m]{1\,m}$	Mo-97

Primäres Spaltungsnuklid	Zerfallsreihe	Stabiles Endnuklid
Nb-99	$\xrightarrow[2,5\,m]{}$ Mo-99 $\xrightarrow[68\,h]{}$ Tc-99 $\xrightarrow[2,2\cdot 10^5\,a]{}$	Ru-99
Mo-101	$\xrightarrow[14,6\,m]{}$ Tc-101 $\xrightarrow[14,3\,m]{}$	Ru-101
Mo-102	$\xrightarrow[11,6\,m]{}$ Tc-102 $\xrightarrow[5\,s]{}$	Ru-102
Ru-103	$\xrightarrow[40\,d]{}$ Rh-103 m $\xrightarrow[57\,m]{}$	Rh-103
Tc-104	$\xrightarrow[3,8\,m]{}$	Ru-104

Tabelle 5. *Spaltprodukte und ihre Zerfallsreihen aus dem zweiten Maximum der Massen-Häufigkeitskurve*

Primäres Spaltungsnuklid	Zerfallsreihe	Stabiles Endnuklid
Sb-129	$\xrightarrow[70\,m]{}$ Te-129 $\xrightarrow[+72\,m]{33\,d}$ J-129 $\xrightarrow[3\cdot 10^7\,a]{}$	Xe-129
Sn-131	$\xrightarrow[3,4\,m]{}$ Sb-131 $\xrightarrow[23\,m]{}$ Te-131 $\xrightarrow[25\,m]{}$ J-131 $\xrightarrow[8\,d]{}$	Xe-131
Sn-132	$\xrightarrow[2,2\,m]{}$ Sb-132 $\xrightarrow[2,1\,m]{}$ Te-132 $\xrightarrow[75\,h]{}$ J-132 $\xrightarrow[2,3\,h]{}$	Xe-132
Sb-133	$\xrightarrow[4,4\,m]{}$ Te-133 $\xrightarrow[+2\,m]{63\,m}$ J-133 $\xrightarrow[21\,m]{}$ Xe-133 $\xrightarrow[5,3\,d]{}$	Cs-133
Sb-134	$\xrightarrow[50\,s]{}$ Te-134 $\xrightarrow[44\,m]{}$ J-134 $\xrightarrow[53\,m]{}$	Xe-134
Te-135	$\xrightarrow[kz.]{}$ J-135 $\xrightarrow[6,6\,h]{}$ Xe-135 $\xrightarrow[+9,2\,h]{15\,m}$ Cs-135 $\xrightarrow[2,1\cdot 10^6\,a]{}$	Ba-135
J-136	$\xrightarrow[1,5\,m]{}$	Xe-136
J-137	$\xrightarrow[22\,s]{6\%\,n}$ Xe-137 $\xrightarrow[3,4\,m]{}$ Cs-137 $\xrightarrow[30\,a]{}$ Ba-137 m $\xrightarrow[26\,m]{}$	Ba-137
J-138	$\xrightarrow[5,9\,s]{}$ Xe-138 $\xrightarrow[47\,m]{}$ Cs-138 $\xrightarrow[32\,m]{}$	Ba-138
J-139	$\xrightarrow[2,7\,s]{}$ Xe-139 $\xrightarrow[41\,s]{}$ Cs-139 $\xrightarrow[9,5\,m]{}$ Ba-139 $\xrightarrow[85\,m]{}$	La-139
Xe-140	$\xrightarrow[16\,s]{}$ Cs-140 $\xrightarrow[66\,s]{}$ Ba-140 $\xrightarrow[12,8\,d]{}$ La-140 $\xrightarrow[40\,h]{}$	Ce-140
Xe-141	$\xrightarrow[1,7\,s]{}$ Cs-141 $\xrightarrow[kz.]{}$ Ba-141 $\xrightarrow[18\,m]{}$ La-141 $\xrightarrow[3,8\,h]{}$ Ce-141 $\xrightarrow[32\,d]{}$	Pr-141

Primäres Spaltungs-nuklid	Zerfallsreihe	Stabiles End-nuklid
Cs-142	$\xrightarrow[3\,m]{}$ Ba-142 $\xrightarrow[11\,m]{}$ La-142 $\xrightarrow[85\,m]{}$	Ce-142
Xe-143	$\xrightarrow[1\,s]{}$ Cs-143 $\xrightarrow[kz.]{}$ Ba-143 $\xrightarrow[kz.]{}$ La-143 $\xrightarrow[19\,m]{}$ Ce-143 $\xrightarrow[33\,h]{}$ Pr-143 $\xrightarrow[13,8\,d]{}$	Nd-143
Xe-144	$\xrightarrow[1\,s]{}$ Cs-144 $\xrightarrow[kz.]{}$ Ba-144 $\xrightarrow[kz.]{}$ La-144 $\xrightarrow[kz.]{}$ Ce-144 $\xrightarrow[285\,d]{}$ Pr-144 $\xrightarrow[17\,m]{}$	Nd-144
Xe-145	$\xrightarrow[0,8\,s]{}$ Cs-145 $\xrightarrow[kz.]{}$ Ba-145 $\xrightarrow[kz.]{}$ La-145 $\xrightarrow[kz.]{}$ Ce-145 $\xrightarrow[3\,m]{}$ Pr-145 $\xrightarrow[5,9\,h]{}$	Nd-145
Ce-146	$\xrightarrow[14\,m]{}$ Pr-146 $\xrightarrow[24\,m]{}$	Nd-146
Nd-147	$\xrightarrow[11,1\,d]{}$ Pr-147 $\xrightarrow[2,65\,a]{}$	Sm-147
Nd-149	$\xrightarrow[1,8\,h]{}$ Pr-149 $\xrightarrow[50\,h]{}$	Sm-149

Tabelle 6. *Charakteristika der Neutronenabsorption durch nicht spaltbare Nuklide mit besonders starker Absorption*

Nuklid	Absorpt.-reaktion	Wirkungs-querschnitt (therm.) $b(10^{-24}\,cm^2)$	Absorpt.-charakteristika	Folgenuklid
B-10	n, α	4010	$1/v$-Absorb.	He-4, Li-7 (stabil)
Cd-113	n, γ	20000 1400	Resonanzabs.	Cd-114 (stabil)
Eu-151	n, γ	+7200	Resonanzabs.	Eu-152 (K, β, γ-Str.)
Eu-153	n, γ	420	Resonanzabs.	Eu-154 ($\sigma_a = 1550\,b$)
Gd-155	n, γ	70000	Resonanzabs.	Gd-156 (stabil)
Gd-157	n, γ	160000	Resonanzabs.	Gd-158 (stabil)
Hf-174 bis Hf-180	n, γ	109	Resonanzabs.	meist stabil
Xe-135 ($T^1/_2 = 5,65\,d$)	n, γ	2700000	vorw. Reson., auch im epitherm. Bereich	Xe-136 (stabil)

d) Neutronenabbremsung

Fast alle vorstehend behandelten Prozesse beruhen auf der Wechselwirkung mit langsamen (thermischen) Neutronen. Da die prompten Neutronen im Augenblick ihrer Entstehung Energien bis über 10^7 eV, die verzögerten Neutronen diskrete Energien von einigen 10^5 eV aufweisen können, müssen sie durch elastische Streuprozesse erst einmal in den thermischen Energiebereich von ca. 0,025 eV (entsprechend 20°C) herabgebremst werden. Da sie dann mit dem umgebenden Medium im Temperaturgleichgewicht stehen, entspricht ihre Geschwindigkeit nicht einem einheitlichen Wert, sondern mit sehr guter Näherung der Maxwell-Geschwindigkeitsverteilung für Gase

$$\frac{n(v)}{n} = 4\pi \left(\frac{m_n}{2\pi kT}\right)^{3/2} \cdot v^2 \cdot e^{-m_n \cdot v^2/2kT}, \qquad (2)$$

woraus sich eine mittlere Geschwindigkeit solcher thermischer Neutronen von 2200 m · sec^{-1} ergibt (E. GUTH, 1960; J. TACHON, 1960; G. BLÄSSER, 1960).

Aus den für elastischen Stoß geltenden Gesetzen ist ersichtlich, daß die Bremsung um so wirksamer ist, je ähnlicher die Masse des Bremskernes der des Neutrons ist. Die mittlere logarithmische Bremsung in Tabelle 7 gibt ein Abbild der Bremswirkung von Kernen einiger als Bremsmittel in Betracht kommender Elemente.

Tabelle 7.
Mittlere logarithmische Bremsung ξ durch Kerne verschiedener Massenzahl

Kern	Massenverhältnis Bremskern : Neutron	$\xi \left(ln \dfrac{E \text{ (n. d. Stoß)}}{E \text{ (v. d. Stoß)}} \right)$
H-1	1	1,000
H-2 (D)	2	0,725
Li-7	7	0,268
Be-9	9	0,209
C-12	12	0,158
O-16	16	0,120
Na-23	23	0,0845
Bi-209	209	0,00955
U-238	238	0,00838

Es genügt für eine optimale Bremswirkung eines Brems- oder Moderatormaterials jedoch noch nicht ein günstiger Wert für ξ allein, vielmehr muß die Bremsung auf kurze Distanz erfolgen, somit muß die Kernkonzentration bzw. Dichte groß sein, wobei gleichzeitig das Verhältnis zwischen Streuquerschnitt σ_s und Absorptionsquerschnitt σ_a so hoch wie möglich zu liegen hat. Diese Faktoren lassen sich unter dem Begriff des *Bremsverhältnisses* V_M nach

$$V_M = \xi \cdot \frac{\sigma_s}{\sigma_a} \tag{3}$$

zusammenfassen. Die Tabelle 8 bringt eine Übersicht über diejenigen Stoffe, die auf Grund eines brauchbaren Bremsverhältnisses praktisch als Moderatorsubstanzen für thermische Kernreaktoren in Betracht kommen.

Tabelle 8. *Bremsverhältnis V_M verschiedener Moderatorsubstanzen*

Bremssubstanz (Moderator)	σ_a (therm) b	σ_s (therm) b	(σ_s epitherm) b	V_M
D$_2$O	0,00092	15	10,5	5800
BeO	0,0092	11,1	9,8	180
C	0,0045	4,8	4,8	170
Be	0,0090	6,9	6	150
H$_2$O	0,66	110	46	70

Beim Vergleich zeigt sich beispielsweise, daß trotz des hohen ξ-Wertes des leichten Wasserstoffs infolge des relativ hohen Absorptionsquerschnittes σ_a das zugehörige Bremsverhältnis für leichtes Wasser keineswegs sonderlich günstig ist.

II. Aufbau und Funktion von Leistungsreaktoren

Aus den Einzelheiten des vorhergehenden Abschnittes I, die sich allerdings nur auf das Wesentlichste beschränken, sind der prinzipielle Aufbau eines Reaktors und seine Arbeitsweise ohne Schwierigkeiten abzuleiten (z. B. F. CAP, 1957; W. RIEZLER, 1958; J. J. SYRETT, 1961).

a) Thermische Reaktoren

Ein durch Kernspaltung kontinuierlich Energie liefernder Reaktor muß der Forderung genügen, daß die darin ablaufende Kettenreaktion so in Gang bleibt, daß der Neutronenfluß und die Spaltungsrate zumindest nicht abnehmen; es muß also der sog. *effektive Multiplikationsfaktor* für Neutronen $k_{\text{eff}} \geq 1$ sein. Ein Unterschreiten dieses Wertes bringt die Reaktion zum raschen Abklingen, ein Überschreiten von 1 läßt die Reaktorleistung exponentiell steigen, was sich jedoch mit relativ einfachen Mitteln auf den Sollwert herunterregeln läßt (vgl. BIIa2).

Nimmt man zunächst der Einfachheit halber einen unendlich ausgedehnten Reaktor an, so läßt sich dafür als Grundgleichung die sog. Vierfaktorenformel leicht in folgender Weise ableiten.

Die thermische *Spaltneutronenausbeute* η gibt die Vervielfachung einer Generation von thermischen Neutronen an, die im Brennstoff absorbiert werden. η hängt dabei von der Spaltneutronenausbeute $\bar{\nu}$ je wirklich erfolgte thermische Spaltung und vom Wahrscheinlichkeitsverhältnis von Spaltung zu einfacher Absorption ab. Anhaltszahlen hierzu bringt die Tabelle 11 im Abschnitt BIIb (Brutreaktoren).

Als zweiter tritt der *Schnellspaltfaktor* ε auf, der denjenigen Neutronenvermehrungsanteil umfaßt, der aus zusätzlichen Spaltungen z. B. von U-238 oder Th-232 durch einige schnelle Spaltungsneutronen (vgl. Neutronenspektrum in Abb. 1) stammt. Bis zu diesem Punkt der Neutronenbilanz ist die Zahl an (schnellen) Neutronen um den Faktor $\eta \cdot \varepsilon$ vermehrt worden.

Der anschließende Abbremsungsprozeß läßt die Energie der Spaltungsneutronen nur in seltenen Fällen den thermischen Bereich in *einem* Stoß erreichen. Ein gewisser Anteil durchläuft Energieniveaus, die der Resonanzabsorption (vgl. Abb. 3 u. 4) entsprechen, und wird dann mit hohem Absorptionsquerschnitt eingefangen. Den Anteil der frei den thermischen Bereich erreichenden Neutronen gibt die *Resonanzentkommwahrscheinlichkeit* p wieder.

Die hiernach verbleibenden Neutronen thermischer Energie werden nicht nur durch Spaltstoffkerne eingefangen und leiten dann die Bildung der folgenden Neutronengeneration ein, sondern sie werden teilweise durch Moderatorkerne (vgl. Tabelle 8) oder durch andere starke Neutronenabsorber (vgl. Tabelle 6) weggefangen. Den zur Spaltung und damit zur Kettenreaktion beitragenden Anteil bezeichnen wir als *thermischen Nutzfaktor* f.

Für den unendlich ausgedehnten Reaktor erhält man so die vorerwähnte Vierfaktorenformel

$$k_\infty = \eta \cdot \varepsilon \cdot p \cdot f . \tag{4}$$

Die räumliche Begrenzung eines wirklichen Reaktors erfordert eine zusätzliche Korrektur durch den die entweichenden Neutronen berücksichtigenden *Leckfaktor* P ($P = P_{th} \cdot P_s$ für thermische bzw. schnelle Neutronen), womit der praktisch erzielbare *effektive Multiplikationsfaktor*

$$k_\text{eff} = \eta \cdot \varepsilon \cdot p \cdot f \cdot P \tag{5}$$

erhalten wird. Dieser muß im Betrieb dem Wert $k_{eff} = 1$ entsprechen, wenn eine stationäre Spaltungsrate und damit eine konstante Leistung erreicht werden soll.

Nebenher ist aus der Vierfaktorenformel zu ersehen, daß sich mit schnellen Neutronen allein eine konstante oder gar divergente Kettenreaktion unter den gemachten Voraussetzungen nur bei Abwesenheit von U-238 erzielen läßt. Ist die weitere Forderung nach dem Vorhandensein einer kritischen Menge und kritischen Geometrie erfüllt (s. u.), um auch die Leckverluste (entsprechend dem Faktor P_s) zu kompensieren, so resultiert eine energieliefernde Anordnung ohne Bremssubstanz, die bei ausreichendem Multiplikationsfaktor die *Atombombe* repräsentiert. In einem Leistungsreaktor, vor allem beim thermischen Reaktor, sind diese Voraussetzungen nie gegeben.

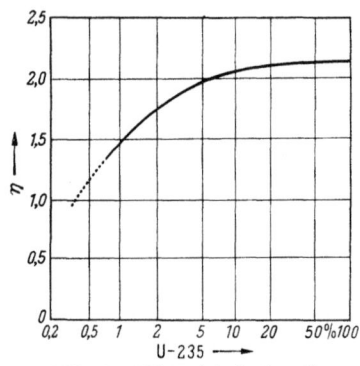

Abb. 8. Abhängigkeit der thermischen Spaltungsausbeute η von der U-235-Konzentration im Kernbrennstoff

Weiterhin zeigt die Diskussion der in der Gleichung (5) enthaltenen Faktoren, daß eine Kettenreaktion mit $\eta < 1$ a priori unmöglich ist, da $f \leq 1$ und $p \leq 1$ sind. Dazu ist vielmehr eine *Mindestkonzentration* an spaltbarem Material (z. B. U-235) im Kernbrennstoff erforderlich (vgl. Abb. 8), um den Anteil der neutronenverbrauchenden Konkurrenzreaktionen nicht zu groß werden zu lassen. Für das Gemisch U-235/U-238 liegt diese untere kritische Konzentration bei rund 0,4% an U-235.

1. Komponenten des thermischen Reaktors

Ein technisch funktionierender, thermischer Reaktor muß nach Vorstehendem als Grundkomponenten den *Kernbrennstoff* als energielieferndes Medium, die *Brems-* oder *Moderatorsubstanz* zur Abbremsung der Spaltungsneutronen auf thermische Energien und ein *Kühlmittel* zur Abführung und Verwertung der erzeugten Energie enthalten. Alle übrigen Materialien dienen nur Hilfszwecken, der Reaktorkontrolle und der Sicherheit.

Das klassische Beispiel eines solchen primitiven Reaktors war der erste, von der Forschergruppe um FERMI am 2. Dezember 1942 in Chicago in Betrieb genommene Reaktor CP-1, der lediglich aus einem Gitteraufbau aus Uran (Kernbrennstoff) und Graphit (Moderator) bestand, mit Luft (Kühlmittel) durch Konvektion gekühlt war und von Hand gesteuert wurde.

Charakteristisch und Bedingung dafür, daß mit natürlichem Uran und Graphit überhaupt ein Reaktor in Gang gebracht werden kann, ist die eben erwähnte heterogene, gitterartige Verteilung dieser beiden Komponenten. Sie wird wie beim Prototyp CP-1 auch bei allen neueren und neuesten Konstruktionen von Leistungsreaktoren dieses Typs beibehalten. Die quantitative, theoretische Ableitung der Gründe dafür (vgl. E. H. WAKEFIELD, 1954; S. GLASSTONE, 1955; R. L. MURRAY, 1955; P. R. ARENDT, 1957; F. CAP, 1957; S. GLASSTONE, 1958; W. RIEZLER, 1958; W. MIALKI, 1958; H. N. SCHLUDI, 1961; außerdem zahlreiche Einzelarbeiten) würde zu weit vom Thema wegführen. Sie werden aber qualitativ ohne weiteres einleuchtend, wenn man berücksichtigt, daß bei der heterogenen Anordnung die schnellen Spaltungsneutronen an den schweren Kernen des Brennstoffkörpers (vgl. Tabelle 7 u. 8) nur wenig Energie verlieren; nach dem Austreten in das uranfreie Moderatorvolumen dagegen werden sie schnell durch den Resonanzbereich der Absorption durch U-238 (oder Th-232) hindurch bis zur thermischen Energie abgebremst, ohne auf absorbierende Resonanzkerne zu stoßen. Damit wird ein hoher Wert für die Resonanzentkommwahrscheinlichkeit p in der Vierfaktorenformel (4) (S. 15) erreicht und ebenso ein günstigerer Multiplikationsfaktor k_{eff}, der bei der genannten Stoffkombination in homogener Verteilung sonst unter 1 liegen würde.

Des weiteren bedarf der Reaktor einer *Mindestmenge* an Spaltmaterial, der sog. *kritischen Masse*, die einmal von den Konstanten der Gitterzellen (H. N. SCHLUDI, 1961), zum anderen von der Art des Bremsmediums und schließlich auch von der Konzentration des Spaltmaterials im Kernbrennstoff bestimmt wird (vgl. Abb. 9).

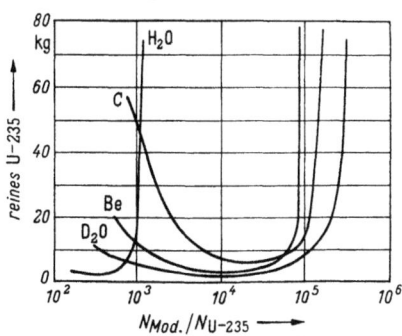

Abb. 9. Abhängigkeit der kritischen Masse an reinem U-235 vom Mischungsverhältnis Moderator: Uran. (Nach GLASSTONE, 1955)

Wie weiter unten gezeigt wird, muß in der Praxis von vornherein eine darüber hinausgehende Brennstoffmenge in den Reaktor eingebaut werden, die sog. Reaktivitätsreserve, wenn die Anlage den stationären kritischen Zustand nicht nur eben erreichen, sondern, im allgemeinen sogar unter wechselnder Leistungslast, über lange Zeit beibehalten soll.

2. Reaktorsteuerung und Regelung

Als technisch genutzte Maschine zur Energieerzeugung muß der Reaktor aus dem Stillstand zur Vollast hochgefahren, auf eine der Last entsprechende Leistung gesteuert, auf konstante Leistung geregelt und je nach den Erfordernissen allmählich oder spontan stillgesetzt werden können. Nur dann ist er überhaupt als Energieerzeuger hinsichtlich seiner Betriebssicherheit, Zuverlässigkeit und Wirtschaftlichkeit diskutabel.

In den vorangegangenen Abschnitten hat sich ergeben, daß für den stationären Zustand $k_{\text{eff}} = 1$ sein muß. Damit ist aber noch kein Leistungshochfahren aus dem Stillstand, der den stationären Anfangszustand darstellt, möglich. Dazu muß vielmehr eine *Reaktivität* δk vorhanden sein, wobei

$$\delta k = k_{\text{eff}} - 1 > 0 \tag{6}$$

sein muß, wenn der die Leistung bestimmende Neutronenfluß erhöht werden soll.

Die Generationsfolge der Neutronen im Reaktor ist für die prompten Neutronen (vgl. Abschn. B I a) außerordentlich rasch und liegt in der Größenordnung von 10^{-14} sec. Damit würde bereits bei einer geringen Reaktivität von beispielsweise $\delta k = 0{,}010$ ($k_{\text{eff}} = 1{,}010$) die zeitliche Leistungszunahme in genäherter Form nach

$$n = n_0 \cdot exp\left(\frac{dk}{\tau} \cdot t\right) \tag{7}$$

ansteigen, worin τ die Diffusionszeit eines thermischen Neutrons bis zur nächsten Spaltungsabsorption ist. Folglich würden der Neutronenfluß und damit die thermische Leistung sich in Sekundenbruchteilen um mehrere Größenordnungen steigern, resultierend in einer explosiven Zerstörung des Reaktors.

Nur dank der Existenz der verzögerten Neutronen (vgl. Abschn. B, Tabelle 2 u. 3), die erst mit einer mittleren Relaxation von etwa 10 sec nach der Spaltung anfallen, ist es trotzdem möglich, den Reaktor zu steuern und zu regeln. Wird die aussteuerbare Reaktivität, entsprechend dem Anteil der verzögerten Neutronen von 0,75% der Gesamtzahl an Spaltungsneutronen, bei

$$1,0000 < k_{\text{eff}} < 1,0075 \tag{8}$$

gehalten, so beträgt die *Reaktorperiode* T (Dauer der Leistungssteigerung um den Faktor $e = 2{,}7183$) in Sekunden ausgedrückt mit τ' (ca. 0,1 sec durch den Einfluß der verzögerten Neutronen)

$$T = \frac{\tau'}{\delta k}, \tag{9}$$

wodurch (7) die Form

$$n = n_0 \cdot e^{t/T} \tag{10}$$

annimmt.

Erst dann, wenn die Reaktivität größer als der vorgenannte Wert von 0,0075 gewählt wird, genügen die prompten Neutronen allein, um die Generationenfolge divergent zu machen, d. h. die Reaktorperiode sinkt aus dem Bereich von Sekunden in den von Millisekunden entsprechend Gleichung (7).

Berücksichtigt man diese Faktoren, so ergibt sich, daß die im Reaktor eingebaute Brennstoffmenge zumindest so groß sein sollte, daß die Reaktivität eben noch unter dem Wert $\delta k = 0{,}0075$ liegt. Das genügt aber auch noch keineswegs für einen Dauerbetrieb der Anlage.

Einmal wird mit zunehmender Betriebsdauer mehr und mehr an spaltbarem Material verbraucht; zwar wird gleichzeitig Pu-239 (bzw. U-233) als neues spaltbares Material durch Resonanzabsorption im U-238 (bzw. Th-232) gebildet (vgl. Abb. 3 u. 4), jedoch liegt dieses als Konversionsfaktor bezeichnete Verhältnis bei den derzeitigen Reaktoren unter 1 (vgl. jedoch BIIb „Brutreaktoren"). Hinzu kommt die zugehörige Bildung von Spaltprodukten, deren Konzentration mehr und mehr zunimmt; unter diesen aber befinden sich solche mit sehr hohem Absorptionsquerschnitt für Neutronen (vgl. Tabelle 6), die somit die Neutronenbilanz immer stärker verschlechtern und die Reaktivität verringern.

Zur Kompensation aller dieser Effekte und im Interesse eines möglichst weitgehenden Ausbrandes des Kernbrennstoffes baut man daher in einen Leistungsreaktor in der Regel zumindest 10% Reaktivitätsreserve ein. Es versteht sich von selbst, daß der Einfluß dieser Überschußreaktivität zunächst durch Neutronenabsorber (Trimmer) auskompensiert werden muß, um den Reaktor nicht prompt kritisch werden zu lassen. In dem Maße, in dem die Reaktivität durch die vorerwähnten Einflüsse zurückgeht, wird durch allmähliches Herausziehen der Trimmer auf die Reaktivitätsreserve zurückgegriffen. Dieses Trimmen ist also wohl zu unterscheiden vom eigentlichen Steuern und Regeln des Reaktors.

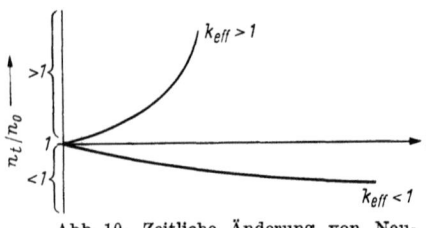

Abb. 10. Zeitliche Änderung von Neutronenzahl bzw. Neutronenfluß als Funktion von k_{eff} ohne Berücksichtigung der verzögerten Neutronen

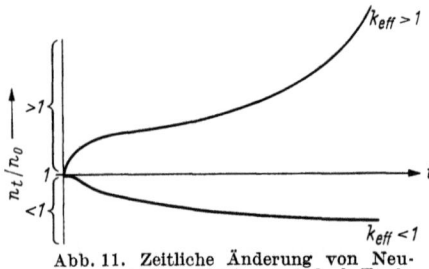

Abb. 11. Zeitliche Änderung von Neutronenzahl bzw. Neutronenfluß als Funktion von k_{eff} mit Berücksichtigung der verzögerten Neutronen

Der Vorgang der Reaktorsteuerung und -regelung, die nachstehend sinngemäß und dem angelsächsischen Brauch folgend unter dem gemeinsamen Begriff der *Reaktorkontrolle* zusammengefaßt werden sollen, erfolgt mit Hilfe gesonderter, verstellbarer Neutronenabsorber, wobei ein prinzipieller Unterschied gegenüber der Kontrolle klassischer Energieerzeuger besteht.

Im stationären Leistungszustand (zeitlich und örtlich konstanter Neutronenfluß) ist $k_{\text{eff}} = 1$ und $T = \infty$. Wird durch vermehrte Neutronenabsorption mittels des neutronenabsorbierenden Regelstabes der thermische Nutzfaktor f verkleinert, so sinkt k_{eff} unter 1, die Leistung fällt exponentiell ab und nähert sich mehr und mehr dem Wert Null. Im umgekehrten Fall gilt der exponentielle Anstieg entsprechend Gleichung (10); die Leistung stellt sich also nicht lediglich auf einen höheren Wert ein — etwa entsprechend der verstärkten Brennstoffzufuhr bei einem mit fossilen Brennstoffen arbeitenden Energieerzeuger —, sondern sie nimmt immer rascher und rascher zu. Diese Verhältnisse sind in der Abb. 10 in willkürlichen linearen Einheiten graphisch dargestellt. Berücksichtigt man dabei zusätzlich den Einfluß der verzögerten Neutronen, so wird der zeitliche Leistungsverlauf entsprechend modifiziert (Abb. 11).

Diese Vorgänge werden bei der praktischen Reaktorkontrolle in der Weise gehandhabt, daß zur Änderung der Reaktorleistung, wozu auch das Anfahren aus dem Stillstand gehört, die aus stark neutronenabsorbierendem Material (Tabelle 6) bestehenden Kontrollstäbe herausgezogen (V. J. Nosov, 1961) und so weit aus dem Flußbereich des Reaktors entfernt werden, daß δk eben über 1 steigt. Nähert sich dann die Leistung dem Sollwert, so werden die Regelstäbe wieder in die ursprüngliche Position zurückgeführt. Die unvermeidlichen Verzögerungen in den Stellzeiten der Regeleinrichtung lassen die Leistung in einer stark gedämpften Leistungsschwingung auf diesen Sollwert einpendeln (übersichtl. Darst. z. B. bei J. H. Bowen, 1961).

3. Aufbau und Konstruktionsstoffe des thermischen Reaktors

Es wurde gezeigt, daß der eigentliche, energieliefernde Reaktorkern aus dem Kernbrennstoff und dem Moderator gebildet wird, wozu als Energieüberträger das Kühlmittel hinzukommt. Die dafür in Betracht kommenden Stoffe sind in der Tabelle 9 zusammengestellt.

Tabelle 9. *Zum Aufbau eines Reaktors verwendbare Stoffe*

Reaktorkomponente	Material
1. Spaltstoff	U-233, U-235, Pu-239
2. Konversionsstoff	U-238, Th-232
3. Zustand von 1 und 2	Reines Metall, Legierung, Schmelze, Oxyd, Carbid, Lösung, Suspension
4. Moderator	Graphit, H_2O, D_2O, BeO, Be, Kohlenwasserstoffe
5. Zustand von 4	Fest, flüssig
6. Kühlmittel	CO_2, Edelgase, H_2O, D_2O, geschmolzene Metalle, Kohlenwasserstoffe, Salzschmelzen
7. Zustand von 6	Gasförmig, flüssig

Es wäre abwegig, aus den in der Tabelle 9 aufgeführten Komponenten durch Anwendung der Permutation und Kombinatorik jede nur denkbare Reaktorkombination ableiten zu wollen. Eine vernünftige Auswahl unter ingenieurmäßigen, reaktorchemischen, verfahrenstechnischen, materialmäßigen, wirtschaftlichen und Sicherheitsaspekten läßt die Zahl der eine praktische Brauchbarkeit besitzenden Kombinationen — und das ist für die Kernenergienutzung allein entscheidend — auf einige wenige zusammenschrumpfen. Um diese Auswahl zu analysieren, mag das konstruktive Grundschema der Abb. 12 von Nutzen sein. Von homogenen Reaktoren, die vorerst noch mit starken Konstruktions- und Werkstoffschwierigkeiten zu kämpfen haben und die daher für die baldige Anwendung in Kernkraftwerken noch nicht reif erscheinen, wird dabei ganz abgesehen (J. K. DAWSON, 1958).

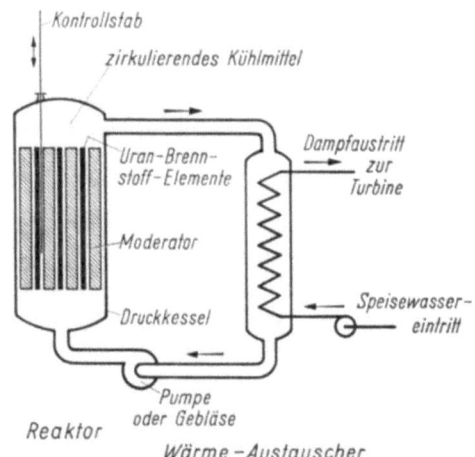

Abb. 12. Aufbau- und Funktionsschema eines Reaktors mit Wärmeaustauscher

Das Schema der Abb. 12 zeigt den prinzipiellen Reaktoraufbau im Zusammenhang mit dem zugehörigen Wärmeaustauscher, von dessen Dampfaustrittsstutzen ab auf jeden Fall der Bereich des normalen Dampfkraftwerkes beginnt. Der eigentliche *Kernbrennstoff* ist in Form von *Brennstoffelementen,* auf deren Beschaffenheit weiter unten eingegangen wird, gitterartig im Innern des Reaktors verteilt (H. N. SCHLUDI, 1961). Entsprechend der Darstellung im Abschnitt BId („Neutronenbremsung") befindet sich in den Gitterzwischenräumen *die Moderatorsubstanz* (vgl. Tabelle 9), welche die bei der Spaltung jeweils neu entstehenden schnellen Neutronen auf thermische Energie abbremst. Ein Teil der Moderatorsubstanz umgibt den Reaktorkern auch von außen, um möglichst viele Neutronen zurückdiffundieren zu lassen und sie auf diese Weise dem Spaltungsablauf zu erhalten. Dieser Teil des Moderators wird oft seiner Aufgabe entsprechend als Reflektor bezeichnet.

Damit ist die ganze Anordnung so beschaffen, daß ein Mindestmaß an Neutronen verlorengeht (vgl. „Leckfaktor", Gleichung (5)). Das ist nicht nur aus den eben erwähnten funktionsbedingten Gründen, sondern auch mit Rücksicht auf die Sicherheit der Reaktorumgebung erforderlich.

In die Brennstoff-Moderator-Kombination ragt der *Kontrollstab* hinein, durch dessen Stellung das k_{eff} und damit die zeitliche Leistungsänderung festgelegt wird (vgl. auch IIa2 „Reaktorsteuerung").

Die im Reaktor erzeugte Wärme, die durch mehrere Teilprozesse entsteht (vgl. Tabelle 3), muß laufend daraus abgeführt werden, wenn sie nicht schließlich den Reaktor in sich zusammenschmelzen lassen, sondern nutzbringend verwertet werden soll. Demzufolge wird der Reaktorkern von einem geeigneten *Kühlmittel* (Tabelle 9) durchströmt, das in erster Linie die Brennstoffelemente zu kühlen hat, in denen mit rund 85% der Hauptanteil der primären Wärme entsteht. Im vorliegenden Schema der Abb. 12 zirkuliert das Kühlmittel in geschlossenem Kreislauf, während die ursprünglichen Reaktoren hoher Leistung, die lediglich dem Zweck der Plutoniumerzeugung zur Herstellung von Atombomben dienten (z. B. in Windscale, Pile Nr. 1 und 2), mittels hindurchgeblasener Luft gekühlt wurden, ohne daß man deren Wärmeinhalt irgendwie nutzte.

Das umlaufende Kühlmittel gibt den im Reaktor aufgenommenen Wärmeinhalt im Wärmeaustauscher an Wasser ab, das dabei, je nach der Kühlmitteltemperatur, in Dampf mehr oder minder hohen Druckes verwandelt wird. Selbstverständlich ist es auch möglich, den Dampf unmittelbar im Reaktor zu erzeugen (vgl. Abschn. B II a 4), um den mit dem Wärmeaustausch verbundenen Investitionsaufwand und Wärmeverluste zu vermeiden. Das kann gegebenenfalls zu einer erhöhten Empfindlichkeit des Aggregates führen, da fast jede Störung im Dampferzeugungs- und -verbrauchssystem sofort den Reaktor selbst trifft. Auch werden die später zu behandelnden Sicherheitsanforderungen (vgl. Abschn. D u. J) in diesem Falle höher im Hinblick auf die potentielle Übertrittsmöglichkeit radioaktiven Reaktorinhaltes in das direkt nach außen führende Dampfsystem.

Die einzelnen Betriebsmittel des Leistungsreaktors sollen nunmehr im Hinblick auf ihre Eigenschaften und die an sie gestellten Anforderungen näher betrachtet werden, da von ihrem Verhalten nicht nur die Konstruktion und die Betriebsweise des Reaktors abhängen, sondern weil damit auch seine Empfindlichkeit gegen Störungen sowie seine strahlenmäßige Sicherheit im Normalbetrieb und beim Auftreten von Zwischenfällen eng verbunden ist.

Kernbrennstoff

Der energieliefernde Kernbrennstoff ist in gitterartiger Anordnung in Form von Stäben, Rohren oder Bändern über den Reaktorquerschnitt verteilt. Er besteht aus natürlichem Uran oder solchem, dessen Gehalt an U-235 gegenüber der natürlichen Konzentration von 0,72% angereichert worden ist (vgl. Abschn. EIc). Zur Anreicherung mit Spaltmaterial können selbstverständlich auch Pu-239 oder U-233 (vgl. Tabelle 1 u. 9) verwendet werden (N. PERRIN, 1958), jedoch sind diese Kombinationen für die Praxis erst einer späteren Entwicklungsphase vorbehalten, sobald genügend an diesen Spaltstoffen erzeugt (vgl. Abb. 3 u. 4 sowie Tabelle 14) bzw. der militärischen Verwendung entzogen wird. Die theoretischen Grundlagen und Konstruktionen liegen beispielsweise für thermische Plutoniumreaktoren bereits vor (z. B. J. TACHON, 1960; J. G. YEVICK, 1961), auch befinden sich entsprechende kritische Anordnungen schon im Versuchsstadium. Es sei dabei am Rande vermerkt, daß Plutonium-Reaktoren schwieriger zu kontrollieren sind als Uranreaktoren, da der Anteil an verzögerten Neutronen und damit auch die Reaktorperiode kleiner sind als bei U-235 (vgl. auch Tabelle 2). Ähnlich wie beim Plutonium werden sich auch die Betriebsverhältnisse mit U-233 gestalten.

Der mit dem Spaltstoff verbundene Konversionsstoff, bei den derzeit betriebenen Leistungsreaktoren U-238, später auch Th-232 (IAEA, 1959) (vgl. auch Tabelle 9 u. Abb. 4), baut während des Betriebes durch Neutroneneinfang, entsprechend dem Konversionsfaktor, laufend neuen Spaltstoff auf. Somit ändert sich auch im Grunde die Betriebscharakteristik des Reaktors, indem er allmählich mehr und mehr mit einem Mischspaltstoff arbeitet.

Es kommt nun im Interesse einer zuverlässigen Reaktorbetriebsweise sehr darauf an, daß die entsprechend der vom Reaktor gelieferten Energiemenge gebildeten Spaltprodukte (vgl. Abb. 5—7 sowie Tabelle 4 u. 5) unter Kontrolle, d. h. innerhalb der Brennelemente verbleiben. Das ist gleichbedeutend mit der Notwendigkeit, den eigentlichen Brennstoff gasdicht zu ummanteln, ganz unabhängig davon, ob metallischer oder oxydischer Brennstoff Verwendung findet. Bei der aus thermodynamischen Gründen angestrebten, möglichst hohen Betriebstemperatur sind die Diffusionskoeffizienten für die Diffusion der Spaltprodukte aus dem Innern des Kernbrennstoffs in jedem Falle hoch genug, um diese Substanzen auch aus tieferen Schichten an die Oberfläche gelangen zu lassen. Zu der echten Diffusion durch das Festkörpermaterial hindurch kommt nach relativ kurzer Betriebszeit auch eine Diffusion durch Poren und Risse, die infolge der Strahlungsschädigung (vgl. Abb. 16 u. 17) und evtl. als Folge chemischer Einflüsse (J. G. BALL, 1958) im Brennstoffmaterial auftreten.

Metallische Kernbrennstoffe

In dem überwiegenden Teil der gegenwärtig der Energieerzeugung dienenden oder dafür geplanten Reaktoranlagen findet metallisches Uran Verwendung, das selbstverständlich aus kernphysikalischen Gründen besonders rein, d. h. frei von starken Neutronenabsorbern, sein muß. Wie viele andere Metalle weist aber auch das Uran Phasenumwandlungen auf, d. h. es geht bei bestimmten Temperaturen aus einer kristallographischen Modifikation in eine andere über. Von besonderer praktischer Bedeutung für den Reaktorbetrieb ist der Phasenübergang des Urans bei 662°, da dieser mit einer erheblichen Volumenzunahme verbunden ist.

Soll die Wärme aus dem Brennstoffmaterial durch die gasdichte Hülse abfließen, die das Uranmetall umgibt, so müssen beide dichten Kontakt besitzen. Die Hülse selbst ist mit oberflächenvergrößernden Rippen versehen (H. GOTT, 1958), also in sich sehr starr. Eine Ausdehnung des Inhaltes führt folglich sehr schnell zum Bersten der Umhüllung, zur Verformung des Brennelementes und zum Spaltproduktaustritt. Demzufolge können heterogene, mit metallischem Uran betriebene Reaktoren theoretisch nur bis etwa 660° hochgefahren werden. Weil jedoch die Temperaturverteilung innerhalb eines so komplizierten Gebildes nicht ganz gleichmäßig sein kann, liegen die effektiven mittleren Betriebstemperaturen sogar noch erheblich niedriger (G. D. CALKINS, 1961). Da die isotopische Zusammensetzung ohne Einfluß auf das Strukturverhalten des Urans ist, gilt diese Temperatureinschränkung für U-Kernbrennstoffe in natürlicher oder angereicherter Form (M. ENGLANDER, 1958).

Metallisches Plutonium zeigt diese lästige, erste Phasenumwandlung bereits bei 122° unter starker Dehnung, so daß metallisches Pu nur in geeigneter Legierung als Spaltstoff in Betracht kommt.

Die Hüllen der metallischen Brennelemente müssen ebenfalls aus Metall sein, um zuverlässig fest und dicht zu bleiben. Andererseits dürfen sie die Reaktorfunktion nicht durch eine ins Gewicht fallende Neutronenabsorption beeinträchtigen. Die Auswahl der Werkstoffe schrumpft damit auf eine ganz geringe Zahl von leichten, teilweise bisher etwas ungebräuchlichen Materialien zusammen. In starkem Umfange ummantelt man den Kernbrennstoff mit Magnesium (z. B. Calder-Hall-Reaktoren), Aluminium oder deren Legierungen, während das Zirkon und seine Legierungen erst hier und da verwendet werden und das Beryllium seiner außerordentlichen Giftigkeit halber und wegen seines hohen Preises nur erst versuchsweise Anwendung findet.

Oxydische und ähnliche Kernbrennstoffe

Um den mit der Phasendehnung verbundenen Schwierigkeiten und Gefahren auszuweichen, geht die Tendenz offensichtlich mehr und mehr dahin, oxydische Kernbrennstoffe zu verwenden. Diese sind volumen- und formbeständig, oxydationssicher und besitzen infolge ihres Sinterporenanteils eine ausreichende Elastizität. Auch können sie durch lokale Ansammlung gasförmiger Spaltprodukte nicht so leicht gesprengt werden, da diese herausdiffundieren können. Nachteilig ist allerdings die geringere Wärmeleitfähigkeit, die jedoch dank dem hohen Schmelzpunkt der Oxyde nicht sonderlich ins Gewicht fällt (J. A. L. ROBERTSON, 1961).

Selbstverständlich sind auch die keramischen Pellets (Zylindrische Sinterkörper) mit gasdichten Hülsen zu Brennstoffelementen zu verarbeiten. Dabei macht man gerne von den wärmebeständigen Zirkonlegierungen (Zircalloy) Gebrauch, an Stelle von Mg oder Al, um dank der höheren Wärmestandfestigkeit der oxydischen-keramischen Brennstoffe zu höheren Betriebstemperaturen übergehen und so einen höheren thermischen Wirkungsgrad erzielen zu können. So hohe Temperaturen haben auch den großen betriebstechnischen Vorteil, daß Strahlenschäden im Brennstoff und im Hülsenmaterial kontinuierlich wieder austempern und die Ansammlung von Wigner-Energie vermieden wird (T. M. BENZIGER, 1961).

Noch höhere Arbeitstemperaturen lassen sich bei Verwendung hochhitzebeständiger Stahlhülsen für den Brennstoff erreichen. Dann tritt jedoch wiederum die erhöhte Neutronenabsorption des Hülsenmaterials störend in Erscheinung, wodurch ein mit Spaltstoff angereicherter Brennstoff erforderlich wird. In der Tabelle 10 findet sich eine Übersicht über Leistungsreaktoren, die Brennstoffelemente aus oxydischem, oft auch als keramisch bezeichnetem Kernbrennstoff besitzen.

Tabelle 10. *Leistungsreaktoren mit oxydischem Kernbrennstoff für Kraftwerke und Schiffe; Stand Anfang 1961.* (Nach Nucl. Power, Jan. 1961)

Reaktorbezeichnung	Standort	Leistung (MW)	In Betrieb
Eisbrecher „LENIN"	—	180th	1959
Dresden	Morris, Ill., USA	626th, 184el	1960
Yankee	Rowe, Mass., USA	392th, 110el	1960
Kahl	Kahl a. M.	55,5th, 10,5el	1960
VVER-210	Woronesch, USSR	420el	1961
AS „SAVANNAH"	—	69th	1961
CETR	Indian Point, N.Y., USA	585th, 255el	1961
BR-3	Mol, Belgien	10,5el	1961
Uljanowsk	Wolga, USSR	50el	1961

Mit Brennstoffelementen dieser Art werden sicherlich in absehbarer Zeit Betriebstemperaturen bis 1000° und darüber verwirklicht werden können. Die damit erzielbare Steigerung des Wirkungsgrades und damit auch der Wirtschaftlichkeit wird weiter unten (Abschn. L) gesondert zu behandeln sein.

Eine weitere, wesentliche Erhöhung der Kernbrennstoff-Arbeitstemperaturen würde durch die Verwendung von Urancarbid anstatt des Oxydes ermöglicht werden, wie etwa im Hochtemperatur-Reaktor von BBC/Krupp (G. MATZ, 1959). Da UC bzw. UC_2 erst bei etwa 2400° schmelzen, ließen sich damit 2000° und darüber erreichen. Hier erhebt sich die Frage nach einem brauchbaren Hülsenmaterial (E. KERN, 1961; E. FITZER, 1961). Des weiteren kommen dann für die Wärmeabfuhr aus chemischen Gründen nur noch Edelgase in Betracht (andere Gase würden zu Korrosionen durch Bildung von Nitriden, Oxyden, Hydriden usw. führen).

Zur *konstruktiven* Seite der Brennstoffelemente ist ergänzend zu vermerken, daß die Dauergasdichtigkeit eine peinlich sorgfältige Verarbeitung erfordert, und daß die Gestaltung und konstruktive

Durchbildung auch auf die Materialermüdung unter dem Strahleneinfluß (vgl. Abschn. D und Abb. 16 u. 17) Rücksicht zu nehmen haben (U. GONSER, 1961). So hat das Abreißen von Endkappen an Brennelementen während des Brennstoffwechsels mit Hilfe der Entlademaschine zu Störungen des Reaktorbetriebes von Calder-Hall geführt.

Moderatoren

An die Moderatorsubstanz, also an das Bremsmittel für die Neutronen im Reaktor, werden verschiedenartige Anforderungen gestellt. Der Moderator darf gegenüber der Einwirkung sehr konzentrierter Neutronen-, β- und γ-Strahlung sowie gegenüber höheren Temperaturen nicht merklich empfindlich sein. Sein mittleres Atomgewicht darf nicht zu hoch liegen, um mit möglichst geringen Stoßzahlen eine möglichst hohe Bremswirkung zu erzielen (Z. DLOUHÝ, 1961); dazu gehört auch eine hohe Atomkonzentration bzw. Dichte, so daß Gase für diesen Zweck von vornherein ausscheiden. Weiterhin wird ein geringer Absorptionsquerschnitt für Neutronen aller Energiestufen verlangt, damit diese nicht nutzlos weggefangen werden; dadurch würde auf der einen Seite der Moderator stark radioaktiv werden, zum anderen käme die energieliefernde Kettenreaktion im Reaktor zum Erliegen.

Die klassische, bereits von FERMI für den ersten überhaupt arbeitenden Reaktor benutzte Bremssubstanz ist der *Graphit* (vgl. Tabelle 8). Er ist auch für die meisten bereits in Betrieb befindlichen und geplanten Leistungsreaktoren in Gebrauch bzw. vorgesehen, da er eine ganze Reihe von Vorzügen besitzt.

Er läßt sich aus in beliebiger Menge vorhandenen Rohstoffen mit relativ einfachen Mitteln in der erforderlichen Nuklearreinheit herstellen und zu Formstücken hoher Dichte und vor allem großer mechanischer Festigkeit verarbeiten. Daneben besitzt er bei Abwesenheit von Luft, Wasser und anderen Sauerstoff-haltigen Substanzen eine Wärmebeständigkeit, die über diejenige aller anderen Stoffe wesentlich hinausgeht. Dank dieser mechanischen und thermischen Beständigkeit bietet er eine hohe Sicherheit für die Struktur des Reaktors.

Der Graphit würde wohl praktisch alle anderen Moderatorsubstanzen aus dem Felde schlagen, wenn er daneben nicht auch mit einigen Mängeln behaftet wäre. Er setzt sich als reiner Kohlenstoff bei höheren Temperaturen mit Luft zu CO_2 und CO um, mit Wasser liefert er unter entsprechenden Bedingungen Wassergas, also ein Gemisch von Wasserstoff und Kohlenoxyd. CO_2 setzt sich in der Hitze mit Graphit zu CO um. Geschmolzene Alkalimetalle, wie flüssiges Kalium oder Natrium, dringen in die Gitterstruktur ein und zerstören damit das Gefüge. Solche Einflüsse sind demnach vom Moderatorgraphit sorgfältig fernzuhalten, wenn nicht der innere Aufbau eines Leistungsreaktors, der ja bei höheren Temperaturen gefahren werden muß, verändert oder zerstört werden soll, was zu schwersten Folgen führen könnte.

Wird der als Bremssubstanz dienende Graphit in einem bei niedrigen Temperaturen arbeitenden Reaktor — es sollen hierunter solche unterhalb von etwa 400^0 verstanden werden —, dem intensiven Neutronenfluß im Reaktor ausgesetzt, so wird das Kristallgittergefüge nach und nach immer stärker durch Neutronenstoß aufgelockert, die Wärmeenergie reicht aber nicht aus, um die aus ihrer Lage gebrachten Kohlenstoffatome wieder auf ihren normalen Gitterplatz zurückspringen zu lassen. Sie behalten so ihre potentielle Energie, die im Laufe der Betriebszeit insgesamt größer und größer wird. Diese Erscheinung ist erst seit einigen Jahren unter dem Namen Wigner-Energie bekannt und kann zu sehr unangenehmen Folgen führen. Diese beruhen nicht nur auf der zunehmenden Dehnung und Verformung der Graphitblöcke (A. H. COTTRELL, 1959).

Eine Temperaturerhöhung ermöglicht es vielmehr den deplazierten Atomen, in ihre Normallage zurückzuspringen und dabei ihre Energie wieder abzugeben. Wenn also im Reaktor eine lokale Überhitzung stattfindet, die sehr verschiedene, aber praktisch vorkommende Ursachen haben kann, so wird die dort gespeicherte Wignerenergie als Wärme frei, teilt sich den Nachbargebieten mit, wo der Vorgang sich wiederholt und schließlich immer schneller den ganzen Moderator erfassen kann. Eine solche exotherm verlaufende Selbsttemperung kann ohne weiteres infolge der schnellen Temperaturerhöhung und starken Wärmespannungen die ganze Reaktorstruktur einschließlich der Brennstoffelemente deformieren und im Extremfalle sogar zerstören.

Um das zu vermeiden, müssen Graphit-moderierte Leistungsreaktoren, die bei mittleren Temperaturen arbeiten und unter diesen Umständen viel Wignerenergie speichern können, in geeigneten

Zeitabständen von dieser bei höherer Temperatur befreit und ausgetempert werden; das geschieht durch vorsichtiges, abwechselndes Hochheizen und Kühlen, um die jeweils freiwerdenden Wärmeportionen abzuführen und eine Überhitzung auf jeden Fall zu vermeiden (A. H. COTTRELL, 1959).

Immerhin ist das eine Manipulation, die mit großer Vorsicht zu geschehen hat. Trotzdem kann es dabei zu Zwischenfällen kommen, wie es der Zwischenfall beweist, der sich am 10. Oktober 1957 am Reaktor Nr. 1 in Windscale, England, ereignet hat. Da dieser Unfall die Frage der Reaktorsicherheit von Kernenergieanlagen stark berührt, wird weiter unten auf Grund des amtlichen Berichtes über dieses Ereignis (Atomic Energy Office, 1957) und persönlicher Information ein wenig näher darauf eingegangen werden.

Eine weitere, feste, unter rein kernphysikalischen Aspekten sehr günstige Moderatorsubstanz stellt das *Beryllium* als Metall oder Oxyd dar (vgl. Tabelle 8 u. 9). Den hervorragenden physikalischen Eigenschaften stehen jedoch einmal der sehr hohe Preis (200 bis 300 $/kg), zum anderen die sehr große Giftigkeit des metallischen Berylliums und seiner löslichen Verbindungen gegenüber, denen zufolge es nur unter besonderen Vorsichtsmaßnahmen bearbeitet werden kann, was zur weiteren Erhöhung der Kosten beiträgt. Es möchte daher scheinen, als wenn diese Moderatorsubstanz, wenn nicht unerwartet neue Rohstoffquellen dafür entdeckt werden sollten, für den Bau von Leistungsreaktoren in der absehbaren Zukunft keine merkliche Rolle spielen wird.

Eine Reihe von Kernkraftwerken, die gegenwärtig in Betrieb gehen oder gerade errichtet werden, wird sich des normalen *leichten Wassers* als Moderator bedienen. Dieses in der erforderlichen reinen Qualität (praktisch völlige Ionenfreiheit) herzustellen, bietet technisch überhaupt kein Problem mehr. Es bringt aber die für die Funktion des Reaktors nachteilige Eigenschaft mit sich, daß es in Verbindung mit natürlichem Uran, dem wohlfeilsten Kernbrennstoff, keine sich selbst unterhaltende Kettenreaktion liefert.

Es erfordert daher die Verwendung von Uran, das mit U-235 zumindest leicht angereichert ist. Es besitzt ein gutes Bremsvermögen für schnelle Neutronen, weist jedoch den leichten Nachteil auf, sich unter dem Einfluß starker Strahlungsintensitäten, wie sie im Leistungsreaktor herrschen, radiolytisch zu Knallgas zu zersetzen. Dieses Phänomen erfordert gewisse Vorsichtsmaßnahmen, um

Explosionen im Reaktor auszuschalten. Diese Eigenschaft darf aber als latentes Gefahrenmoment nicht unerwähnt bleiben.

Es kommt hinzu, daß dem Wasser als Flüssigkeit die Formbeständigkeit des Graphits oder Berylliums fehlt; Undichtigkeiten werden demzufolge stets sein Austreten aus dem Moderatorvolumen zur Folge haben. Da es während des Betriebes unvermeidbar radioaktive Verunreinigungen in zwar geringer gewichtsmäßiger Menge, aber hoher Aktivität, aufnehmen kann, sind auch dagegen angemessene Sicherheitsvorkehrungen zu treffen.

Das *Schwerwasser*, D_2O, das im Molekül an Stelle des normalen Wasserstoffatoms solche des doppelt so schweren Wasserstoffisotopes Deuterium enthält, ist, vom kernphysikalischen Standpunkt aus gesehen, die bei weitem beste Moderatorsubstanz (vgl. Tabelle 7 u. 8). Der Umfang, in dem es für Kernkraftanlagen eingesetzt werden wird, wird in nicht geringem Grade durch seinen Preis bestimmt werden. Seine Gewinnung aus natürlichem Wasser ist mit hohen Energieaufwendungen verknüpft, so daß der Einsatz von mit Schwerwasser moderierten Natururan-Reaktoren stark von der erforderlichen Erstausstattungsmenge mit Schwerwasser sowie von ihrer Schwerwasserökonomie, d. h. von der Höhe der laufenden Verluste, abhängen wird. Der allgemein gültige Preis ist gegenwärtig schwer zu bestimmen, er liegt zwischen 60 und 150 $/kg, wobei die untere Grenze von verschiedenen Seiten als nicht marktwirtschaftlich basierter Dumpingpreis angesehen wird.

Als gemeinsamer Nachteil des leichten und des Schwerwassers bei ihrer Verwendung als Moderatorsubstanz ist zu betrachten, daß beide einen relativ niedrigen Siedepunkt resp. bei hohen Temperaturen einen entsprechend hohen Dampfdruck besitzen. Setzt man als betriebstechnisch zu fordernde Arbeitstemperaturen eines Leistungsreaktors solche von wenigstens 400—500° voraus, so liegt man damit bereits über der kritischen Temperatur des Wassers und bei Drücken über 200 Atmosphären. Aber auch bereits bei niedrigeren Arbeitstemperaturen werden immer noch erhebliche Drücke erreicht, die ein außerordentlich hohes Maß an Dichtigkeit und Zuverlässigkeit der Reaktoreinrichtung bedingen.

Als letzte nach dem gegenwärtigen Stand der Reaktortechnik in Betracht kommende Moderatorsubstanz sind die *organischen Flüssigkeiten* näher zu untersuchen. Eine grobe Vorselektion läßt den Kreis der brauchbaren organischen Stoffe auf die Gruppe der

Kohlenwasserstoffe zusammenschrumpfen; Untersuchungen über die Strahlenresistenz haben insbesondere die Brauchbarkeit der Polyphenyle, d. h. des Diphenyls und der isomeren Terphenyle für sich und in Mischung untereinander erwiesen (G. A. FREUND, 1956; W. N. BLEY, 1958; E. F. WEISNER, 1958; V. SCHALLER, 1959; G. D. CALKINS, 1961).

Die organischen Moderatoren benötigen ebenso wie Leichtwasser einen zumindest leicht mit Spaltstoff angereicherten Kernbrennstoff. Sie stehen als leicht gewinnbare Bestandteile des Steinkohlenteers in praktisch unbegrenzten Mengen wohlfeil zur Verfügung. Die Terphenyle weisen zwar eine gewisse Strahlenempfindlichkeit auf, ebenso eine gewisse Instabilität gegenüber zu hohen Temperaturen (W. N. BLEY, 1958; J. R. DIETRICH, 1958; R. H. J. GERCKE, 1958; D. R. DE HALAS, 1958; E. F. WEISNER, 1958; C. A. TRILLING, 1958 I—III; V. SCHALLER, 1959). Beide Einflüsse wirken aber in gewissem Maße durch Auf- und Abbau einander entgegen, so daß die Menge der im Reaktorbetrieb gebildeten, höheren Polyphenyle sich in tragbaren Grenzen hält (E. L. COLICHMAN, 1956). Zudem sind deren Moderierungseigenschaften nicht schlechter, so daß ihr Anteil so hoch steigen kann, wie die zunehmende Viskosität es noch zuläßt. Auf diese Fragen wird weiter unten (vgl. B I a 4) noch zurückzukommen sein.

Dank dem hohen Siedepunkt der Polyphenyle ist ihr Dampfdruck auch bei den thermisch für sie noch eben zulässigen maximalen Arbeitstemperaturen von 400—450° nicht hoch, sondern beträgt nur wenige Atmosphären (H. MANDEL, 1960). Ihr ganz besonderer Vorteil liegt darin, daß sie keinen der im Reaktor verwendeten Stoffe chemisch angreifen. Ihre Anwendung bedeutet infolgedessen eine Lösung des z. B. beim Wasser vorhandenen Korrosionsproblems (R. J. WIKEMAN, 1961). Nicht zu vergessen ist, daß der Absorptionsquerschnitt für thermische Neutronen sehr niedrig liegt, ebenso das Lösungsvermögen für anorganische Ionen; Moderatoren auf Terphenylbasis werden daher im Betrieb selbst nur schwach radioaktiv und führen auch keine gelösten aktiven Bestandteile mit sich.

Vorerst im Versuchsstadium befindet sich im Kernforschungszentrum Grenoble die Anwendung der noch viel preiswerteren Paraffinkohlenwasserstoffe an Stelle der Polyphenyle, jedoch scheint ihre Strahlenempfindlichkeit merklich größer zu sein (Euratom, 1961).

Kühlmittel

Aus der in Tabelle 9 angeführten Zusammenstellung der Kühlmittel ging hervor, daß sich dafür flüssige und gasförmige Stoffe verwenden lassen. Als Grundanforderung ist für diese Medien eine ausreichende Beständigkeit gegenüber hohen Strahlungsdichten, ein geringer Neutroneneinfang und eine gute Wärmebeständigkeit voranzustellen. Weiterhin sollen die spezifische Wärme und die Wärmeübergangszahlen hoch sein, damit die Wärmeaustauschflächen im Reaktor und in den Wärmeaustauschern nicht unverhältnismäßig groß zu sein brauchen. Mit deren steigender Größe nimmt die Zahl der Verbindungsstellen und Schweißnähte zu und damit auch die Wahrscheinlichkeit für das Entstehen von Undichtigkeiten und Leckstellen.

Ganz wesentlich für das sichere Arbeiten der Kernenergieanlage ist schließlich eine chemische Neutralität des Kühlmittels, da die Korrosion eine der ernstesten Gefahren und für manche, sonst sehr aussichtsreiche Reaktortypen ein inhärentes Hindernis darstellt. Die an die Eignung des Kühlmittels zu stellenden Forderungen sind deswegen besonders hoch, da dieses, wie aus dem Schema der Abb. 12 hervorgeht, als zirkulierendes Medium die direkte Verbindung zwischen dem Reaktorinnern und der Dampferzeugungsanlage und weiterhin mit der gesamten Kraftanlage darstellt. Unter diesem Gesichtspunkt werden nachstehend die einzelnen dafür in Betracht kommenden Substanzen näher untersucht.

Das normale *leichte Wasser* und das *Schwerwasser* sind in ihren makrophysikalischen Kühlmitteleigenschaften praktisch identisch, dem geringeren Neutroneneinfang des Schwerwassers steht kompensierend sein hoher Preis gegenüber. Beides ist bei wirtschaftlichen Erwägungen zu berücksichtigen (vgl. Abschn. L). Bereits bei der oben erfolgten Besprechung der Moderatorsubstanzen wurde erwähnt, daß der hohe Dampfdruck und die radiolytische Empfindlichkeit als ein gewisser Nachteil für die Reaktorkonstruktion und für die Reaktorsicherheit anzusehen sind. Es kommt hinzu, daß der Sauerstoffanteil der Wassermoleküle durch den im Leistungsreaktor herrschenden hohen Neutronenfluß zum radioaktiven Stickstoff-Isotop N-16 aktiviert wird, das eine Gammastrahlung höchster Energie (6,13 bzw. 7,10 MeV) aussendet. Da es jedoch sehr kurzlebig ist und innerhalb weniger Sekunden wieder zerfällt, stellt es zumindest keine Gefahr für die weitere Reaktorumgebung dar. Von großem Vorteil für die Verwendung beider Wasserarten sind ihre hohe spezifische und Verdampfungswärme, die von keinem anderen Kühlmittel erreicht werden und daher den geringsten Kühlmittelumlauf erforderlich machen.

Bei der Verwendung von Wasser als Moderator braucht dieses nicht unbedingt in direktem Kontakt mit den Brennstoffelementen zu stehen. Für Kühlmittel gilt dagegen das Gegenteil. Da aber bei hohen Temperaturen das Wasser auf Magnesium, Aluminium und deren Legierungen korrodierend wirkt, ergeben sich Schwierigkeiten für die Ummantelung der Brennstoffelemente. Korrosionen dürfen im System Reaktor/Wärmeaustauscher auf keinen Fall vorkommen oder höchstens in einem praktisch zu vernachlässigenden Umfang.

Als weitere nichtmetallische, bei der Reaktorbetriebstemperatur flüssige Kühlmedien kommen die bereits unter den Moderatoren aufgeführten *Terphenyle* in Betracht. Daß sie im Molekül weder Sauerstoff noch andere korrodierend wirkende Elemente enthalten, ist auch hier ihr ganz besonderer Vorzug. Sie reagieren chemisch weder mit den Brennstoffhülsen, noch mit dem Brennstoff selbst oder mit irgendwelchen Baumaterialien. Das den Reaktor verlassende Kühlmittel wird zudem während des Betriebes nur sehr mäßig aktiv, so daß, im Gegensatz zur Situation bei der Verwendung irgendwelcher anderer Kühlmittel, die Wärmeaustauscher nach der Stillsetzung sofort für begrenzte Zeiträume ohne Gefahr zugänglich sind. Zu diesen Fragen besteht bereits ein umfangreiches Spezialschrifttum (z. B. F. CAP, 1957; R. J. GIMERA, 1957; W. MIALKI, 1958; W. RIEZLER, 1958; u. v. a.), dem weitere Einzelheiten zu entnehmen sind.

Da in diesem Abschnitt nur die mit thermischen Neutronen arbeitenden Heterogen-Reaktoren, die vorerst als Leistungsreaktoren für Kernkraftwerke allein in Betracht kommen, näher untersucht werden, braucht auf die metallischen Kühlmittel, wie Quecksilber, geschmolzenes Wismut oder Bleilegierungen (D. H. KERRIDGE, 1961) nicht eingegangen zu werden. Dagegen verdient das geschmolzene Natriummetall noch der Erwähnung, da es in Prototypreaktoren bereits verwendet wird.

Das *flüssige Natrium* hat wie alle Metalle im Prinzip ausgezeichnete Kühleigenschaften, die teilweise besser als die des Wassers sind. Seine wesentlich geringere spezifische Wärme bedingt jedoch, daß entsprechend größere Mengen je Zeiteinheit umgepumpt werden müssen, um gleiche Wärmemengen aus dem Reaktor in die Wärmeaustauscher überzuführen. Teilweise wird das jedoch durch die weitere ausnutzbare Temperaturspanne wettgemacht.

Unter normalem Druck beginnt das Natrium erst bei 883° zu sieden; bis zu dieser Temperatur kann ein Natrium-gekühlter Reaktor also ohne Überdruck betrieben werden. Weiterhin sind alle Metalle in flüssiger Form strahlungsunempfindlich. Schließlich ist auch der Wärmeübergang zwischen dem flüssigen Natrium und der Rohrwandung in den Wärmeaustauschern ausgezeichnet und wesentlich höher als bei den vorher behandelten, nichtmetallischen Kühlmitteln; ferner erlaubt die hohe, durch das Kühlmittel zulässige Betriebstemperatur einen hohen thermodynamischen Wirkungsgrad der Anlage.

Diese für den Reaktorkonstrukteur, Verfahrenstechniker und Reaktorphysiker bestechenden Eigenschaften der Natriumkühlung lassen es möglich erscheinen, daß man vielleicht hier und da ein entsprechendes Kraftwerk in großtechnischem Maßstabe errichten wird. Den Vorzügen stehen aber so viele schwerwiegende Nachteile entgegen, die sich auf die Betriebssicherheit auswirken können, daß sie nicht unerwähnt bleiben dürfen.

Ein gewisses, technisch jedoch lösbares Problem ist durch den relativ hohen Erstarrungspunkt von rund 90° gegeben. Immerhin kann die Möglichkeit nicht absolut ausgeschlossen werden, daß sich im Falle einer Betriebsstörung im Leitungssystem Pfropfen aus erstarrtem Metall bilden, die den Umlauf unterbinden, so daß die Kühlung des Reaktors ganz oder teilweise versagt.

Des weiteren besitzt das Natrium ein stark von der Temperatur abhängiges Lösungsvermögen für fast alle Reaktorwerkstoffe (D. H. KERRIDGE, 1961). Das hat zur Folge, daß an heißeren Stellen Material abgetragen und an kühleren Orten wieder abgesetzt wird. Dort können sich also Verstopfungen bilden, die wiederum zu ähnlichen Folgen wie eben führen. Gefährlicher noch als solche undurchlässige Pfropfen sind teilweise Verengungen im Reaktor, da sie eine ungleichmäßige Temperaturverteilung zur Folge haben, die ihrerseits nicht immer schnell genug zu erkennende Überhitzungen und thermische Zerstörungen bewirken kann.

Es ist auch noch an die unter dem Stichwort „Graphit" behandelte Eigenschaft der Alkalimetalle zu erinnern, in das Kristallgefüge des Graphits recht leicht einzudringen und das Material auf diese Weise aufzutreiben, es zu verformen und schließlich zu zerstören. Mit Rücksicht auf den chemischen Charakter dieses Kühlmittels ist es dem Reaktorchemiker ohnehin nicht recht wohl bei dem Gedanken, es in größeren Quantitäten bei hohen Temperaturen in einem Dampfkraftwerk gehandhabt zu wissen, selbst wenn man dabei vorerst von der ungeheuren Strahlungsintensität absieht. In Gegenwart von Wasser, selbst schon von feuchter Luft, ist das Natrium ausgesprochen feuergefährlich, da es unter Wasserstoffentwicklung äußerst stürmisch exotherm reagiert (P. FABER, 1957; J. D. GRACIE, 1960). Seine Handhabung ist schon bei rein chemischen Prozessen recht unangenehm und beschwerlich.

Daneben stellt das flüssige Natrium ein stark korrodierendes Medium dar. Damit soll nicht die bereits erwähnte Materialabtragung oder Graphitquellung durch Lösungsvorgänge gemeint sein, sondern ebenso die unter chemischer Reaktion ablaufende Einwirkung des Natriumoxyds auf die metallischen Werkstoffe, auf Dichtungen, Packungen usw. Diese Wirkung ist so intensiv, daß aus dem Kühlmetall jegliche Oxydspuren, die sich im Betrieb unvermeidlich bilden, kontinuierlich entfernt werden müssen (W. MIALKI, 1958 II). Das gleiche gilt für das Natriumhydroxyd. Beide Verbindungen entstehen aber laufend, da sich Sauerstoff und Feuchtigkeit nicht absolut fernhalten lassen.

Da der Wärmeübergang zwischen dem flüssigen Metall und der Rohrwandung des Wärmeaustauschers so hervorragend ist, wird der Temperaturunterschied zwischen Innen- und Außenfläche des Rohres sehr groß. Starkwandige Rohre, die aus Sicherheitsgründen zwar erwünscht wären, jedoch den auf diese Weise hervorgerufenen Kräften nicht genügend nachgeben können, wären somit starken inneren Wärmespannungen ausgesetzt. Man wird daher für Wärmeaustauscher, die mit dem vom Reaktor kommenden, heißen Natrium beheizt werden, nur möglichst dünnwandige Rohre verwenden können, die zwar durch Wärmespannungen weniger gefährdet sind, dafür aber eine geringere mechanische Festigkeit aufweisen und leichter durch Materialabtragung und Korrosion zerstört werden können.

Wohl das wichtigste, das Sicherheitsmoment für natrium-gekühlte Reaktoren betreffende Faktum ist die während des Kraftwerkbetriebes im Natrium unvermeidlich induzierte Aktivität.

Diese fatale Erscheinung hängt mit dem gegenüber anderen Kühlmitteln hohen Absorptionsquerschnitt des Natriums für thermische Neutronen und mit dem langsamen Zerfall der somit entstehenden radioaktiven Na-24-Kerne zusammen. Dieses durch n, γ-Reaktion aus den stabilen Na-23-Kernen des Kühlnatriums gebildete Isotop hat eine Halbwertszeit von fast 15 h und emittiert bei seinem Zerfall eine sehr harte β-Strahlung von 1,4 MeV Maximalenergie sowie zwei sehr durchdringende γ-Energieniveaus.

Da diesen einander entgegenstehenden Eigenschaften des metallischen Natriums bei seiner Verwendung als Kühlmittel im Reaktor konstruktiv und verfahrenstechnisch Rechnung zu tragen ist, stellen alle derartigen Einrichtungen praktisch noch Versuchsanlagen dar.

Neben den Flüssigkeiten sind auch *Gase* als Kühlmittel geeignet und gewinnen dafür eine zunehmende Bedeutung, da ihren Nachteilen erhebliche Verzüge gegenüberstehen. Ungünstig sind die geringe Dichte und niedrige spezifische Wärme, die auch bei hohen Drücken eine hohe Umlaufpumpleistung und große zirkulierende Fördermengen notwendig machen.

Luft als Kühlgas für Leistungsreaktoren zu verwenden, verbietet sich infolge der bei höherer Temperatur zunehmenden Oxydationstendenz des Luftsauerstoffs. Um eine Oxydation von vornherein auszuschalten, arbeiten vielmehr die bereits in Betrieb oder Bau befindlichen, gasgekühlten Kraftwerksreaktoren mit Inertgasen.

Das gern verwendete *Kohlendioxyd* hat eine gegenüber anderen Gasen hohe Dichte, dadurch auch eine günstige Wärmekapazität je Volumeneinheit. Sein Einfangquerschnitt für Neutronen ist niedrig. Es ist physiologisch und betriebstechnisch unbedenklich, da es weder giftig noch explosionsgefährlich ist. Zudem ist es jederzeit in beliebigen Mengen äußerst wohlfeil zu erhalten. Das Kohlendioxyd eignet sich allerdings nicht mehr für den Hochtemperaturbetrieb, da es sich dann mit dem Moderatorgraphit zu Kohlenmonoxyd umsetzt (s. oben unter „Moderatoren").

Für Reaktoren, die bei höheren Temperaturen mit Gas gekühlt werden sollen, scheinen sich *Edelgase* als Kühlmittel einführen zu wollen, während *Wasserstoff*, insbesondere bei erhöhtem Druck schon seiner großen Explosionsgefährlichkeit wegen dafür ausscheidet.

Als geeignete Edelgase sollen reines *Helium* ($\sigma_a = 0$!), z. B. für den in Winfrith/England zu errichtenden Hochtemperaturreaktor von Euratom, oder ein Gemisch von *Helium* + *Neon*, wie es etwa aus der atmosphärischen Luft gewonnen werden könnte, Verwendung finden (Hochtemperatur-Reaktor von BBC/Krupp). Die ökonomische Seite braucht an dieser Stelle nicht angeschnitten zu werden. Unter dem für die Standortfrage wichtigen Sicherheitsaspekt ist festzuhalten, daß die Edelgase keine gefährlichen radioaktiven Produkte durch Neutroneneinfang aufbauen, daß sie sich durch Strahleneinwirkung nicht zersetzen sowie physiologisch und chemisch völlig indifferent sind.

Das gilt nur mit Einschränkung für das *Argon*, das relativ preiswert als Nebenprodukt der Luftverflüssigung gewonnen werden kann; infolge seines großen Einfangquerschnittes für Neutronen absorbiert es diese im Reaktor in merklichem Maße und wird dadurch selbst radioaktiv. Man sollte aber bestrebt sein, umlaufende Kühlmittel, besonders leicht flüchtige, möglichst frei von Radioaktivität zu halten.

Den vorstehend besprochenen Moderatoren und Kühlmitteln sind schließlich noch einige Sätze zu widmen, die beide gemeinsam betreffen. Aus der einleitenden Übersicht und der detaillierten Untersuchung geht hervor, daß einige dieser Substanzen sowohl als Moderator als auch als Kühlmittel geeignet sind. Das gilt allerdings nur für die bei Betriebstemperatur flüssigen Stoffe. Um die Konstruktion und den Betrieb von Leistungsreaktoren zu vereinfachen, ist daher bei einigen Typen der Weg beschritten worden, nur *ein* Medium zur gemeinsamen Moderierung und Kühlung zu benutzen. Dafür sind nach den obigen Darlegungen schweres und leichtes Wasser sowie die organischen Flüssigkeiten gut geeignet, letztere allerdings nur in Verbindung mit angereicherten Kernbrennstoffen (C. A. TRILLING, 1958 II).

Neutronenabsorbierende Regelmaterialien

Diese der Regelung, Steuerung und notfalls der Schnellabschaltung eines Reaktors dienenden Stoffe müssen ihrer Aufgabe entsprechend einen möglichst großen Absorptionsquerschnitt für Neutronen aufweisen. Geeignete Stoffe findet man in der Tabelle 6 angeführt.

Irgendwelche nuklearen Reinheitsanforderungen werden daran nicht gestellt, dagegen müssen sie sich zu mechanisch sehr stabilen und auch unter Reaktorbedingungen dauerstandfesten und gestaltsbeständigen Formkörpern verarbeiten lassen. Mechanische Störungen an ihnen würden den empfindlichsten Punkt der Reaktoranlage treffen (Nucleon. Report, 1961). Korrosionsbeständigkeit und verschwindend kleiner Dampfdruck kommen als weitere Forderungen hinzu, um Reaktorvergiftungen (hierunter ist stets die Verseuchung des Reaktorinneren mit starken Neutronenabsorbern zu verstehen) auszuschalten.

Bor läßt sich zu Borstählen, Boral bzw. Borcarbid (Norton Comp., 1955) verarbeiten, das in andere Trägermetalle eingearbeitet wird.

Cadmium hat den Vorzug, beim Neutroneneinfang nur eine γ-Strahlung zu liefern, die im Material weit weniger intensive Strahlenschäden verursacht als etwa die α-Folgestrahlung im Bor (vgl. Tabelle 6). Ungünstig sind dagegen der niedrige Schmelzpunkt des metallischen Cadmiums von nur 321° und der Siedepunkt von nur 767° (CH. D. HODGMAN, 1958); somit ist es selbst für nur mittlere Betriebstemperaturen als Silberlegierung (S. GLASSTONE, 1958; W. RIEZLER, 1958), für hohe überhaupt nicht geeignet.

Neuerdings beginnt auch das *Hafnium* steigendes Interesse zu gewinnen, während das theoretisch wirksamste, aber außerordentlich seltene und schwer zu isolierende *Gadolinium* experimentell vorerst noch sehr wenig untersucht ist.

4. Technisch angewendete Reaktortypen

Wenn Kernkraftwerke in der Zukunft eine Energiequelle darstellen sollen, die nicht mit dem Hintergedanken der Erzeugung von Rohstoffen für Kernwaffen betrieben wird, so müssen sie ein Höchstmaß an Sicherheit bieten und außerdem wirtschaftlich sein. Diese beiden Forderungen reduzieren die Arten und Typen von Leistungsreaktoren, deren denkbare Zahl sonst beliebig hoch wäre, auf einige wenige Typen, unter denen die Erfahrungen der Zukunft wahrscheinlich noch eine weitere Auslese treffen werden. Nachstehend finden wir die Kennzeichen derjenigen Typen, die als besonders aussichtsreich angesehen werden müssen, oder deren Einsatz zumindest von maßgebenden Gremien forciert wird.

Calder-Hall-Typ (GGR)

Unter den mit Graphit moderierten, gasgekühlten Natururan-Reaktoren zur Erzeugung elektrischer Energie ist bei chronologischem Vorgehen zunächst der am 9. Mai 1954 in der Sowjet-Union in Betrieb genommene Reaktor APS zu nennen. Leider sind die über ihn zugänglichen Angaben sehr lückenhaft, so daß er hier nur erwähnt werden kann (F. CAP, 1957, S. 395; N. A. DOLEZHAL, 1961).

Der erste näher bekannt gewordene Leistungsreaktor ist derjenige von Calder Hall in Großbritannien, der dank seiner guten praktischen Bewährung zur Typenbezeichnung geworden und in weiteren, analog gebauten Exemplaren für die Stromerzeugung in Betrieb genommen worden ist. Der Aufbau und die Arbeitsweise des Calder-Hall-Reaktors sind mittlerweile so häufig beschrieben worden, daß für seine Beurteilung hier eine kurze Darstellung genügen mag.

Mit Rücksicht auf die Unabhängigkeit der Brennstoffversorgung von Isotopentrennanlagen (vgl. Abschn. E Ic) benutzt der Calder-Hall-Reaktor natürliches, metallisches Uran als Brennstoff. Die Brennstoffüllung beträgt je Reaktor rund 130 t Uran, das in Form dünner Rundstäbe mit Magnesium ummantelt ist; zwecks besserer Wärmeabgabe an das Kühlmittel besitzen diese Brennstoffelemente eine große Zahl von Querrippen.

Als Moderator und als Reflektor zur Begrenzung der Neutronen auf das Reaktorinnere besitzen diese Reaktoren eine von vertikalen Kanälen durchzogene Gitteranordnung aus Graphitblöcken; in den Kanälen selbst stehen die Brennstoffelemente. Sie dienen außerdem als Leitkanäle für das Kohlendioxyd, das die Wärmeleistung des Reaktors aufnimmt und in Wärmeaustauschern zur Dampferzeugung an das Speisewasser abgibt.

Bei normalem Druck wäre die Wärmeübertragungsleistung des CO_2 zu gering und die Leistungsaufnahme der Umwälzgebläse zu hoch. Man verwendet daher das Gas unter erhöhtem Druck. Folglich umfaßt das Kühlmittelsystem einen den eigentlichen Reaktorkern umschließenden Druckbehälter, der durch je vier weite Rohrleitungen für Gasein- und -austritt mit den vier druckfesten Wärmeaustauschern verbunden ist. Aus diesen wird das abgekühlte CO_2 mittels Gebläsen wieder in den Reaktor zurückgedrückt.

Die Verwendung des Kohlendioxyds bringt neben anderen Vorteilen auch den mit sich, daß bei den 400^0 nicht überschreitenden Betriebstemperaturen gute Kohlenstoffstähle noch nicht angegriffen werden, die infolgedessen fast ausschließlich für die Gesamtkonstruktion verwendet werden konnten. Höhere Temperaturen verbieten sich, wie bereits oben erwähnt, durch die dabei in merklichem Umfang einsetzende Reaktion mit dem Moderatorgraphit unter Bildung von Kohlenmonoxyd und Zerstörung des Graphits. Eine Reaktorfüllung mit Kohlendioxyd umfaßt rund 20 t CO_2; schon bei der am 17. Oktober 1956 erfolgten Inbetriebnahme von Calder Hall zeigte sich ein durch nicht auffindbare Leckstellen verursachter täglicher Verlust von etwa 5% der umlaufenden CO_2-Menge. Es ist offenbar bis zur Abfassung dieses Berichtes noch nicht gelungen, diesen CO_2-Verlust ganz zu beheben.

Strahlenmäßige Bedenken sind gegen diese kleine Störung nicht zu erheben, so lange keine radioaktiven, flüchtigen Spaltprodukte aus defekten Brennstoffelementen in das umlaufende Kühlgas gelangen. Das Kohlendioxyd selbst wird ja im Reaktor nicht merklich radioaktiv induziert, die für die Konstanz des Reaktorbetriebes erforderliche Ergänzung der Fehlmenge fällt kostenmäßig nicht ins Gewicht.

Wenn diese Leckverluste an CO_2 erwähnt worden sind, so geschieht das aus zwei Gründen:

Selbst von fachmännischer Seite wird nach außen hin zuweilen der optimistische Standpunkt vertreten, es wäre dank der bei allen Reaktorbauten beachteten, weit über das normale technische Maß hinausgehenden Sorgfalt und den peinlich genauen Prüfmethoden schlechterdings unmöglich, daß sich während der Inbetriebnahme oder im Normalbetrieb Undichtigkeiten oder gar schwerere Defekte bemerkbar machen könnten; man mag der ausgezeichneten, weit ins Detail gehenden Darstellung von K. JAY (K. JAY, 1957) entnehmen, daß bei der Konstruktion und dem Bau dieser Anlage die Sorgfalt in der Tat wohl kaum noch hätte übertroffen werden können. Auf Grund dessen eine absolute Unfehlbarkeit von Material und Mensch gerade in bezug auf Leistungsreaktoren anzunehmen, ist jedoch vielleicht eine der größten potentiellen Gefahren von Kernkraftwerken.

Es sind Hochtemperaturreaktoren zur Energieerzeugung geplant und schon im Konstruktionsstadium, die keramische Brennstoffelemente (vgl. B II a 3) und als Kühlung komprimiertes Edelgas verwenden werden. Aus keramischen Brennelementen diffundieren die Spaltprodukte schnell heraus und können, selbst wenn eine Ummantelung vorhanden ist, durch etwa sich bildende Lecks aus dieser entweichen und sich dem Kühlgas beimengen. Ein solches Ereignis ist bei der gegenüber dem Calder-Hall-Reaktor wesentlich höheren Betriebstemperatur noch leichter denkbar. Auch bestehen für solche Reaktoren, etwa vom Typ HTGCR, ganz erhebliche Dichtungs- und Schmierungsschwierigkeiten, so daß eine völlige Dichtigkeit des Gaskreislaufes nicht zu erwarten ist. Daraus ergeben sich zwangsläufig als Folgerungen: Gasverluste an Helium würden wirtschaftlich sehr ins Gewicht fallen, Verluste an radioaktiv verunreinigtem Helium wären unzulässig. Ein aus Luft gewonnenes, Argon-haltiges Edelgasgemisch würde selbst radioaktiv werden und dürfte daher ebenfalls nicht entweichen.

Dieser Interjektion ist andererseits zu entnehmen, daß die Gesamtkonzeption des Calder-Hall-Typs ein ausgesprochen sicheres Reaktorsystem geliefert hat. Man hat dieses Sicherheitsmoment durch weitere Maßnahmen vermehrt. Das über 1000 t betragende Gewicht des eigentlichen Reaktorkernes wird von einer sehr kräftigen Tragkonstruktion aufgenommen. Bei den neuesten Reaktoren dieser Bauart ist sie weiterhin vervollkommnet worden. Sie wird gegenwärtig, etwa in ihrer für die Kernkraftwerke *Bradwell* und *Hinkley Point* in England vorgesehenen Ausführung, für widerstandsfähig genug angesehen, um auch Erdbeben standhalten zu können.

Wie jeder Reaktor, so besitzt auch der Calder-Hall-Typ einen äußeren Mantel mit der Aufgabe, die aus dem Inneren kommende, äußerst intensive Strahlung von der Umgebung fernzuhalten (Biological Shielding). Es ist bekannt, daß ein solcher Strahlenschutzpanzer zwei Aufgaben gleichzeitig zu erfüllen hat, die an ihn konträre Bedingungen stellen.

Die aus dem Reaktor in die Ummantelung dringenden schnellen Neutronen müssen abgebremst werden, wozu die Massenzahl der den Biologischen Schild aufbauenden Atome klein sein muß (vgl. Tabelle 7 u. 8). Zur wirksamen Abschwächung der γ-Strahlung dagegen sollen die Massenzahl und die Dichte so hoch wie möglich liegen. Dem wird dadurch Rechnung getragen, daß man den Strahlenschutzmantel aus einem besonders dichten und gleichzeitig stark wasserhaltigen Beton herstellt.

Das Betongehäuse, dessen Inneres nach der Inbetriebnahme des Reaktors nicht mehr betretbar ist, muß gegen eine übermäßige Erwärmung von innen her, die zu unzulässigen Wärmespannungen und zum Austrocknen führen würde, durch einen thermischen

Schild aus dickem Stahl und durch Kühlluft, die ins Freie abgeblasen wird, geschützt werden. Diese Luftkühlung des Zwischenraumes zwischen Reaktor und Biologischem Schild ist, vom Sicherheitsstandpunkt aus betrachtet, eine etwas empfindliche Stelle des Systems, da sie, einen ungünstig gearteten Zwischenfall vorausgesetzt, eine direkte Kommunikation mit der Außenluft darstellt.

Um solchen Zwischenfällen, die sich aus einer ernstlichen radioaktiven Verseuchung des Umlaufgases oder der Kühlluft ergeben könnten, vorzubeugen, sind indessen umfangreiche Sicherungsvorkehrungen getroffen worden. Irgendwelche lokalen Überhitzungen im Reaktor, bedingt etwa durch eine spontane Freisetzung von Wignerenergie (vgl. Abs. ,,Moderatoren") oder durch Verstopfung einzelner Kühlkanäle, lassen sich mit Hilfe der zahlreichen eingebauten, unmittelbar an der Oberfläche der Brennstoffhülsen angebrachten Thermoelemente erkennen und lokalisieren. Von jedem mit Brennstoffelementen gefüllten Kanal im Graphitmoderator führt ein Schnüffelrohr dauernd einen schwachen Gasstrom einer speziellen Radioaktivitäts-Meßeinrichtung zu, mit deren automatischen Umschaltgeräten innerhalb kurzer Zeit alle Kanäle einzeln auf das Vorhandensein etwa undichter und radioaktive Spaltprodukte abgebender Hülsen geprüft werden.

Defekte Brennstoffelemente, die jedoch nur sehr selten auftreten, werden nach Abschalten des Reaktors mittels sinnreicher Entladeeinrichtungen (vgl. z. B. A. ERTAUD, 1958) aus dem Reaktor entnommen und ausgewechselt. Für diese Aufgabe sind strahlensicher gepanzerte Entlademaschinen entwickelt worden, welche diesen Vorgang der Handhabung höchst radioaktiven Materials schnell und ohne Strahlengefährdung des Personals durchzuführen gestatten.

Um das damit zweifellos doch nicht ganz auszuschließende Gefahrenmoment auf ein Minimum zu verringern, befindet sich am Reaktor außerdem eine analog gestaltete, inaktive Trainingseinrichtung, an der die ordnungsmäßige Funktion der Entladeeinrichtungen immer wieder geprüft und das Personal gleichzeitig in Übung gehalten wird (R. R. GALLIE, 1958).

Es ist für den Reaktorbetrieb stets riskant, wenn durch einen Zwischenfall das Kühlwasser, das die im Reaktor erzeugte Restwärme aufzunehmen hat, ausbleibt. Der hier zunächst betrachtete Calder-Hall-Reaktor ist dank der Anwendung von Rückkühlwerken, die stets eine große Umlaufwasserreserve besitzen, die lediglich den Verdunstungsverlusten entsprechend ergänzt werden muß, dagegen weitgehend unempfindlich. Der relativ niedrige Bedarf an Zusatzkühlwasser erleichtert die Auswahl des Standortes ganz erheblich. Die dem Calder-Hall-Reaktor zuzusprechende Sicherheit gegen ernsthafte Störungen und Unfälle kann also als sehr hoch angesehen werden; sie hat sich auch durch ungestörten jahrelangen Betrieb praktisch erwiesen. Wenn das in der Reaktoranlage selbst der Fall ist, darf die Zuverlässigkeit bei dem übrigen, konventionellen Teil des Kernkraftwerkes als nicht minder wichtig angesehen werden. Beide Teile stehen ja in engster räumlicher Nachbarschaft und Wechselbeziehung und können einander stark beeinflussen. Dazu ein Beispiel:

Am 28. Juni 1958 drehte im neuen Atomkraftwerk Calder Hall B eine erst wenige Tage im Betrieb gewesene Turbine durch und wurde durch die Zentrifugalkräfte zerrissen. Die Trümmer richteten zwar erheblichen Sachschaden an, Radioaktivität wurde jedoch glücklicherweise nicht freigesetzt, da der Reaktor nicht getroffen wurde. Das Ereignis könnte seiner lokalen Begrenzung wegen belanglos sein; die Beschädigung eines wesentlichen Reaktorbestandteiles wäre aber ebensogut möglich gewesen, wodurch eine vom nicht radioaktiven Teil des Werkes ausgelöste Kausalkette zu einem schweren Reaktorunglück hätte führen können (vgl. auch Abschn. D).

Abschließend ist zum *Wirkungsgrad* einer Anlage vom ursprünglichen Calder-Hall-Typ zu sagen, daß er nur wenig über 20% liegt (J. CHABOSEAU, 1958) und damit erheblich schlechter ist als der von modernen, mit fossilen Brennstoffen gefeuerten Dampfkraftwerken, die einen solchen von über 30% erreichen. Dieser Umstand wird jedoch zum großen Teil kompensiert durch die große Betriebssicherheit und dadurch, daß die mit der Energieerzeugung gekoppelte Plutoniumproduktion gute Ausbeuten liefert. Der Preis für dieses synthetische Element liegt hoch, wenn es für militärische Zwecke brauchbar ist (W. KLIEFOTH, 1958). Auf diese Fragen wird unter anderem bei der späteren Besprechung der wirtschaftlichen Gesichtspunkte für die Errichtung von Kernkraftwerken zurückzukommen sein.

Die technischen, sicherheitsmäßigen und betrieblichen Vorzüge des Calder-Hall-Typs sichern ihm zumindest in der gegenwärtigen, ersten Phase der Elektrizitätserzeugung in Kernkraftwerken einen merklichen Vorsprung vor allen anderen Konstruktionen. Er wird laufend weiter verbessert (T. MARGERISON, 1961); infolgedessen haben in Großbritannien weitere Kernkraftwerke des Calder-Hall-Typs mit 184 bzw. 300000 kW elektrischer Leistung ihren Betrieb aufnehmen können, weitere Anlagen von 500 bzw. 835 MW sind bereits im Konstruktionsstadium bzw. im Baubeginn (S. A. CHALIB, 1958; R. N. MILLAR, 1958; R. D. VAUGHAN, 1958; vgl. auch Tabelle 20, Abschn. LVc), bei denen Wirkungsgrade von 33% erwartet werden.

Auch andere Länder sind bei der Errichtung oder Planung analoger Anlagen hoher Leistung, so etwa Frankreich, Italien, Japan und andere (M. ROUX, 1958). Gerade die letztgenannten Länder sind als Interessenten bedeutungsvoll, weil dort im Hinblick auf die erhöhte Erdbebengefahr besonders hohe Anforderungen an die Reaktorsicherheit gestellt werden müssen (vgl. Abschn. J), deren Erfüllung man offenbar vom robusten Calder-Hall-Reaktor in erster Linie erwartet.

Um auch den Forderungen nach einer Steigerung des thermischen Wirkungsgrades und damit nach erhöhter Wirtschaftlichkeit gerecht zu werden, sind derzeit u. a. in der Sowjetunion Versuche im Gange, den primär erzeugten Sattdampf durch Rückführung in den Reaktor bei 110 atü auf 510° zu überhitzen, worauf er mit etwa 90 atü und 500° in die Turbine gelangt (N. A. DOLEZHAL, 1958). Ähnliche Tendenzen werden auch in anderen Ländern verfolgt (R. V. MOORE, 1958; W. R. WOOTTON, 1958; H. BENZLER, 1961; V. V. DOLGOV, 1961; T. MARGERISON, 1961).

Weitere Zukunftsentwicklungen zielen in Richtung der Gaskühlung in Verbindung mit Gasturbinen, um so den Aufwand und den Energieverlust durch die Wärmeaustauscher zu umgehen und die Anlage gegenüber Lastwechseln elastischer zu machen (W. F. BANKS, 1959; F. WINTERBERG, 1959; K. BAMMERT, 1961).

Siedewasser-Reaktoren (BWR)

Berücksichtigt man die im Abschn. B I gebrachten Grundlagen, so ergeben sich für den Betrieb eines Siedewasserreaktors (Boiling Water Reactor, BWR) zwei Brennstoff-Moderator-Kombinationen: Eine kritische Anordnung läßt sich nur durch eine Kombination von Natururan mit Schwerwasser, oder aber von mit Spaltstoff angereichertem Uran mit leichtem Wasser (oder Schwerwasser) erreichen.

Das Aufbauprinzip und die Arbeitsweise eines solchen Siedewasserreaktors sind wesentlich einfacher als die des vorher beschriebenen Calder-Hall-Typs, da er mit Moderatorkühlung arbeitet, zur Moderierung und Kühlung also nur *ein* Medium benutzt. Man kann diesen Reaktor als Dampfkessel definieren, dessen Wasserinhalt durch die darin angebrachten Brennstoffelemente direkt beheizt und dadurch zum Sieden gebracht wird.

Das entstehende, den Reaktorkessel verlassende Dampf-Wasser-Gemisch wird in einer geeigneten Dampftrommel getrennt, und der so produzierte Sattdampf dient unmittelbar dem Antrieb der Turbogeneratoren. Anfänglich ist man aus Sicherheitsgründen bestrebt gewesen, das primäre Dampf-Wasser-System in einem geschlossenen Kreislauf zu halten (vgl. Abb. 12), jedoch leidet der Wirkungsgrad zu stark darunter (J. M. HARRER, 1958; H. P. ISKENDERIAN, 1958; V. D. NIXON, 1958; C. MATTEINI, 1958).

Die letzten Jahre haben einen gewissen Wandel insofern gebracht, als man mehr und mehr dazu übergeht, leicht angereicherten Brennstoff in Verbindung mit Leichtwasser anzuwenden (s. o.). An und für sich war das vorauszusehen und wurde auch schon früher angestrebt, da im Laufe der Jahre des Betriebes von immer mehr Kernkraftwerken zusätzliche Anreicherungs-Spaltstoffe durch Konversion gebildet werden, und da weiterhin der militärische Bedarf an reinem Spaltmaterial einer Sättigung zustreben muß, so lange Atomkriege vermieden werden können; vor allem aber schlagen Verluste an kostspieligem Schwerwasser (vgl. S. 31), die im praktischen Betrieb durch Lecks, Betriebsstörungen und Übertritte ins Leichtwassersystem recht erheblichen Umfang annehmen können, in den Betriebs- und damit Produktionskosten ganz erheblich zu Buche.

Durch geeignete Dampf-, Flüssigkeits- und Wärmeführung wird bei den modernsten Siedewasser-Reaktoren ein Optimum an Leistung angestrebt. Die Abb. 13 gibt das Fließschema einer solchen neuzeitlichen Anlage wieder (C. MATTEINI, 1959). Bemerkenswert ist dabei die Erzeugung von Primärdampf und Sekundärdampf (Dual Cycle System), die in zwei Stufen einer gemeinsamen Turbine zugeführt werden. Da der Sekundärdampf in einem Wärmeaustauscher indirekt einen Teil des Wärmeinhaltes des heißen

Wassers aus der Dampftrommel übernimmt, wird weitgehend die Gefahr vermieden, daß bei einem Bruch der Brennstoffelemente im Wasser gelöste Spaltprodukte — mit Ausnahme der gasförmigen — in das Turbinen-Kondensator-System gelangen (L. KORNBLITH, 1958).

Ein besonderes Kennzeichen des Siedewasser-Reaktors ist seine inhärente Leistungsregelung; sie beruht darauf, daß im Falle einer

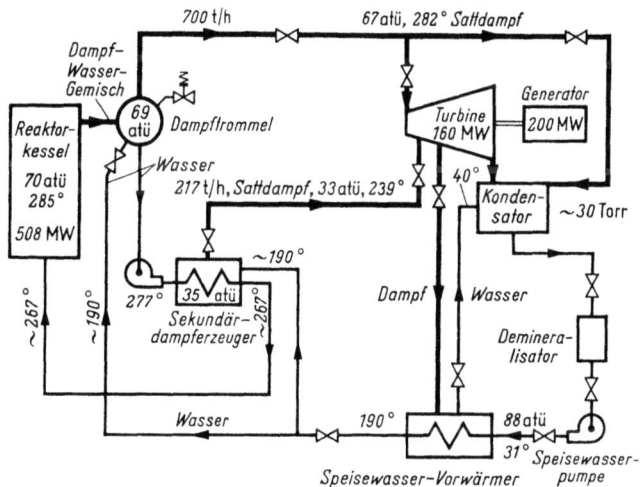

Abb. 13. Fließschema des GE-Siedewasserreaktors einschließlich Kraftwerksanlage. (Nach C. MATTEINI, 1959; umgerechnet ins metrische System mit abgerundeten Werten)

unbeabsichtigten Leistungssteigerung des Reaktorsystems das als Moderator und Kühlmedium dienende Wasser sofort in verstärktem Maße Dampfblasen bildet, womit die mittlere Moderatorkonzentration sinkt und die Leistung dementsprechend wieder zurückgeht. Diese Wärmeaufnahme durch den Verdampfungsprozeß ist gegenüber allen anderen Kühlprozessen so besonders wirksam, da er praktisch isotherm abläuft und der Wärmeaufwand für die Verdampfung mit 540 kcal/kg (bei höheren Temperaturen etwas weniger) als wärmeaufnehmender Vorgang zur spezifischen Wärme des Wassers hinzukommt (P. GRASSMANN, 1961). Bei ungünstigen Dimensionsverhältnissen kann eine solche Selbstregelung allerdings zu Leistungsoszillationen führen, im Resonanzfalle sogar zu divergenten Instabilitäten, jedoch werden diese anfänglichen und nicht vorausgesehenen Schwierigkeiten heute ingenieurmäßig und theoretisch durchaus beherrscht und ausgeschaltet (E. S. BECKJORD, 1958; A. E. GALSON, 1958; M. A. HEAD, 1958; R. A. SCHMIDT, 1958; S. A. SKVORTSOV, 1958; G. STUART, 1958; J. W. WEIL, 1958; B. V. ERŠLER, 1961).

Da heißes Wasser im Gegensatz zum CO_2 auf Leichtmetalle korrodierend wirkt, besitzen die Brennstoffelemente im Siedewasserreaktor Hülsen aus Zirkon, Zircalloy-Legierungen oder Edelstahl.

Im Vergleich zum Graphit-moderierten, CO_2-gekühlten Calder-Hall-Reaktor ist hier außerdem der Druckkessel wesentlich höheren Drücken ausgesetzt (vgl. Abb. 13); obwohl er in den Dimensionen viel kleiner als dort ist, sind die notwendigen Wandstärken doch beachtlich groß. Die damit verbundenen fertigungsmäßigen, z. B. schweißtechnischen Schwierigkeiten sollen hier nur am Rande vermerkt werden.

Der relativ unkomplizierte Aufbau ist zweifellos als ein Vorteil des Siedewasser-Kernkraftwerkes zu werten, auch erwartet man darin sehr gute Ausbrandleistungen, wobei die optimistischsten Schätzungen bis zu 6000—8000 MWd hinaufreichen (vgl. Abschn. LV). Mangels ausreichender effektiver Betriebszeiten werden diese Werte erst noch zu verifizieren sein. Sobald als Moderierkühlung Schwerwasser benutzt wird, kommt als weiterer Vorzug ein besonders hoher Konversionsfaktor für die Bildung von Plutonium hinzu, der einen Wert von 0,94 erreichen kann.

Druckwasser-Reaktoren (PWR)

Von US-amerikanischer Seite (W. K. DAVIS, 1957; G. F. KENNEDY, 1958) wird den Druckwasser-Reaktoren wie den eben behandelten Siedewasserreaktoren eine bedeutende Rolle im kommenden Ausbau der Kernkraftwerke zugeschrieben.

Der Druckwasser-Reaktor (Pressurized Water Reactor, PWR) hat mit dem Siedewasser-Reaktor gemeinsam, daß Wasser sowohl als Moderator wie als Kühlmedium verwendet wird. Der Unterschied gegenüber der vorbeschriebenen Konstruktion (Abb. 13) besteht im Vorhandensein eines geschlossenen primären Kühlkreislaufes (vgl. Abb. 12, S. 22), in welchem Wasser unter so hohem Druck gehalten wird, daß es auf keinen Fall zum Sieden kommt. Die dafür geeigneten technischen Einrichtungen findet man eingehend in der einschlägigen Spezialliteratur beschrieben (D. J.

BLOKINTSHEW, 1955; O. DAHL, 1955; S. GLASSTONE, 1955; J. W. SIMPSON, 1955; W. K. DAVIS, 1957; W. CAP, 1957; S. GLASSTONE, 1958; W. RIEZLER, 1958).

Dem meist hohen Betriebsdruck (ca. 140 atü) entsprechen hohe Anforderungen an Wandstärken, Material und Verarbeitung des Druckkessels. So weist beispielsweise der Druckwasserreaktor des Kernkraftwerkes von Shippingport, Pa., USA, mit 60 MW elektrischer Leistung am Generator, einen Druckbehälter aus hochwertigem Kohlenstoffstahl von 11 m Höhe, 3 m ∅ und 21,5 cm Wandstärke auf, der zudem innen zum Schutz gegen Korrosionen unter dem Einfluß hoher Strahlungsdichten 6 mm stark mit Edelstahl plattiert ist. Solche hohen Sicherheitsreserven müssen unbedingt in das Material eingebaut werden (W. E. SHOUPP, 1958), denn ein größeres Leck würde rasch zum Entweichen des größten Teiles des Druckwassers führen; die dadurch ausfallende Kühlung hätte durch die von den Spaltprodukten gelieferte Nachwärme (vgl. Tabelle 3, S. 7) ein Zusammenschmelzen des Reaktorkernes zur Folge.

Neben dem Calder-Hall-Typ und dem Siedewasser-Reaktor haben auch die Druckwasser-Reaktoren ihre technische Eignung, ihre Betriebssicherheit und ihre elastische Fahrweise praktisch bewiesen. Shippingport ist seit 1957 in Betrieb (J. W. SIMPSON, 1958) und „NAUTILUS", das erste mit Kernkraft angetriebene Unterseeboot, hat unter Benutzung eines PWR Hunderttausende von Seemeilen störungsfrei zurückgelegt und sich dabei sogar längere Zeit unter der arktischen Eisdecke aufgehalten.

Die schon weiter oben erwähnte Alternativkombination von natürlichem Uran mit Schwerwasser wird in einem weiteren Reaktor des Druckwassertyps realisiert, der bei *Halden* in Norwegen neben Studienzwecken der Erzeugung von Heizdampf dient. Da er bei dieser Zweckbestimmung keinen so hohen Druck und nur niedrigere Betriebstemperaturen aufzuweisen braucht, als sie für den wirtschaftlichen Betrieb von Turbogeneratoren wünschenswert sind, sind auch die Beanspruchungen aller Konstruktionsmaterialien wesentlich geringer. Daher bestehen z. B. die Brennstoffhülsen nur aus Aluminium (N. HIDLE, 1958). Dieses Werk wurde aus dem Grunde schon hier angeführt, um zu zeigen, daß in Zukunft neben den Kernenergie-Kraftwerken zur Erzeugung elektrischer Energie auch Heizkraftwerke auf Kernenergiebasis in die entsprechenden Untersuchungen einzubeziehen sind.

Organisch moderierte Reaktoren (OMR, OMCR)

Im organisch moderierten und gekühlten Reaktor wird von den zahlreichen Vorzügen Gebrauch gemacht, die dem Diphenyl und den Terphenylen in reaktorphysikalischer, verfahrenstechnischer und sicherheitsmäßiger Hinsicht zu eigen sind (vgl. „Moderatoren" und „Kühlmittel" in Abschn. BIIa3). Wenn auch erst hier und da Ansätze zur Erstellung von ortsfesten Leistungsreaktoren diesen Typs zu erkennen sind, so mag das zum wesentlichen Teil daran liegen, daß dem Reaktorphysiker und Konstrukteur organische Betriebsmedien begrifflich noch zu fern liegen, um sie ohne Vorbehalt in ihre Entwürfe einzubeziehen.

Bereits im Absatz „Moderatoren" (S. 28 ff.) ist festgehalten worden, daß die Polyphenyle sich für Umlauftemperaturen bis zu 435^0 einsetzen lassen, ohne in einem nicht mehr vertretbaren Maße zu polymerisieren oder gecrackt zu werden (D. R. DE HALAS, 1958; V. SCHALLER, 1959). Bei diesen Temperaturen überschreitet ihr Dampfdruck bereits den Atmosphärendruck, so daß der Reaktorkern ebenfalls in einem Druckkessel untergebracht wird. Es gilt also wiederum das Schema der Abb. 12 (S. 22). Da der Betriebsdruck jedoch nur etwa 2,5 atm beträgt, hat der Kessel keinen besonderen mechanischen Beanspruchungen standzuhalten und wird daher aus gewöhnlichen Kohlenstoffstählen hergestellt. Diese brauchen nicht mit Edelstählen plattiert zu werden (vgl. dagegen PWR, S. 49), da das Terphenylgemisch ein reiner Kohlenwasserstoff ist und daher überhaupt nicht korrodierend wirkt. Auch die übrigen Reaktorbestandteile, wie etwa die Brennstoffhülsen, werden nicht angegriffen und bestehen deshalb aus Leichtmetall oder Leichtmetall-Legierungen.

Das organische Moderier- und Kühlmittel wird analog zum Wasser der Druckwasserreaktoren Wärmeaustauschern zugeführt, in denen der Treibdampf für die Turbogeneratoren erzeugt wird. Die Wärmeaustauscher müssen allerdings größere Austauschflächen besitzen, da spez. Wärme und Wärmeübergangszahl der organischen Medien geringer sind als beim Wasser. Aus dem gleichen Grunde ist auch die Umlaufrate ein wenig höher zu halten. Das fällt nicht merklich erschwerend ins Gewicht, da die Viskosität bei hohen Temperaturen stark abfällt.

Da die C- und H-Konzentration groß und damit die Bremswirkung gut ist, können Reaktor und Druckkessel recht kompakt gehalten werden. Weiterhin ist die Schmierwirkung der flüssigen Terphenyle zwar nicht erstklassig, aber doch so gut, daß eine Abnutzung oder gar ein Festfressen bewegter Teile (Pumpenwellen, Regelstäbe usw.) nicht eintreten.

Da unter dem Einfluß der Bestrahlung im Reaktor die Polyphenyle allmählich polymerisiert werden, müssen diese teerartigen, höher viskosen Anteile daraus entfernt werden, sobald die Gesamtviskosität zu hoch steigt. Das geschieht in einer Destillationskolonne, welche kontinuierlich aus einem kleinen Teilstrom des Kühlmittels die Teeranteile als Destillationsrückstand abtrennt. Dafür findet eine normale Apparatur Verwendung, die nicht einmal abgeschirmt zu werden braucht, da die im umlaufenden organischen Medium induzierte und gelöste Radioaktivität niedrig genug ist. Aus demselben Grund braucht auch nur der den Reaktorkern enthaltende Kessel mit einem biologischen Schild versehen zu sein. Die Rohrleitungen zu den Wärmeaustauschern und diese selbst sind sogar während des Vollbetriebes für begrenzte Zeiträume zugänglich. Schon innerhalb kurzer Zeit nach dem Abschalten des Reaktors klingt diese geringe Aktivität so weit ab, daß auch längere Reparaturen am Primärkreislauf mit den üblichen Mitteln und Werkzeugen vorgenommen werden können.

Der chemische Charakter des verwendeten Umlaufmediums im Primärkreislauf bringt es mit sich, daß die etwa durch Undichtigkeiten austretenden Terphenyle zwar keine Strahlengefahr, ihrer Brennbarkeit wegen aber bei hoher Temperatur eine Explosionsgefahr bedeuten, sobald ihre Dämpfe sich in hinreichender Konzentration mit Luft vermischen. Dieses Risiko ist jedoch nicht höher anzusetzen als in normalen Industriebetrieben, die mit brennbaren, hoch erhitzten Ölen arbeiten.

Gewisse Bedenken bestehen dagegen gegenüber dem durchaus denkbaren Fall, daß eine unbeabsichtigte Verbindung zwischen dem Terphenyl- und dem sekundären Wasserkreislauf entsteht. Da das Wasser bei gleicher Temperatur einen viel höheren Dampfdruck besitzt, würde es in den Ölkreislauf hineingepreßt werden und so in den Reaktorkessel gelangen.

Es wird dann, da die makroskopischen Moderatoreigenschaften von Terphenyl und Wasser fast identisch sind, von der Reaktorgestaltung und den Betriebsbedingungen abhängen, ob dadurch der Reaktor gegebenenfalls überkritisch werden kann (vgl. Abschn.

4*

BIIa2) und durchgeht. Wenn das auch nicht geschieht, so kann der Reaktor durch die spontane Drucksteigerung des Wasserdampfes, für die der Kessel nicht berechnet ist, beschädigt werden. Schließlich kann das in den Reaktor eindringende Wasser dort aktiviert werden und beim Wiederaustritt ein gefährliches Strahlungsniveau außerhalb des Reaktors erzeugen. In den bisher mit organischen Medien gesammelten Erfahrungen und veröffentlichten Berichten konnte zu dieser Frage noch nichts gefunden werden.

Gegen das Vordringen des Wassers aus dem Sekundärkreislauf in den Reaktor selbst können sicher geeignete technische Sicherheitseinrichtungen geschaffen werden. Mischungen und Emulsionen aus Wasser und Terphenyl lassen sich dank der merklich verschiedenen Dichten durch Zentrifugieren leicht trennen.

Neben dem eben beschriebenen und besprochenen Prototyp des mit Terphenylen moderierten und gekühlten Leistungsreaktors, der in Versuchseinheiten bereits in Betrieb ist, und den man auch wegen seiner erwarteten Betriebssicherheit als Antriebsreaktor für Handelsschiffe vorgesehen hat (Nucleonics Special Report, 1957; Nuclear News, 1961), befindet sich eine Abwandlung im Planungsstadium, die Graphit als Moderator benutzt und das Terphenyl-Isomerengemisch nur als Kühlmittel verwenden soll. Diese Kombination erscheint recht aussichtsreich, da als Brennstoff Natururan verwendet werden kann, der Reaktorkern eine besonders gut fixierte Geometrie besitzt, der Betriebsdruck niedrig liegt, ebenso die Umlaufaktivität verschwindend gering ist und keine Korrosionen zu befürchten sind. Die Ansprüche einer solchen Anlage an einen geeigneten Standort werden wegen dieser inhärenten Sicherheitsfaktoren besonders niedrig sein, wenn diese überdurchschnittliche Sicherheit der Gesamtkonzeption nicht andererseits zu Nachlässigkeiten in der praktischen Ausführung verführt.

Natriumgekühlte thermische Reaktoren

Die Forderungen nach einem hohen thermodynamischen Wirkungsgrad der im Bau und der Erstausstattung noch recht kostspieligen Kernkraftwerke ziehen zwangsläufig die Forderung nach hohen Arbeitstemperaturen des primären Kühlkreislaufes nach sich, um einen möglichst hochgespannten und sogar überhitzten Arbeitsdampf für die Turbinen erzeugen zu können.

Thermische Reaktoren

Leichtes und Schwerwasser erfüllen diese Forderungen nur unzulänglich, die organischen Kühlmittel nur in beschränktem Maße. Als Kühlmittel im Primärkreislauf, das eine hohe Temperatur ohne Überdruck ermöglicht, ist in diesem Kapitel unter „Kühlmittel" das flüssige Natrium aufgeführt worden. Die mit seiner Verwendung im Reaktorbetrieb zusammenhängenden Schwierigkeiten wurden dort bereits kurz angeschnitten. Sie werden aus der nachstehenden Untersuchung der bereits arbeitenden bzw. im Bau befindlichen natriumgekühlten, thermischen Reaktoren näher ersichtlich.

Da das Natrium selbst nur unzulängliche Eignung als Moderator besitzt (vgl. Tabelle 7, S. 13), sind die damit gekühlten thermischen Reaktoren mit Graphit moderiert. Graphit und Alkalimetall sind aber bei hoher Temperatur nicht miteinander verträglich (vgl. Moderatoren „Graphit" und Kühlmittel „Natrium"). Um einer Zerstörung des Graphits vorzubeugen, werden die einzelnen Blöcke, aus denen das Moderator- und Reflektorsystem aufgebaut ist, mit natriumdichten Blechhüllen ummantelt, wofür Zirkonblech besonders gut geeignet sein soll. Über die Dauerstandfestigkeit liegen allerdings noch keine ausreichenden Erfahrungen vor.

Als Brennstoff findet mit Uran-235 leicht angereichertes, metallisches Uran oder aber Thorium mit U-233 Verwendung. Selbstverständlich sind die Brennstoffkörper auch hier in Hülsen untergebracht, die wegen der besonders hohen chemischen Widerstandsfähigkeit aus sehr dünnem Edelstahlblech gefertigt werden. Um den Wärmeübergang zwischen dem Kernbrennstoff und seiner Hülle zu verbessern, wird der Zwischenraum mit Natrium ausgefüllt, wobei der unterschiedlichen Wärmedehnung durch ein zusätzliches Heliumpolster Rechnung getragen wird, eine fertigungsmäßig komplizierte Konstruktion.

Es soll auf diese Weise erreicht werden, daß bei einer Temperatur des Kühlnatriums am Reaktorausgang von 500^0 die Temperatur im Uran selbst, auch nicht an besonders heißen Stellen, über 650^0 steigt und damit sicherheitshalber noch 20^0 unter der gefährlichen Phasenumwandlungstemperatur bleibt (vgl. Abschn. B II a 3: „Metallische Kernbrennstoffe"). Man hofft, unter Auswertung von Betriebserfahrungen später bis 650^0 am Reaktorausgang gehen zu können. Brennstoffelemente aus Th-232 + U-235 werden es theoretisch erlauben, selbst über 1000^0 hinauszugehen. Praktische Erfahrungen hierzu existieren noch nicht, auch dürfte es nicht empfehlenswert sein, über den Siedepunkt des Na bei 883° hinauszugehen.

Um dem natriumgekühlten Reaktor eine trotz der technologischen Schwierigkeiten hohe Sicherheit zu verleihen, sind für jeden Reaktor, ähnlich wie beim Calder-Hall-Reaktor, vier parallel geschaltete Wärmeaustauschersysteme vorgesehen. Auf diese Weise sollen sich besonders die gefährlichen Verstopfungen beheben lassen, ohne daß die für den Reaktor lebensnotwendige Kühlung ganz abgestellt zu werden braucht.

Heikel bleibt auf jeden Fall die enorme chemische Aggressivität des mit Spuren von Oxyd verunreinigten Natriums. An der Prototypanlage des natriumgekühlten Reaktors für das amerikanische Unterseeboot „Seawolf" hat sich herausgestellt, daß der Oxydgehalt dauernd unterhalb von 10 ppm gehalten werden muß. Trotzdem führten dort Korrosionen zu Lecks in den Wärmeaustauschern und Überhitzern (Nucleonics Report, 1958).

Um das flüssige Natrium im Primärkreislauf und Reaktorkessel im Umlauf zu halten, sind die üblichen Pumpenkonstruktionen nicht brauchbar, da man die Verstopfungen und Korrosionen an Packungen und Dichtungen trotz des Fehlens eines nennenswerten Druckes nicht zu beherrschen vermag (P. L. KIRILLOW, 1961; J. G. YEVICK, 1961). Das Natrium wird daher mit speziell entwickelten Induktionspumpen geschlossener Bauart mit großem freiem Querschnitt umgepumpt, die allerdings für höhere Leistungen sehr hohe Stromstärken benötigen.

Sieht man von diesen Besonderheiten ab, die die Natriumkühlung für die Reaktorkonstruktion mit sich bringt, so ist, wiederum vom Standpunkt der Betriebssicherheit gesehen, der induzierten Radioaktivität des primären Kühlkreislaufes ein besonderes Augenmerk zu schenken. Schon nach wenigen Tagen Betriebszeit erreicht das Natrium sein Aktivitätsgleichgewicht, bei dem gleiche Mengen sich neu bilden und wieder radioaktiv zerfallen.

Die Höhe dieser Aktivität hängt von der Leistung und Energiedichte im Reaktorkern sowie von der umlaufenden Natriummenge ab. Geht man davon aus, daß aus Sicherheitsgründen diese Na-Menge im Primärkreislauf auf höchstens einige m³ begrenzt wird, so errechnet sich daraus unter plausiblen Annahmen für die sonstigen Betriebswerte eine Gleichgewichtsaktivität von 10^7—10^8 Curie. Das entspricht einigen Prozent der in einem bereits längere

Zeit betriebenen Reaktor vorhandenen Spaltprodukt-Aktivität, jedoch nur umschlossen und zusammengehalten von einem System dünnwandiger Rohre.

Diesem Gefahrenmoment eines ungemein reaktionsfreudigen, zu explosionsartigen Umsetzungen neigenden und außerordentlich stark radioaktiven, flüssigen Metalls begegnet man durch Einschalten eines zweiten, ebenfalls aus flüssigem Metall bestehenden

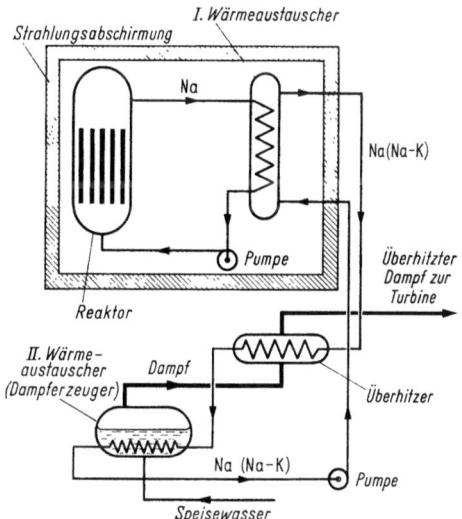

Abb. 14. Schema eines natriumgekühlten Leistungsreaktors mit zweistufiger Natriumkühlung, Dampferzeugung und Überhitzer

Zwischenkreislaufes, der dann seinerseits erst in Wärmeaustauschern aus Speisewasser Arbeitsdampf erzeugt und ihn auch noch eventuell überhitzt. In der Abb. 14 ist ein Schema dieser für natriumgekühlte, thermische Reaktoren charakteristischen Anordnung wiedergegeben.

Da zwischen dem sekundären Kühlkreislauf, der ebenfalls geschmolzenes Natrium oder besser das niedrig schmelzende Gemisch von Natriummetall und Kaliummetall als Kühlmedium enthält, und dem zur Dampferzeugung dienenden Wasser im Falle eines unbeabsichtigten Kontaktes ebenfalls Reaktionen von explosionsartigem Charakter eintreten können, hat man ein weiteres Zwischenmedium vorgesehen; dieses soll sozusagen der chemischen Isolierung beider Komponenten dienen. Dafür erscheint Quecksilber besonders geeignet, das zwischen den Doppelrohren des zweiten Wärmeaustauschers zirkuliert.

Auf diese Weise resultieren letzten Endes vier getrennte, hintereinander geschaltete Kühlmedien (Na, Na-K, Hg, Kesselwasser), wenn man vom Kühlwasser der Kondensatoren absieht, das die Restwärme des Turbinendampfes aufzunehmen hat. Ein so kompliziertes System birgt erfahrungsgemäß die Tendenz in sich, besonders anfällig gegen Störungen zu sein, zumal da darin so verschiedene, korrosive und chemisch miteinander nicht verträgliche Medien zirkulieren. Dem entsprechen auch die praktischen Erfahrungen, die mit dem natriumgekühlten Antriebsreaktor des U-Bootes „Seawolf" gemacht worden sind.

Wenn überhaupt, so werden sich natriumgekühlte, thermische Leistungsreaktoren höchstens in späterer Zukunft einführen, wenn der gute Wirkungsgrad nicht mehr durch kaum zu überwindende, materialmäßige und ähnliche Schwierigkeiten weit überkompensiert wird.

Als Abschluß der Frage natriumgekühlter Reaktoren für Kernkraftwerke mag schließlich ein interessanter Vorschlag der französischen Firma A. F. Lacroix, Paris, erwähnt werden. Danach soll als Zwischenübertragungsmedium im zweiten Kühlkreislauf ein Stoff verwendet werden, der weder mit Natrium noch mit Wasser chemisch reagiert. Das dafür vorgeschlagene Toluol unter überkritischen Bedingungen stellt vielleicht nicht gerade den geeignetsten Stoff dar, es könnte aber ohne weiteres durch das hochsiedende und thermisch sehr stabile Terphenylgemisch (vgl. Abschn. „Moderatoren", „Kühlmittel" und „Organisch gekühlter Reaktor") ersetzt werden.

Daraus würde sich ein Zwischentyp von Reaktor ergeben, der sich durch besonders hohe Betriebssicherheit auszeichnen könnte. Im Primärkreislauf befindet sich das hoch radioaktive, aber thermisch und radiolytisch völlig beständige Na ohne Druck; im Sekundärkreislauf das mit Natrium nicht reagierende Terphenyl, das die hohe Temperatur unter nur mäßigem Druck überträgt und gegen die γ-Strahlung des Natriums relativ unempfindlich ist. Im Dampferzeuger schließlich kann höchstens eine Berührung zwischen Wasser und organischer Substanz ohne chemische Reaktion stattfinden. Selbst bei einem Eindringen des Wassers in den organischen Kreislauf würde es noch nicht radioaktiv werden, da es nicht in den Reaktor selbst gelangt. Zu schwereren Zwischenfällen würde erst ein gleichzeitiges Undichtwerden aller Kreisläufe führen.

b) Brutreaktoren

Brutreaktoren („Breeder") sind zum Unterschied gegenüber fast allen thermischen Reaktoren durch eine während des Betriebes positive Spaltstoffbilanz gekennzeichnet.

Nach dem unter B I Gesagten besteht zwischen der mittleren Zahl $\bar{v}$ der je Einfang unter Spaltung entstehenden Neutronen, dem Quotienten von einfachen Einfangprozessen zu Spaltprozessen α und der mittleren Zahl η an sekundären Neutronen je Neutron, das von einem Brennstoffkern absorbiert wird, die Relation

$$\eta = \frac{\bar{v}}{1 + \alpha}. \qquad (11)$$

Ist $\eta < 1$, so kann keine Kettenreaktion zustande kommen. Unter idealen Bedingungen, d. h. ohne Neutronenverluste in sonstigen Reaktorkomponenten, liefert $\eta = 1$ eine stationäre Kettenreaktion.

Wenn $1 < \eta < 2$ ist, so wird bei weiterlaufender Kettenreaktion spaltbares Material verbraucht, daneben werden auch aus brütbarem Material (U-238 bzw. Th-232) neue spaltbare Kerne aufgebaut, deren Bildungsrate jedoch geringer ist als die Verbrauchsrate für primäres, spaltbares Material. Der Brennstoffinhalt des Reaktors wird zwar gestreckt, nimmt insgesamt jedoch während der Betriebsdauer mehr und mehr ab.

Ist dagegen $\eta > 2$, so bedeutet das, daß je gespaltenem Kern zumindest *ein* neuer spaltbarer Kern aus dem brütbaren Material aufgebaut wird. Je mehr η den Wert von 2 übersteigt, um so positiver wird demnach die Spaltstoffbilanz eines solchen Reaktors.

Um eine solche divergente Spaltstoffbilanz, also einen wirklichen Brutprozeß, zu erzielen, müssen einige Voraussetzungen erfüllt sein. $\bar{v}$ und η sollen möglichst groß, α muß klein sein. Die Tabelle 11 gibt einen Überblick über diese Daten der praktisch verwertbaren Spaltstoffe. Vom ebenfalls spaltbaren Pu-241 ist darin abgesehen worden, weil seine Bildungsrate über mehrere Neutroneneinfangsstufen geht und deswegen trotz hoher Absorptionsquerschnitte zu gering ist.

Tabelle 11. $\bar{\nu}$, η und α für U-233, U-235 und Pu-239. (Nach F. CAP, 1957; B. C. DIVEN, 1957; J. H. HUGHES, 1958)

Neutronenenergie		U-233	U-235	Pu-239
thermisch	$\bar{\nu}$	2,51	2,47	2,90
thermisch	η	2,31	2,08	2,03
thermisch	α	0,09	0,18	0,42
250 keV	$\bar{\nu}$	2,46	2,09	2,54
900 keV	$\bar{\nu}$	2,60	2,28	2,57

Während im idealisierten Fall eines Reaktors ohne Neutronenverluste dieser einen η-Wert von eben über 2 erfordert, um ein Brutreaktor im oben dargelegten Sinne zu sein, setzen die in praxi stets auftretenden Verluste die Forderung auf mindestens 2,25 bis 2,30 herauf. Demzufolge kommt entsprechend den in der Tabelle 11 enthaltenen Werten allein das U-233 als Spaltstoff für einen *thermischen Brutreaktor* in Betracht.

Anders stellt sich die Situation dar, wenn die Anordnung nicht als thermischer, sondern als *schneller Reaktor* betrieben wird. Bereits bei nur 900 keV Neutronenenergie überschreitet η bei allen drei in Betracht kommenden Spaltstoffen den angeführten Mindestwert von 2,25, so daß eine positive Spaltstoffbilanz im Betrieb möglich wird. Daraus ergeben sich folgende Möglichkeiten:

a) Zunächst wird in schnellen Brutreaktoren, die angereichertes U-235 als Spaltstoff und Th-232 als Brutstoff enthalten, das U-235 gespalten und unter gleichzeitiger Energieproduktion verbraucht, während gleichzeitig eine überquivalente Menge an U-233 aus dem Th-232 erzeugt wird. Dieser Prozeß kann so lange betrieben werden, als überhaupt noch U-235 zur Verfügung steht; —

b) in analogen schnellen Reaktoren wird U-238 in Pu-239 umgewandelt, wofür ähnliche Bedingungen wie unter a) gelten; —

c) das nach b) gebildete und abgetrennte Pu-239 wird wie unter a) und b) in schnellen Brutreaktoren als Spaltstoff an Stelle von U-235 zur weiteren überäquivalenten Erzeugung von U-233 aus Th-232 benutzt; —

d) in analoger Weise zu c) wird in schnellen Brutreaktoren mit Pu-239 als Spaltstoff aus U-238 weiteres Pu-239 produziert (vgl. auch Abb. 3 u. 4); —

e) da das nach a) und c) erzeugte U-233 bereits mit thermischen Neutronen eine positive Spaltstoffbilanz liefert (vgl. Tabelle 11), ist es in den technisch wesentlich einfacher zu haltenden thermischen Reaktoren zum Brüten weiteren Spaltstoffs, sowohl von U-233 aus Th-232 als auch von Pu-239 aus U-238 zu verwenden. Selbstverständlich sind neben diesem Spaltstoffsynthese-Programm ebenso gut auch andere denkbar und praktisch möglich. Es wird von den Eigenheiten der in Zukunft jeweils zur Verfügung stehenden Brutreaktoren und von der Vorratslage der verschiedenen Spalt- und Brutstoffe abhängen, welches zum gegebenen Zeitpunkt am vorteilhaftesten ist.

Nachdem seit mehr als einem halben Jahrzehnt schnelle Brutreaktoren theoretisch durchentwickelt und konstruiert worden sind (H. V. LICHTENBERGER, 1955; J. W. KENDALL, 1955; W. H. ZINN, 1955), befinden sich gegenwärtig solche bereits im Bau oder gar im Versuchsbetrieb (H. CARTWRIGHT, 1958; A. P. DONNELL, 1958; A. J. SALMON, 1959; K. R. SCHMIDT, 1960; J. G. YEVICK, 1961).

Als Beispiel sei der Schnellbrüter von *Dounreay* in Nordschottland (H. CARTWRIGHT, 1958) kurz skizziert.

Da in diesem Reaktortyp bestimmungsgemäß die Kettenreaktion mit schnellen Neutronen aufrecht erhalten wird, enthält die Konstruktion nur Baustoffe und Arbeitsmedien, die auf Neutronen keine merkliche Bremswirkung ausüben. Die aus den Brennstoffelementen abzuführende Wärme wird durch Natrium oder eine Natrium-Kalium-Legierung aufgenommen und dem sekundären Kühlkreislauf zugeführt, der seinerseits erst den zur Stromerzeugung benötigten Arbeitsdampf erzeugt.

Der Reaktor besitzt wie alle schnellen Brutreaktoren eine besonders hohe Leistungsdichte und bedarf daher einer entsprechend intensiven und gut funktionierenden Kühlung. Diese ist deshalb in 24 parallel geschaltete Kreisläufe aufgeteilt, deren Pumpen zu je zwei durch einen Dieselstromerzeuger angetrieben werden. Für den Fall des Versagens der Kühlung auf der Leistungsabnahmeseite ist zur Sicherheit noch eine Notkühlung mit Luft vorgesehen.

Zum Schutz gegen das Austreten der schnellen Neutronen aus dem Reaktorinneren in die Umgebung ist der Reaktorkern mit einem moderierenden Graphitmantel umgeben, der außen eine die thermischen Neutronen absorbierende Borschicht besitzt. Der Reaktor und die Wärmeaustauscher des primären Kühlkreislaufes sind zur Abschirmung der intensiven Gammastrahlung in einem starken Betonmantel untergebracht. Der durch die Natriumkühlung zusätzlich gegebenen Gefahr eines Natriumbrandes begegnet man durch eine große Stahlhohlkugel von ca. 41 m Durchmesser und etwa 25 mm Wandstärke, die in ihrer unteren Kalotte den Reaktor nebst Wärmeaustauschern und Betonschild aufnimmt. Diese ist so dimensioniert, daß sie auch den bei einer schnellen Oxydation des etwa in Freiheit gelangenden Natriums auftretenden Druck aufnehmen kann. Die in diesem Fall gleichzeitig erfolgende Erhitzung der Sphäre kann durch äußeres Berieseln mit Wasser herabgedrückt werden.

Man versucht also, allen erdenklichen Zwischenfällen von vornherein zu begegnen. Da aber schnelle Reaktoren mit ihrer hohen Leistungsdichte a priori schwieriger zu steuern sind als die vorher diskutierten thermischen Reaktoren, so ist als Standort für diesen britischen Schnellbrüter bewußt das abgelegene Dounreay in der Grafschaft Caithness an der Nordostküste Schottlands in der Weise ausgewählt worden, daß selbst im Fall eines ernstlichen Zwischenfalles keine größeren Bevölkerungszahlen gefährdet und etwa größere Landstriche radioaktiv verseucht werden dürften.

Eine ähnliche Anlage mit jedoch weit höherer Leistung und dem Nebenziel ökonomischer Stromerzeugung (100 MW elektrische, 300 MW thermische Leistung) ist die amerikanische ENRICO-FERMI-Anlage in Monroe County, Mich. (A. P. DONNELL, 1958). Diese Leistungszahlen zeigen, daß der Schnellbrüter dank seiner hohen Arbeitstemperatur und der hohen Leistungsdichte nicht nur als Spaltstoffgenerator von Bedeutung ist, sondern auch besonders günstige Wirkungsgrade aufweist. Darum werden zu seiner technischen Vervollkommnung große Anstrengungen gemacht.

Für die fernere Entwicklung der Brutreaktoren ist vorgeschlagen worden, *schnell-thermische Verbundreaktoren* zu entwickeln (R. AVERY, 1958); sie hätten den Vorteil eines gegenüber reinen Schnellbrütern nur geringfügig kleineren Brutfaktors, während die mittlere Lebensdauer der prompten Neutronen sich derjenigen in rein thermischen Reaktoren nähern würde. Das würde die schwierige Regelung, eines der Hauptprobleme der schnellen Brutreaktoren, erheblich vereinfachen. Bei einer solchen Verbundanlage könnte man außerdem den Brutfaktor auf einen dicht über 1 liegenden Wert einstellen, womit der greifbare Spaltstoffvorrat praktisch konstant bliebe, nach und nach jedoch alles brütbare Material ausgenutzt würde. Damit entfiele das Risiko der Lagerung steigender Mengen an reinem Spaltstoff, das sich sonst daraus ergeben könnte, daß die Brutreaktoren ihr Spaltstoffinventar im Durchschnitt binnen 3—6 Jahren verdoppeln (W. RIEZLER, 1958, p. 635), während z. B. der Strombedarf im Weltdurchschnitt sich erst im Laufe eines Dezenniums zu verdoppeln pflegt (vgl. auch Abschn. L).

Faßt man die in den vorstehenden Abschnitten dargestellten Einzelheiten über die mit verschiedenen Kernbrennstoffen betriebenen thermischen bzw. schnellen Reaktoren zusammen, so kann man die technisch mögliche Entwicklung in großen Zügen wie folgt skizzieren.

In der ersten Periode der konstruktiven Vervollkommnung der Kernreaktoren und ihrer Hilfseinrichtungen liegt der Schwerpunkt bei thermischen Reaktoren, die U-235 in natürlicher Konzentration oder in angereicherter Form als Spaltstoff verwenden. Da diese immer bessere Konversionsfaktoren aufweisen werden, d. h. schließlich eine Ausnutzung der Kerne von U-235 + U-238 bis vielleicht 10% zulassen werden, ist ihr Betrieb so lange vertretbar, als noch ausreichende Reserven an U-235 zur Verfügung stehen.

In der Zwischenzeit können sicher auch thermische Reaktoren auf Plutoniumbasis genügend betriebsreif sein, um in die Energieerzeugung eingesetzt zu werden. Das wäre außerordentlich wünschenswert, um die sonst mehr und mehr zunehmenden Mengen dieses Materials der militärischen Zugriffsmöglichkeit zu entziehen und einem nützlichen Zweck zuzuführen. Dann könnten auch die Ausbrandzeiten der primären Kernbrennstoffe wesentlich heraufgesetzt werden, weil das für Reaktorzwecke abgetrennte Plutonium nicht mehr den Kernwaffenansprüchen (niedriges Pu-240/Pu-239-Verhältnis) zu genügen brauchte.

Um schließlich die im Brutprozeß liegenden Möglichkeiten voll auszuschöpfen, sollte die Entwicklung der schnellen Brutreaktoren technisch so weit vorangetrieben werden, daß sie mit der gleichen Zuverlässigkeit wie die neuesten thermischen Reaktoren bewährter Konstruktion für die Energieerzeugung brauchbar sind. Das aber ist gleichbedeutend mit der Möglichkeit, die gesamten zugänglichen Vorräte an U-238 und Th-232, die den Hauptanteil der potentiellen Spaltstoffreserven darstellen, voll für die Energieversorgung der Menschheit einzusetzen. —

C. Instrumentelle und konstruktive Ausrüstung von Kernkraftwerken

Es genügt hier, die für Kernkraftwerke spezifische instrumentelle Ausrüstung und konstruktive Gestaltung zu untersuchen. Welche

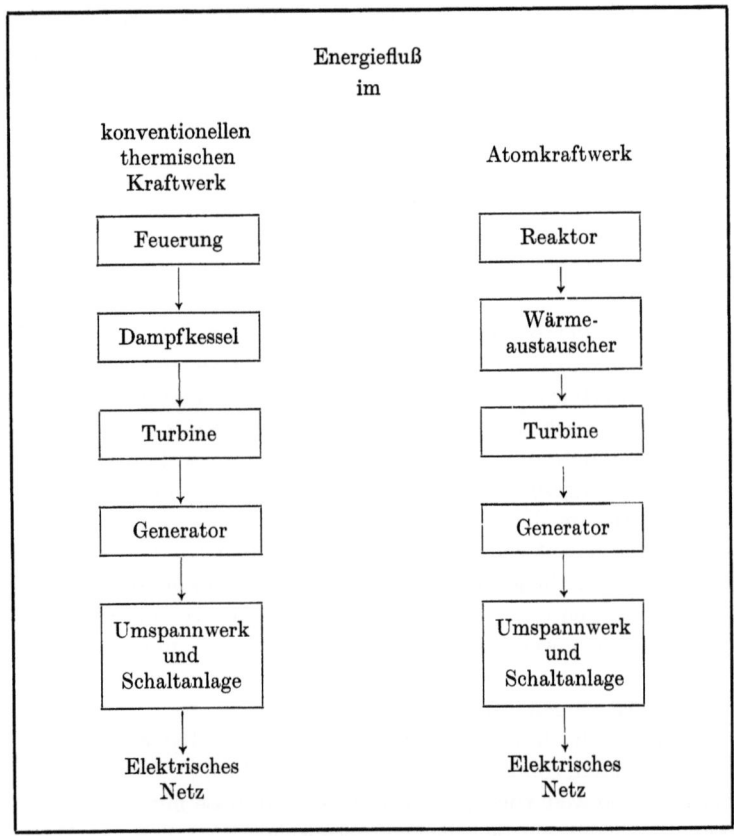

Abb. 15. Schematische Gegenüberstellung der funktionellen Einheiten von konventionellem Dampfkraftwerk und Atomkraftwerk

Bereiche einer Kernkraftanlage dazu gehören, ist der Abb. 15 zu entnehmen, in der die Funktionsstufen eines konventionellen Dampfkraftwerkes denjenigen eines Kernkraftwerkes gegenübergestellt sind· Es ist offensichtlich mehr eine Definitionsfrage, ob man die Wärmeaustauscher, in denen der Arbeitsdampf erzeugt wird, noch als zur Reaktoranlage oder als bereits zum klassischen Teil des Kraftwerks gehörend bezeichnet.

I. Instrumentierung

Die Reaktorleistung wird durch den Neutronenfluß im Reaktorinnern und die damit verbundene Wärmeentwicklung charakterisiert. Damit bedarf der Reaktorkern einer genügenden Zahl von *Neutronenflußmessern*, die die Höhe des Neutronenflusses und seine Verteilung innerhalb des Reaktors wiedergeben (D. TAYLOR, 1957; W. ABSON, 1958; A. B. DMITRIEV, 1958; J. H. BOWEN, 1961).

Des weiteren ist das Wärmeleitvermögen der Reaktormaterialien begrenzt, so daß bei raschen Leistungssteigerungen oder infolge eines ungleichmäßigen Kühlmittelflusses örtliche Wärmestauungen auftreten können, die zu Überhitzungen führen. Somit ist eine Vielzahl von *Temperaturfühlern*, vor allem an den Brennstoffelementen, einzubauen.

Die Möglichkeit des Auftretens von Lecks in der Umhüllung der Brennstoffelemente ist schon früher erwähnt worden; zu ihrem raschen Nachweis müssen *Radioaktivitäts-Kontrollgeräte* für das Kühlmittel, Speisewasser, Raumluft usw. vorhanden sein. Im Abschnitt B II a 4 („Calder-Hall-Reaktoren") wurde als Beispiel eine derartige Instrumentierung beschrieben, die es gestattet, defekte Brennstoffelemente rasch zu lokalisieren, so daß sie umgehend ausgewechselt werden können, bevor ernsthafte Störungen durch eine weitreichende und intensive radioaktive Verseuchung eintreten.

Die Anzeige aller Instrumente wird in der Reaktor-Kontrollstation zentral zusammengefaßt und gibt dort einen Überblick über den jeweiligen Betriebszustand. Änderungen der Leistung, der Kühlung usw. können auf Grund dieser Informationen von der Kontrollwarte aus vorgenommen werden. Die Regelung auf einen bestimmten Zustand oder ein bestimmtes Leistungsprogramm, vor allem aber die Notabschaltung, werden im allgemeinen automatischen Einrichtungen überlassen (J. PRADES, 1961).

Treten Anomalitäten in der Instrumentenanzeige auf, so können sie in reellen Abweichungen des Betriebszustandes vom Sollwert begründet sein oder an einem Defekt der Meßeinrichtung selbst liegen, etwa am Ausfall einer Ionisationskammer, eines Thermoelementes o. dgl.; im letzteren Falle geben sie also nur scheinbare Betriebsanomalien wieder. Andererseits wird aus Sicherheitsrücksichten bei ins Gewicht fallenden Unregelmäßigkeiten sofort die Schnellabschaltung des Reaktors automatisch ausgelöst (R. DAUTREY, 1958; M. DELOUX, 1958; A. PEARSON, 1958; R. J. SMITH, 1958; J. M. YELLOWLEES, 1958; J. H. BOWEN, 1961).

Um ein zu häufiges Abschalten des Reaktors, das die Zuverlässigkeit einer gesicherten Energieversorgung in Frage stellt — auch ist das Wiederanfahren ein längerdauernder und mit erhöhtem Risiko verbundener Vorgang —, zu vermeiden, geht man durchweg zu dem sog. zwei-von-drei-Prinzip der Instrumentierung über. Das bedeutet, daß jede Zustandsanzeige über drei gleiche, von einander unabhängige Meßeinrichtungen erfolgt, von denen mindestens zwei gleichzeitig die auffallende Änderung anzeigen müssen, bevor auf Grund der Anzeige wichtige Maßnahmen (Stillsetzung, Räumungsbefehl, Katastrophenalarm) getroffen werden.

Der indirekten Überwachung des ordnungsgemäßen Betriebszustandes dienen ferner die registrierenden Instrumente für die Kontrolle der Radioaktivität in den Rohrleitungen, der Atmosphäre des Reaktor- und Turbinengebäudes sowie der Umgebung der Kernenergieanlage.

II. Konstruktive Einrichtungen

Die Reaktoranlage baut sich aus einer Reihe von konstruktiven Einheiten auf, die sowohl den Betriebsnotwendigkeiten als auch den Sicherheitsanforderungen Rechnung zu tragen haben.

Form und Dimensionen des den Reaktorkern umgebenden Druckbehälters richten sich nach dem Reaktortyp (vgl. B II a 4 und B II b), insbesondere nach dem Druck, der Temperatur und dem Volumen des umlaufenden Kühlmittels. Er wird meist aus hochwertigen Kohlenstoffstählen hergestellt und oft korrosionsfest plattiert. An Konstrukteur und Verarbeiter werden dabei Anforderungen gestellt, wie sie bisher höchstens bei Anlagen zur Höchstdruckkatalyse in der chemischen Industrie vorgekommen sind. In beiden Fällen sind die Anforderungen befriedigend gemeistert worden.

Die ungeheuer intensive, vom Reaktorkern ausgehende γ-Strahlung, die aus den n, (f), γ-Prozessen und dem Zerfall von Spaltprodukten stammt, wird durch den bereits früher erwähnten *Biologischen Schild* absorbiert (E. P. BLIZARD. 1959). Anderenfalls wäre die Anlage auf weite Distanz unzugänglich. Der Biologische Schild ist bis zu mehreren Metern stark und besteht aus Spezialbeton (TH. JAEGER, 1959; A. N. KOMAROWSKI, 1961 II). Er ist von mehreren Öffnungen durchbrochen, die zum Auswechseln der Brennstoffelemente und zur Durchführung von Leitungen dienen.

Dem Reaktor entnommene, ausgebrannte oder defekte Brennstoffelemente bringt man in einen wassergefüllten Behälter, der unmittelbar an die Betonkonstruktion des Reaktorschildes angebaut ist; dort können sie einige Monate lang abkühlen. Darunter ist sowohl die Abnahme der von der Spaltproduktaktivität herrührenden Nachwärme zu verstehen als auch das Abklingen der Spaltprodukte kürzerer Halbwertszeit (vgl. Tabelle 4 u. 5, S. 10/12).

Die *Wärmeaustauscher* befinden sich sicherheitshalber zuweilen ebenfalls hinter einer Betonabschirmung für den Fall, daß starke Aktivitäten in den primären Kreislauf gelangen sollten. Bei Reaktoren des Calder-Hall-Typs wird auf diese zusätzliche Sicherung verzichtet, bei natriumgekühlten Reaktoren dagegen ist sie unentbehrlich.

Ein *Sicherheitsbehälter* ist kennzeichnend für alle Siedewasser- und Druckwasser-Kernkraftwerke größerer Leistung, ebenso für die mit flüssigen Metallen arbeitenden Schnellbrüter. Das ist naheliegend, wenn man bedenkt, daß der Wärmeinhalt der relativ großen und weit über den normalen Siedepunkt erhitzten Wassermengen zur Verdampfung und damit zum Entweichen des größten Teiles derselben ausreicht. Bei einer chemischen Reaktion von geschmolzenen Metallen mit Luftsauerstoff (A. H. COTTRELL, 1959) oder Wasser sind die Verhältnisse analog (J. R. HUMPHREYS jr., 1958; R. SCHULTEN, 1958).

Mit dem Bau von Sicherheitsgehäusen, die den gesamten Reaktorteil des Werkes umgeben, wird man den Anforderungen z. B. des Sicherheitskomitees der USAEC gerecht, die andernfalls je Megawatt installierter elektrischer Leistung einen Grundflächenanteil der Anlage von 1 acre (ca. 0,4 ha) vorschreiben (VDEW, 1956). Da der Behälter die Gefahr des unkontrollierten Entweichens radioaktiven Materials selbst bei schweren Reaktorzwischenfällen auf ein minimales Maß reduziert (L. GELLER, 1958; W. E. BAKER, 1958; R. O. BRITTAN, 1958), darf bei seinem Vorhandensein die Grundfläche der Gesamt-Kernkraftanlage bis auf das Normalmaß eines konventionellen Dampfkraftwerkes reduziert werden. Dieses Moment wird bei sicherheitsmäßigen und wirtschaftlichen Überlegungen stets zu berücksichtigen sein (C. C. WHELCHEL, 1959; A. N. KOMAROWSKI, 1961).

In den nordischen Staaten schließlich ist man den Weg der Verwendung natürlicher Sicherheitsbehälter gegangen, indem Reaktoranlagen in erweiterte natürliche oder ausgesprengte Höhlen im gewachsenen Fels eingebaut worden sind (N. G. AAMODT, 1958; L. CARLBOM, 1958). —

D. Schadenauslösende Vorgänge an Leistungsreaktoren

Schäden, die durch einen Reaktor hoher Leistung verursacht werden können, werden im einfachsten Fall auf einer rein mechanischen Wirkung beruhen; sie unterscheiden sich dann in keiner Weise von solchen, die von einer beliebigen anderen, mechanisch zerstörenden Einwirkung ausgehen. Sie sind also nicht für die Kernenergie spezifisch, und es braucht hier auf diese Faktoren nicht näher eingegangen zu werden.

Voranzustellen ist, daß ein Reaktor hoher Leistung eine lokalisierte Quelle höchst intensiver Neutronen- und γ-Strahlung darstellt, zugleich aber einen Behälter mit unvorstellbar hohen Aktivitäten radioaktiver Substanzen, der unter hoher Temperatur und im allgemeinen auch unter erhöhtem Druck steht. Um diese Strahlung und die radioaktiven Substanzen in dem Bereich zu halten, der für sie vorbehalten und zugelassen ist, stehen nur die bekannten Werkstoffe und ihre Bearbeitungs- und Verarbeitungsmethoden zur Verfügung. Sie können wohl von Fall zu Fall in ihren Eigenschaften graduell verbessert werden, ändern sich aber damit nicht prinzipiell! Es kommt hinzu, daß es weder Menschen noch Maschinen gibt, die im Entwurf, der Konstruktion, der Materialauswahl und der Verarbeitung unfehlbar zuverlässig arbeiten.

Die daraus sich ergebenden, schadenauslösenden Vorgänge als Folge eines Versagens des Materials oder des sich seiner bedienenden Menschen sind nachstehend kurz diskutiert; die daraus für die nähere und weitere Umgebung eines Kernkraftwerkes resultierenden, möglichen Folgeschäden sollen dagegen einem gesonderten Abschnitt (vgl. Kap. G) vorbehalten bleiben, um die Einheitlichkeit nach Möglichkeit zu wahren. Die einen Schaden auslösenden Vorgänge am Reaktor und seinen Hilfseinrichtungen können mannigfaltiger Art sein.

I. Es kann Konstruktions- und Baumaterial verwendet werden, das eine unzureichende Dauerfestigkeit besitzt. Dazu sind auch solche Werkstoffe zu rechnen, die unter normalen Bedingungen zwar ausreichende Festigkeitseigenschaften besitzen, diese jedoch unter der Einwirkung hoher Strahlungsdosen vorzeitig einbüßen (M. H. BARTZ, 1958; K. SHINOHARA, 1958; N. A. BACH, 1960; A. CHARLESBY, 1960; J. E. MINOR, 1960). Das gleiche gilt dann, wenn diese Materialien unter den im Reaktor vorliegenden Bedingungen und in Gegenwart bestimmter Stoffe besonders korrosionsempfindlich werden.

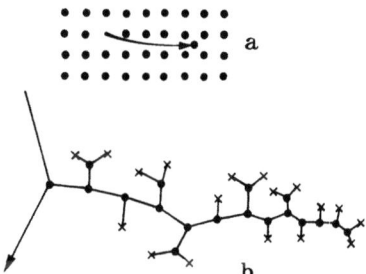

Abb. 16. Durch Neutronenstoß vom Gitterplatz verdrängte Atome: a) Bildung von Leerstelle und Zwischengitterplatz; b) Ein „Spike" von displazierten Atomen. (Nach A. H. COTTRELL, 1959)

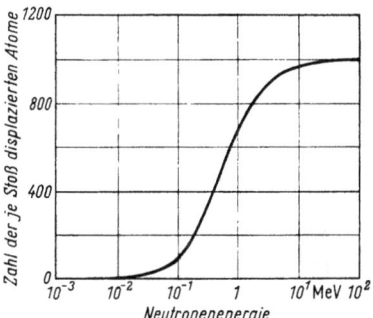

Abb. 17. Abhängigkeit der Anzahl der je Neutronenstoß durch „Spike"-Bildung in Eisen displazierten Atome von der Neutronenenergie. (Nach A. H. COTTRELL, 1959)

Der Einfluß der intensiven Strahlung wirkt sich insbesondere in einer Auflockerung des Gittergefüges selbst von sonst sehr resistenten Konstruktionsmaterialien aus. Beim Auftreten schneller Neutronen beispielsweise entstehen durch Kettenstoß ganze Reihen von Leerstellen und Zwischengitterplatzatomen (vgl. Abb. 16 u. 17), sog. „Spikes", von denen Spannungsbrüche und -korrosionen ausgehen können (A. H. COTTRELL, 1959; L. DOLLE, 1959; V. S. LIASHENKO, 1961; U. GONSER, 1959; J. JÄGERSBERGER, 1961; J. M. VORONIN, 1961).

Auf gleicher Linie liegt es, daß bestimmte Kombinationen von einzeln gut brauchbaren Stoffen ungeeignet sein können; sie werden aber doch zuweilen verwendet, weil ihre Unverträglichkeit übersehen oder nicht vermutet wurde. Auf diese Weise ist es schon zu Zwischenfällen an Reaktoren gekommen, so etwa am natriumgekühlten Antriebsreaktor des U-Bootes „Seawolf" und am kanadischen Reaktor NRX im Jahre 1952 (W. RIEZLER, 1958; p. 855/56).

II. Eine zweite Quelle möglicher Schadensfälle an Leistungsreaktoren kann in der Anwendung ungeeigneter Verarbeitungs-, Behandlungs- und Prüfungsmethoden oder in ungenügender Sorgfalt bei diesen Arbeitsgängen liegen.

Im Abschnitt B II a 4 ist zu finden, daß die für die Leistungsabgabe bestimmten, wassermoderierten und -gekühlten Reaktoren mit sehr starkwandigen Druckkesseln, Wärmeaustauschern, Flanschen, Schutzgehäusen usw. ausgestattet sind. Da zugleich die Dimensionen dieser Konstruktionsteile über das sonst übliche Maß wesentlich hinausgehen, werden an die Verarbeitungsmethoden, an die Nachbehandlung und auch an die Prüfverfahren für die fertig bearbeiteten Teile besonders hohe Anforderungen gestellt. Sie müssen besonders hoch sein, da mit ihnen die spätere Sicherheit der Reaktoranlage steht oder fällt.

Aus dem eingehenden Bericht von KENNETH JAY (K. JAY, 1957) geht hervor, wie viele Details hier beachtet werden müssen, um nicht nur eine einwandfreie Verbindung der einzelnen, starken Behälterplatten zu erzielen, sondern um auch die durch die Schweißung entstandenen Spannungen mittels angemessener Wärmebehandlung wieder zu entfernen. Schon das Verschweißen selbst ist ungewöhnlich schwierig und hat die Entwicklung spezieller, neuer Verfahren vorausgesetzt. Diese wiederum können nur ausgesuchten Fachleuten übertragen werden. Große amerikanische Unternehmen, die Kernreaktoren bauen, haben in zahlreichen von ihnen durchgeführten Ausbildungskursen für solche Spezialschweißer festgestellt, daß nur ein recht geringer Prozentsatz der dafür herangezogenen Kräfte den hohen Anforderungen gerecht wird. Es muß daher sicherlich auch im Reaktorbau mit einem gewissen Anteil von Ausschußarbeit gerechnet werden.

Daß solche nicht einwandfreien Einzelteile sich auch durch die übliche, sehr sorgfältige Kontrolle hindurchschleichen können, beweist der Fall des Reaktortanks für die dänische Atomforschungsanlage in Risoe; das Sekretariat der Dänischen Atomenergie-Kommission gab damals bekannt, daß ein „schwerer Defekt" an diesem aus den USA bezogenen Reaktortank entdeckt worden war. Aus dem Tank wäre beim Betrieb radioaktives Material entwichen und hätte eine Gefahr für das Betriebspersonal und die Umgebung ergeben.

Da die Lieferfirma außerdem für die zugehörigen Brennstoffelemente die Liefertermine nicht einhalten konnte, ist anzunehmen, daß sie in ihrer Fertigung unter erheblichem Zeitdruck stand. Ein solcher darf aber keinesfalls, insbesondere bei den Anlagen hoher Leistung in Kernkraftwerken, dazu führen, daß die erforderliche Sorgfalt auch nur im geringsten Maße nachläßt. Zeitmangel bei der Verarbeitung und Prüfung stellt hier einen ganz besonders großen Gefahrenfaktor dar und kann auch nicht durch irgendwelche Prestige- oder Prioritätsargumente gerechtfertigt werden.

Die Zerstörung der Schweißnähte eines großen Reaktor-Druckkessels kann zweifellos einen Schadensfall auslösen, dessen Auswirkungen, wie das durch den Ausfall der Kühlung verursachte Schmelzen oder gar Verdampfen des Spaltstoffinhaltes und der radioaktiven Spaltprodukte, schwerwiegende Folgen nach sich ziehen; daher fordert die Kerntechnik eine bis zum Äußersten getriebene, rigorose Qualitätskontrolle (F. GOTTFELD, 1957).

Zu dieser Qualitätskontrolle, die die Verwendung ungeeigneten Materials, vor allem aber eine fehlerhafte Bearbeitung und Verarbeitung verhindern soll, gehören neben den üblichen metallurgischen und physikalischen Prüfungsmethoden die zerstörungsfreien Prüfverfahren; nur diese ermöglichen eine vollständige Überprüfung der Werkstücke und beschränken sich nicht nur auf die Extrapolation der Eigenschaften einiger Proben. Mit diesen Prüfverfahren sind nicht nur die geschweißten Nähte und Gußteile der Druckkessel, sondern auch Rohrleitungen, Pumpen, Wärmeaustauscher, Dampftrommeln, die Hülsen der Brennstoffelemente und sonstige dem Betrieb der Anlage dienende Teile zu untersuchen. Es wird weiterhin gefordert, die verschiedenen Prüfverfahren in Kombination miteinander anzuwenden, um ein Höchstmaß an Sicherheit zu erzielen und Schwächen des einen Prüfverfahrens durch andere Verfahren wettzumachen.

Es stellt ein gewisses Kuriosum in der Kerntechnik dar, daß gerade die Überprüfung der beanspruchten Werkstücke mittels der Durchleuchtung mit γ-strahlenden Isotopen, wie Co-60, von seiten der zuständigen Überwachungsbehörden in Großbritannien nicht zugelassen ist; diese Strahlenquellen, die erst durch die Kernenergie selbst zugänglich geworden sind, erlauben nicht die geforderte Schärfe des Nachweises von Fehlstellen, Rissen und Lunkern. Dafür ist vielmehr die Anwendung von Hochleistungs-Röntgenröhren nicht zu umgehen, obwohl diese Geräte sehr unhandlich, gewichtig und empfindlich sind. Weiterhin wird ein besonders hochwertiges Filmmaterial für die Prüfungen verlangt, um möglichst feine Details im Material erkennen zu können. Da Störungen in den empfindlichen Röntgenanlagen die vollständige Kontrolle gefährden könnten, sollen diese sogar jeweils in zwei Exemplaren eingesetzt werden.

Bei den neuesten Bauten von Kernkraftwerken werden diese weitgehenden Forderungen bereits berücksichtigt, es ist jedes Zentimeter aller Schweißnähte zu untersuchen, so daß z. B. allein am großen Sicherheitsbehälter des Brutreaktors von Dounreay mehr als 3 km Schweißnähte geprüft worden sind (F. GOTTFELD, 1957).

Selbst diese Hochspannungs-Röntgenanlagen mit 400 kV Betriebsspannung werden nicht mehr ganz ausreichen, sobald Wandschweißungen von 20 cm und darüber (vgl. Abschn. B II a 4) auf ihre einwandfreie Beschaffenheit kontrolliert werden sollen. Hier werden weitere Verfahren herangezogen, so die Prüfung mit magnetischen Methoden und mit Hilfe von Ultraschall. Erst nach dieser Prüfung soll noch zusätzlich eine Nachkontrolle mittels Röntgendurchstrahlung vorgenommen werden, so daß dann drei verschiedene Verfahren gemeinsam eine besonders hohe Sicherheit gewähren.

Hinsichtlich der Beschaffenheit der verwendeten Rohmaterialien, wie Bleche, Rohre usw., sind die Anforderungen ebenso groß, sie sind mit analogen Methoden hundertprozentig zu überprüfen. Das gleiche gilt für große Gußteile, wie etwa Pumpen- oder Ventilgehäuse.

Die sorgfältige Kontrolle der ungebrauchten Brennstoffelemente wurde weiter oben ebenfalls genannt, da man sie als Behälter anzusehen hat, welche die Spaltprodukte von der übrigen Reaktoranlage fernzuhalten haben. Sie werden heute vorwiegend Stück für Stück mit Röntgenstrahlen geprüft, das Ergebnis ist sehr zuverlässig. Trotzdem treten auch hier hin und wieder unerkennbare Fertigungsfehler auf, die zu einem Undichtwerden der Hülsen während des Betriebes führen. Ihr Anteil liegt in der Größenordnung von

Bruchteilen eines Promille. Herstellungs- und Bearbeitungsfehler zeigen sich dabei schon während der ersten Zeit nach der Inbetriebnahme, ähnlich wie bei anderen industriellen Präzisionsteilen, während der Rest der Brennelemente über die gesamte Betriebsdauer dicht bleibt.

III. Eine unzureichende, ungeeignete oder an unrichtigen Stellen angebrachte Instrumentierung der Reaktoranlage kann ebenfalls Störungen und Schäden zur Folge haben. Als selbstverständlich ist dabei vorauszusetzen, daß die Meßgeber, die Meßleitungen und Anzeigeinstrumente der zu fordernden Zuverlässigkeit entsprechen. Um das auf jeden Fall zu gewährleisten, erstrebt man ja Mehrfachinstrumentierungen aller wichtigen Meßpunkte, mit gesonderter und unabhängiger Funktion (vgl. Abschn. CI). Eine unübersichtliche Überladung ist jedoch ebenso zu vermeiden wie eine unzureichende Ausstattung.

Da der Reaktor einen Neutronenverstärker darstellt, werden an die Instrumente zur Messung des Neutronenflusses und seiner Änderung besonders hohe Anforderungen gestellt. Ihr Versagen oder ihre zu träge Anzeige kann zu einem Durchgehen des Reaktors führen.

Ähnlich steht es mit der Temperaturregistrierung des Reaktorinnern. Schnelle Temperaturanstiege in den Brennstoffelementen sind gefährlich, aber schwierig zu messen. Die außen angebrachten Thermoelemente arbeiten vorerst noch mit zu großer Trägheit. Ein nicht rechtzeitig gebremster Temperaturanstieg in metallischem Uran-Brennstoff aber kann durch die Phasenumwandlungs-Volumenzunahme das Brennelement sprengen.

Eine zu geringe Zahl von Temperaturmeßpunkten im Reaktor kann dazu führen, daß wichtige Vorgänge in seinem Inneren nicht an den Instrumenten erkannt oder aber mißdeutet werden können. Ein solcher Fall ist am Windscale-Reaktor Nr. 1 aufgetreten (Atomic Energy Office, 1957) und hat zu seiner so weit gehenden Zerstörung geführt, daß er für immer stillgesetzt werden mußte, nachdem er beträchtliche Mengen flüchtiger, radioaktiver Spaltprodukte an die Umgebung abgegeben hatte.

Daß die Anzeige der Meßgeräte schnellen Temperaturänderungen nicht immer zu folgen vermag, und daß eine scheinbar so geringfügige Ursache zu ernsten Schäden führen kann, haben die Vorgänge am Versuchsreaktor EBR I in den USA gezeigt. Bei einer versuchsmäßig ausgelösten, sehr schnellen Zunahme des Neutronenflusses stiegen die Temperaturen innerhalb der Brennstoffstäbe so rasch an, daß diese zusammen mit den Hülsen aus rostfreiem Stahl niederschmolzen, wodurch der Reaktorkern zerstört wurde.

Die der Temperaturüberwachung dienenden Instrumente hatten dieses Ereignis, das sich innerhalb von wenigen Sekunden abspielte, überhaupt nicht registriert. Dem Reaktor war also von außen keinerlei Veränderung anzumerken, und erst nach kurzer Zeit ergab sich aus der Anzeige der Warn- und Überwachungsgeräte in den Kühleinrichtungen, daß Spaltprodukte aus den Brennstoffelementen entwichen waren.

Der Art des Reaktors, des Schadensverlaufes und der sofort erfolgten Schnellabschaltung war es zu verdanken, daß es nur zu einem beträchtlichen Materialschaden, aber zu keinem Personenschaden kam. Zweifellos haben die dabei gemachten Erfahrungen dazu beigetragen, die Ausstattung mit Überwachungsinstrumenten an neueren Reaktoren hoher Leistung zu vervollkommnen.

IV. Einen wesentlichen, limitierenden Faktor der Reaktorsicherheit stellt das die Anlage bedienende Personal dar. Die Zahl der durch menschliches Versagen bisher entstandenen, ernsthafteren Schadensfälle an Reaktoren (z. B. EBR-1, 1956; Windscale, England, 1957; Idaho, USA, 1961) ist zumindest ebenso hoch wie die der durch Material- oder Gerätefehler verursachten. Es liegt vor allem an der rasanten Entwicklung des Kernenergiesektors in den letzten Jahren, daß die Zahl des entsprechend ausgebildeten Fachpersonals damit nicht hat Schritt halten können.

Vor dieser ernsten Situation stehen viele Staaten, die in der nächsten Zukunft Kernkraftwerke bauen und in Betrieb nehmen werden. Wenn zwar allenthalben die Ausbildung von Fachkräften aller Stufen forciert wird, so ist das offenbar noch nicht ausreichend, insbesondere bedarf das Sammeln von Routine und Erfahrung einer gewissen, durch theoretische Ausbildung nicht zu ersetzenden Zeit.

Hinzu kommt, daß die Anwendung der Kernenergie teilweise völlig neue, in der Industrie und Verfahrenstechnik bisher ungewohnte Prinzipien und Denkweisen mit sich bringt, wie etwa die Begriffe der kritischen Form und Massenfaktoren; das bedeutet, daß z. B. angereicherte Kernbrennstoffe nicht etwa wie konventionelles Material in beliebiger Menge und Anordnung gelagert und aufbewahrt werden dürfen, ohne das Risiko einer außerhalb des

Reaktors ungewollt ablaufenden Kettenreaktion einzugehen (vgl. z. B. Abb. 9, S. 17).

Weiterhin ist es ungewohnt, daß die Stellung der Regelorgane nicht, wie bei konventionellen Energieerzeugern üblich, die *Leistung* der Energiequelle, sondern ihre *Leistungsänderung*, d. h. den zeitlichen Leistungsanstieg oder -abfall bestimmt (vgl. Abb. 10 u. 11, S. 20). Ein einziges Mißverständnis in dieser Hinsicht kann zum Durchgehen des Reaktors führen.

Sowohl ein unzulänglich ausgebildetes Bedienungspersonal wie ein zu geringer Personalbestand in einem Kernkraftwerk, wie schließlich auch eine unzureichende Organisation und Festlegung der Aufgaben, Arbeiten und Zuständigkeiten bringen eine solche Gefährdung mit sich. Jede der drei Möglichkeiten kann aber sehr leicht dann eintreten, wenn die Errichtung von Kernkraftanlagen dort zu sehr forciert wird, wo das geeignete hochqualifizierte Personal — und nur solches ist für den Kernenergiebetrieb brauchbar — noch fehlt. Von Fachleuten wird immer wieder darauf hingewiesen, daß allenthalben der Mangel an geschulten Kerningenieuren und Betriebstechnikern den Engpaß darstellt, weniger der an Kernwissenschaftlern; letztere haben an der Konzeption der Kernkraftwerke zwar einen integrierenden Anteil, brauchen sie aber nicht dauernd zu betreiben, sondern stehen dann wieder für neue Aufgaben zur Verfügung.

Bis zu einem gewissen Grade können Kernkraftwerke gegen Zwischenfälle, die, wie oben kurz gestreift, durch Fehlbedienungen ausgelöst werden können, durch ausgiebigen Einbau automatisch wirkender Sicherungen geschützt werden. Sie haben durch automatische Verriegelungen und dgl. zu verhindern, daß beispielsweise die Leistungszunahme des Reaktors mit einer über das zulässige Maß hinausgehenden Geschwindigkeit gesteuert wird, oder daß der Reaktor etwa ohne Kühlung in Betrieb genommen wird, oder daß schließlich die Kühlung während des Betriebes abgeschaltet werden kann.

Zwar werden die meisten zur Energieproduktion entwickelten Reaktoren so konstruiert, daß sie eine möglichst hohe inhärente Sicherheit besitzen, das heißt, daß mit steigender Temperatur im Reaktor ohne äußeren Eingriff die Leistung von selbst wieder zurückgeht (vgl. z. B. „Siedewasserreaktoren" in Abschn. B II a 4). Eine Ideallösung stellt allerdings dieser Faktor auch nicht dar, da er im sog. Unterkühlungsunfall ein neues Gefahrenmoment erzeugt, das unten kurz gestreift wird.

Die gegebenenfalls möglichen Störungen und Zerstörungen am Reaktor durch Korrosion oder Bruch irgendwelcher Konstruktionsteile wurden vorher dargestellt. Man kann sie als bei genügender Sorgfalt weitgehend vermeidbar, aber als im Einzelfall nicht voraussehbar betrachten. Daneben gibt es jedoch bestimmte Betriebszustände, aus denen eine erhöhte Gefährdung zu erwarten und vorauszusehen ist, die daher ganz besondere Aufmerksamkeit seitens des Reaktorpersonals bedürfen.

Diese Betriebszustände sind durchweg an Änderungen der Reaktorleistung gebunden, vor allem an solche über große Leistungsbereiche hinweg. Die schwierigste und gleichzeitig diejenige Prozedur, die das größte Risiko in sich birgt, ist das erste Anfahren des Reaktors nach seiner Montage und der Füllung mit Brennelementen, da hier jede Überschußreaktivität sofort ausgetrimmt werden muß (vgl. B II a 2 ,,Reaktorregelung''). Dieser Situation ist diejenige gleichzusetzen, wenn der Reaktor nach einer gewissen Betriebsdauer entladen und mit frischen Brennstoffelementen versehen werden muß (V. V. Dolgov, 1961).

Auch das Wiederanfahren nach einem vorübergehenden Reaktorstillstand kann unter Umständen zum Durchgehen führen. Das hängt mit dem eigentümlichen Verlauf der *Selbstvergiftung* des Reaktors durch neutronenschluckende Spaltprodukte während des Betriebes zusammen. Der Vorgang besteht darin, daß aus dem Spaltprodukt Te-135 (β, kurze Halbwertszeit) über das J-135 (β, $T\frac{1}{2} = 6{,}6\,\text{h}$) das stark neutronenzehrende Xe-135 (Neutronengift; daher der Ausdruck ,,Vergiftung des Reaktors'', der mit der ,,Kontamination'' durch entwichene Spaltprodukte im üblichen Sinne nichts gemein hat) entsteht, das seinerseits durch β-Zerfall mit einer Halbwertszeit von 9,2 h in seine Folgeprodukte übergeht (vgl. Tabelle 5, S. 11). Die feststehende Relation der Zerfallskonstanten der einzelnen Glieder dieser Zerfallsreihe bringt es mit sich, daß die Konzentration an Xe-135 nach der Abschaltung des Reaktors nach einer gewissen Zeit ein Maximum durchläuft und dann wieder abklingt. In gleichem Maße ändert sich die Reaktivität des Reaktors, d. h. er wird nachher bei einer anderen Stellung der Kontrollstäbe kritisch. Dieser Tatbestand muß nach Betriebspausen besonders sorgfältig beachtet werden, erfordert also erhöhte

Aufmerksamkeit des Betriebspersonals während dieser Phase eines gesteigerten Sicherheitsrisikos.

In weniger starkem Maße ist eine Gefährdung durch *Unterkühlung* der Reaktoranlage gegeben, wenn ausreichende automatische Regeleinrichtungen eingebaut sind, die auch ordnungsgemäß und genügend rasch funktionieren. Zur Analyse der dabei ablaufenden Vorgänge ist zu wiederholen (vgl. ,,Siedewasserreaktor"), daß bei steigender Temperatur die Moderatordichte und damit der Fluß an thermischen Neutronen sinkt, wodurch die auslösende Temperatursteigerung wieder auskompensiert wird.

Tritt während des Betriebes aber nun der umgekehrte Fall ein, d.h. das Kühlmittel würde dem Reaktor plötzlich mit stark erniedrigter Temperatur zugeführt (z. B. infolge einer plötzlichen Änderung im Dampfbedarf des elektrischen Kraftwerksteiles), so kann die Reaktivität des Reaktors entsprechend spontan ansteigen. Das ist auf die begrenzte Höhe des Wärmeüberganges zwischen den Brennstoffelementen und dem Kühlmittel zurückzuführen, auf Grund deren die Brennelemente im Inneren bereits überhitzt werden können, bevor sie ihre gesteigerte Wärmeleistung über das Kühlmittel abgeben können. Es ist anzunehmen, daß auch dieses Gefahrenmoment durch eine geeignete Regelschaltung und durch ausreichend schnelles Reagieren der Schnellabschaltung kompensiert werden kann.

Durch eine geeignete Begrenzung der zulässigen Reaktivitätsänderung (s. o.) und des Temperaturkoeffizienten der Reaktivität resultieren insgesamt Betriebsbedingungen, die ein Höchstmaß an Sicherheit gegenüber dem Start- und Unterkühlungsunfall bieten (P. R. ARENDT, 1957; S. 138/39).

Zieht man das Fazit aus den mannigfachen Umständen, die gegebenenfalls zu einer unzulässigen Leistungssteigerung, zum Durchgehen und schließlich gar zur Zerstörung des Reaktors und der Reaktoranlage, damit aber zum Freisetzen von radioaktiven Spaltprodukten führen können, so ergibt sich ein sehr komplexes Bild. Aus der Abb. 18 geht hervor, daß erst eine ganze Reaktionskette von Ereignissen ablaufen muß, bevor es wirklich zum weitreichenden Entweichen sehr großer Aktivitätsmengen kommt, die eine Reaktorkatastrophe für die Öffentlichkeit zur Folge haben könnten (R. O. BRITTAN, 1958).

Es war Zweck der vorstehenden Abschnitte, die Möglichkeiten und die bei ordnungsgemäßem Aufbau und einwandfreier Betriebs-

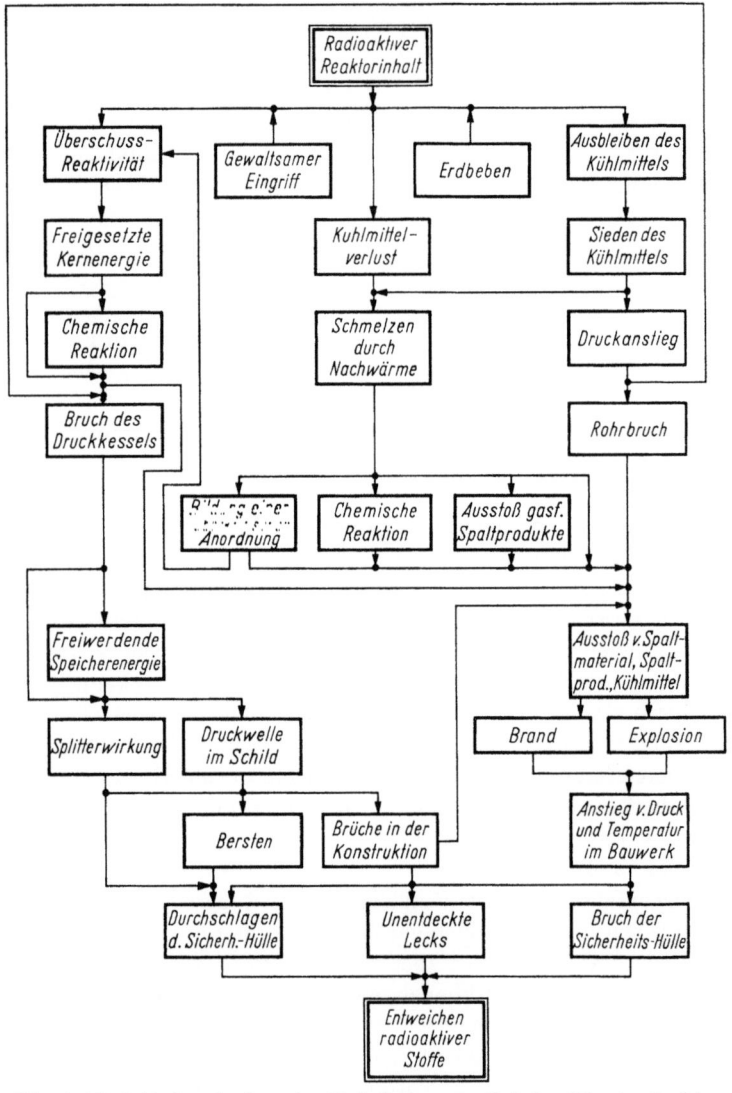

Abb. 18. Möglichkeiten der kausalen Verknüpfung von Zwischenfällen im Reaktorbetrieb. (Nach R. O. BRITTAN, erweitert nach L. v. ERICHSEN, 1959)

führung an sich außerordentlich geringe Wahrscheinlichkeit nachzuweisen, daß es durch die Errichtung von Kernkraftwerken zu einer ernsthaften Gefährdung weiterer Bevölkerungskreise kommen könnte.

Bevor eine genaue Analyse des effektiven Gefährdungsgrades durch die Kernenergienutzung insgesamt vorgenommen werden kann, sind noch die Gewinnung der Kernbrennstoffe selbst, ebenso wie die Verarbeitung der ausgebrauchten Brennstoffe einschließlich des daraus evtl. zusätzlich entstehenden Risikos zu untersuchen. Diesen Fragen sind die nächsten Abschnitte gewidmet.

E. Rohmaterialien für Kernbrennstoffe

Wie sich im Kapitel B gezeigt hat, sind Uran und Thorium die beiden einzigen natürlich vorkommenden Elemente, die praktisch für die Energieerzeugung durch Kernspaltung verwendet werden können. Bis zur Entdeckung der Kernspaltung hatten beide eine nur ganz untergeordnete Rolle als Rohstoff zur Herstellung von Gasglühstrümpfen, Elektroden von Elektronenröhren bzw. von Mineral- und Glasfarben gespielt; aus den Uranerzen wurde außerdem das bis dahin außerordentlich teure Radium gewonnen.

Uran wie Thorium sind in der zugänglichen Erdkruste keineswegs besonders selten, kommen aber nur ausnahmsweise in abbauwürdigen Lagerstätten konzentriert vor.

I. Uran

a) Vorkommen

Das Uran ist in einer Reihe von Mineralien enthalten, die mit Urgesteinen vergesellschaftet sind oder als sekundäre Lagerstätten vorkommen. Auch Lagerstätten anderer bergmännisch interessanter Stoffe enthalten zuweilen Uran. Die Tabelle 12 gibt die wichtigsten Uranmineralien nebst ihren Hauptfundorten wieder.

An Bedeutung treten gegenüber diesen Minerallagerstätten vorerst andere uranführende Vorkommen zurück, sei es, daß das Uran darin zu sporadisch verteilt ist, oder daß die Konzentration zwar gleichmäßig, jedoch für die derzeitigen Aufbereitungsmethoden zu gering ist (P. V. PRIBYTKOV, 1961).

Dazu gehören z. B. der Torbernit (Kupferuranglimmer) und der Uranocircit (hydratisiertes Ba-U-Phosphat), die allenthalben in Graniten auf Klüften vorkommen, so z. B. in Frankreich, Deutschland, Portugal und in der Tschechoslowakei.

Tabelle 12. *Die wichtigsten Uranmineralien und ihre bedeutendsten Vorkommen.* (Nach M. Benedict, 1957; F. Schumacher, 1957)

Mineral	Zusammensetzung	Wichtigste bekannte Lagerstätten
Uraninit (Pechblende)	$(UO_2)_x(UO_3)_y$	Joachimstal, Böhmen Schneeberg, Erzgebirge Shinkolobwe, Kongo Gr. Bärensee, Canada Athabascasee, Saskatch. Urgeirica, Portugal
Brannerit	$(U, Ca, Fe, Th, Y)_3 \cdot Ti_5O_{16}$	Blind River, Ontario
Davidit	$(Fe, Ce, U)(Ti, Fe, V, Cr)_3(O, OH)_7$	Radium Hill, Australien
Autunit	$CaO \cdot 2UO_3 \cdot P_2O_5 \cdot 8H_2O$	Colorado Plateau, USA
Carnotit	$K_2O \cdot 2UO_3 \cdot V_2O_5 \cdot 8H_2O$	Colorado Plateau, USA
Tuyamunit	$CaO \cdot 2UO_3 \cdot V_2O_5 \cdot 8H_2O$	Ferghana, Sibirien
Thorianit	$(Th, U)O_3$	Madagaskar

Brasilien verfügt bei Poços de Caldas über reiche Zirkonvorkommen, die im Mittel 0,4%, im Maximum bis zu 1% U_3O_8 enthalten sollen (F. Schumacher, 1958). Das Land besitzt außerdem das Gebiet uranführender Phosphate bei Araxá sowie sehr viele U-haltige Pegmatite. Zu erwähnen sind hier auch die reichen Monazitvorkommen, deren Urangehalt bis zu 2,5—3% des Thoriumgehaltes beträgt.

Eine zunehmende Bedeutung kommt dem Goldfeld des Witwatersrandes in Transvaal zu, in dem das Uran feinverteilt in geringer Konzentration (300—400 g U_3O_8/t) zusammen mit dem Gold im Bindemittel des quarzigen Konglomerates auftritt. Trotz der geringen Konzentration ist die Gewinnung des Urans als Nebenprodukt des Goldabbaues wirtschaftlich. Die Reserven dieses Vorkommens sollen mehrere hunderttausend Tonnen Uran enthalten. Auch der U-Gehalt der schwedischen Ölschiefer mit nur durchschnittlich 0,02% ergibt einen weiteren Vorrat von wahrscheinlich mehreren hunderttausend Tonnen Uran.

Schließlich stellt das Uran ein Nebenprodukt der Superphosphatherstellung aus den U-führenden Rohphosphaten von Florida,

Wyoming, Montana und Idaho dar und gewinnt als solches einen immer stärker zunehmenden Anteil an der Uran-Weltproduktion.

Für rohe Uranerze stellt bei den gegenwärtigen Uranpreisen ein Gehalt von 0,1 % die unterste Grenze für einen ökonomischen Abbau dar, aber auch dann nur unter günstigen Abbauverhältnissen.

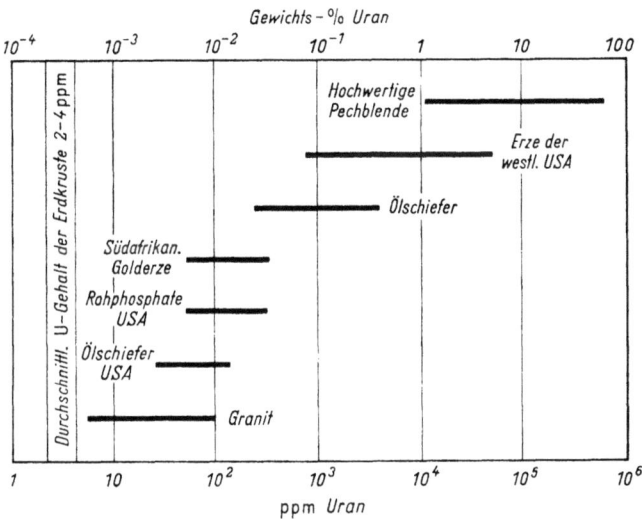

Abb. 19. Urankonzentration in den wichtigsten Uranträgern. (Nach M. BENEDIKT, 1957)

Es wird von den Abbaumethoden, der Nachfrage und den Aufarbeitungsverfahren abhängen, welche Lagerstätten in der Zukunft als abbauwürdig ausgebeutet und der Kernenergiegewinnung nutzbar gemacht werden. Einen allgemeinen Überblick hierzu gibt die Abb. 19.

Wird das Uran als Hauptprodukt gewonnen, so ist der vorgenannte Grenzwert von 0,1 % im Erz anzunehmen, bildet es dagegen nur ein Nebenprodukt wie bei den afrikanischen Golderzen, Ölschiefern und Phosphaten, so reicht die lohnende Erfassungsgrenze wesentlich weiter.

Die so gewinnbaren Uranmengen sind auf Grund der gegenwärtig in der Welt bekannten Vorräte auf mindestens 10—30 Millionen t Uranmetall zu schätzen, davon allein in den USA etwa 5—6 Millionen t (J. C. JOHNSON, 1955). Die weltweite Verbreitung kleinerer und größerer Lagerstätten zeigte sich in 100 Berichten der Konferenz „Peaceful Uses of Atomic Energy" (Bd. VI) im Jahre 1955 in Genf und in 102 Berichten zum gleichen Thema während der folgenden Konferenz im Jahre 1958 (Bd. II).

b) Aufbereitung der Uranerze

Wenn möglich, werden die Uranerze mittels Setzprozessen oder Flotation zunächst mechanisch angereichert, also unter Verwendung klassischer Methoden. Die Konzentrate werden dann ebenso wie reiche Pechblenden chemisch weiterverarbeitet (F. GÉRARD, 1958; B. N. LASKORIN, 1961). Da hierbei die üblichen chemischen Verfahren der Laugung mit Säure oder Lauge, Fällungen usw. benutzt werden, würde es zu weit führen, näher darauf einzugehen. Sie sind im Spezialschrifttum beliebig genau beschrieben worden und allgemein bekannt (M. BENEDICT, 1957; F. R. BRUCE, 1961; B. N. LASKORIN, 1961 u. v. a.).

Die Vorprodukte, gelbes Uranoxyd UO_3 bzw. Na-Uranat (yellow cake) müssen, um später zu einem für den Reaktorbetrieb geeigneten Brennstoff verarbeitet werden zu können, von allen neutronenabsorbierenden Begleitstoffen (vgl. Tabelle 6, S. 12) befreit werden (A. CACCIARI, 1958; J. DECROP, 1958; R. GELIN, 1958).

Dazu geht man, bei aller Unterschiedlichkeit der Arbeitsweise in den verschiedenen Ländern, im allgemeinen über die Zwischenstufe des UF_4 (D. S. ARNOLD, 1958; M. BRODSKY, 1958; I. R. HIGGINS, 1958; W. W. SCHULZ, 1958), das dann entweder in metallisches Uran oder Uranhexafluorid UF_6 umgewandelt wird. Das metallische Uran schließlich stellt das Ausgangsmaterial zur Herstellung der metallischen oder oxydisch-keramischen Brennstoffelemente (vgl. BIIa3) dar, die in Natururan-Reaktoren Verwendung finden (H. E. THAYER, 1958).

c) Angereichertes Uran

An Anreicherungsmethoden wurden bisher in technischem Maßstab nur die elektromagnetische Anreicherung und das Diffusionsverfahren angewendet, wobei das weitaus überwiegende Schwergewicht bei der Diffusionstrennung liegt.

Das Prinzip der *Diffusionsmethode* beruht darauf, daß das leichtere Uranisotop U-235 schneller durch eine poröse Membran diffundiert als das U-238. Durch Verbinden zahlreicher (ca. 1000) Diffusionseinheiten zu einer Kaskade kann trotz des niedrigen Trennfaktors von nur 1,0043 eine Anreicherung des U-235 bis über 90% im Konzentrat bei einem Restgehalt unter 0,4% im abgereicherten Uran erzielt werden.

Die Abb. 20 gibt das Schema einer solchen Anreicherungskaskade wieder (R. L. MURRAY, 1954). Die Gegenstromführung in

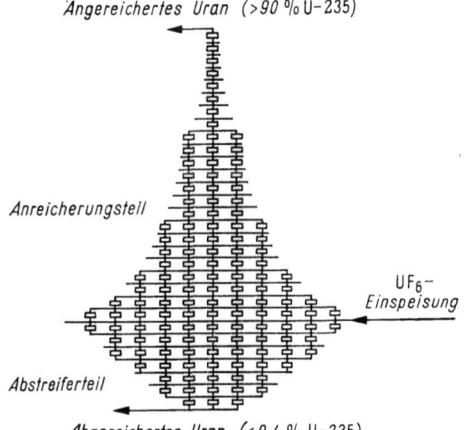

Abb. 20. Schema einer Gasdiffusionskaskade zur Anreicherung von U-235 aus UF_6 mit natürlichem Isotopenverhältnis. (Nach R. L. MURRAY, 1954)

den zahlreichen parallel und hintereinander geschalteten Diffusionseinheiten erfordert den Transport und die Kompression ungeheurer Gasvolumina. Dem entspricht ein auch für Großanlagen der Industrie bisher ungewohnt hoher Energieverbrauch. Erschwerend kommt hinzu, daß das Fluorid chemisch sehr aggressiv ist und daher besondere Werkstoffe und peinlichsten Ausschluß jeglicher Feuchtigkeit voraussetzt. Erst sehr große Isotopen-Trennanlagen, wie die von Oak Ridge, Tenn., arbeiten mit einem einigermaßen tragbaren spezifischen Kostenaufwand. Das Verfahren hat jedoch den großen Vorzug, technisch recht unkompliziert und wenig störanfällig zu sein.

Noch in der technischen Entwicklung befinden sich zwei weitere Anreicherungsverfahren, von denen eines zwar komplizierter ist, aber einen ganz erheblich geringeren spezifischen Energieverbrauch aufweist als das Diffusionsverfahren.

Die Trennung der Uranisotope in einem starken Gravitationsfeld, das durch rasche Rotation in den sog. Uran-*Gaszentrifugen* erzeugt wird, hat den großen Vorteil eines günstigen Trennfaktors, der im Gegensatz zum Diffusionsverfahren nicht durch das Massenverhältnis, sondern durch die Massen*differenz* bestimmt wird. Somit würden sich stärkere Anreicherungen bereits in Kaskaden erreichen lassen, die aus nur recht wenigen Zentrifugen bestehen (W. E. GROTH, 1958; J. W. BEAMS, 1958; J. KISTEMAKER, 1958). Die konstruktive und verfahrenstechnische Seite dieser Trennmethode ist jedoch noch nicht einfach zu beherrschen.

Das *Trenndüsenverfahren* (E. W. BECKER, 1955; 1957; 1958) arbeitet mit einem durch eine Düse austretenden Gasstrom, der durch eine kreisförmige Blende in einen zentralen und einen peripheren Ringstrom aufgeteilt wird. Das leichtere Isotop U-235 reichert sich dabei im peripheren Teil an.

Dieses Verfahren wird bei seiner großtechnischen Anwendung einen vielleicht noch etwas höheren Energieaufwand erfordern als das Diffusionsverfahren (s. o), da große Volumina bei niedrigem Gasdruck zu fördern sind (E. W. BECKER, 1958); dafür ist aber der technische Aufwand durch den Fortfall der großen, porösen, korrosionsfesten Membranen erheblich geringer als beim Diffusionsverfahren.

Aus dem angereicherten Material werden schließlich in analoger Weise wie aus natürlichem Uran die Formteile aus Metall oder aus Uranoxyd zur Herstellung der Brennstoffelemente gefertigt. Das abgereicherte Uran ist als Brutstoff disponibel; da es in derzeit für diesen Zweck noch nicht verwertbaren Mengen anfällt, sucht man es auch für andere, chemische Zwecke unterzubringen, um damit die Anreicherungsverfahren kostenmäßig ein wenig zu entlasten (H. ESCHNAUER, 1961). Leider bedeuten solche Maßnahmen einen irreversiblen Verlust an potentiellem Kernbrennstoff.

II. Thorium

Das Thorium stellt als Brutstoff für die Umwandlung in U-233 durch Neutroneneinfang einen weiteren potentiellen Kernbrennstoff dar (vgl. BII b). Es kommt als Monazit in sehr großen Lagerstätten in Brasilien, Indien und Florida vor, ist allerdings darin nicht sonderlich konzentriert (vgl. Tabelle 13).

Tabelle 13. *Zusammensetzung von Monaziten aus den wichtigsten Lagerstätten.* (Nach M. BENEDICT, 1957)

Bestandteil	Brasilien	Indien	Florida
ThO_2	6,5	9,8	3,1
U_3O_8	0,17	0,29	0,47
(Selt. E.)$_2O_3$ + Ce_2O_3	59,2	58,6	40,7
P_2O_5	26,0	30,1	19,3
Fe_2O_3	0,51	0,80	4,47
TiO_2	1,75	0,40	—
SiO_2	2,2	1,7	8,3

Als weiteres Thoriummineral ist der uranhaltige Thorianit von Madagaskar bereits erwähnt worden (F. SCHUMACHER, 1957).

Der rohe Monazitsand wird durch Schweretrennung vorgereinigt und dann mit konzentrierter Schwefelsäure oder Alkali aufgeschlossen (G. E. KAPLAN, 1958). Bis zur Herstellung des nuklearreinen Thoriumoxyds, das als Brutstoff in Brutreaktoren eingesetzt werden kann, sind dann konventionelle, allerdings recht komplizierte Reinigungsverfahren anzuwenden, die besonders durch die Gegenwart der Seltenen Erden erschwert werden (O. HILAL, 1958; A. AUDSLEY, 1958). (Ausführliche Bibliographie: Gmelin-Institut, 1960.)

F. Aufarbeitung ausgebrauchter Kernbrennstoffe

Kernbrennstoffe, deren Reaktivitätsreserve aufgebraucht und deren Spaltstoffanteil unter 0,4% gesunken ist, können auch im idealen Reaktor keine Kettenreaktion mehr aufrecht erhalten und müssen daher ausgewechselt werden. Es ist leider noch ein Fernziel, den Kernbrennstoff wirklich bis zu diesem Ausbrandgrad auszunutzen. Allein dadurch würde die Wirtschaftlichkeit einer Kernenergieanlage nicht unbeträchtlich verbessert werden.

De facto wird heute noch die Mehrzahl der Leistungsreaktoren mit dem Neben- (oder Haupt)zweck der Gewinnung von Kernwaffenplutonium betrieben. Dieses aber darf nur ganz geringe Anteile an dem nicht spaltbaren aber spontan spaltenden Pu-240 (vgl. B I a) enthalten. Wird das Uran jedoch für längere Betriebsdauer im Reaktor belassen (3000—5000 MWD/t), so geht ein Teil des Pu-239 durch weiteren Neutroneneinfang ($\sigma_a = 315\,\mathrm{b}$) in das

Pu-240 über (A. P. SMIRNOV-AVERIN, 1961). Dieses Gemisch ist für Reaktorzwecke noch gut brauchbar (vgl. B I a und B II a 3), wird preislich jedoch viel niedriger bewertet, da an militärische Preiskalkulationen andere Maßstäbe angelegt werden als an normale. Infolgedessen werden die Brennstoffelemente aus diesen Reaktoren bereits nach einigen hundert statt tausend Megawatt-Tagen entnommen und aufgearbeitet.

Im Prinzip ändert sich dadurch am Problem und an den Methoden der Brennstoffaufarbeitung kaum etwas, abgesehen davon, daß der Inhalt an Spaltprodukten von lange in Betrieb gewesenen Brennstoffen höher liegt als nach kurzer Betriebszeit, und daß der Anteil an langlebigen Strahlern dann wesentlich größer ist.

I. Mechanische Aufarbeitung

Im Abschnitt C II sind die mit dem Leistungsreaktor verbundenen Auffangbehälter erwähnt worden, in die die ausgebrauchten Brennstoffelemente sofort nach ihrer Entnahme aus dem Reaktorkern gebracht werden müssen. Die erste Phase der mechanischen Behandlung besteht demnach in einer mehrmonatigen Lagerung unter Wasser. Das Wasser übernimmt dabei die Rolle der dauernden Kühlung und der Abschirmung. Es wird im Umlauf vermittels Ionenaustauschern dauernd demineralisiert, um etwa von der Oberfläche der Brennstoffelemente oder durch Lecks entweichende radioktive, sich lösende Substanzen laufend zu entfernen.

Die Abkühlungszeit ist erforderlich, da nach Tabelle 3 (S. 7) mindestens 7% der thermischen Reaktorleistung durch Absorption von β- und γ-Strahlung aufgebracht wird, die den Spaltprodukten entstammt. Diese Energieleistung würde ohne Kühlung die Brennstoffelemente in kürzester Frist durch Selbsterhitzung zum Glühen, Schmelzen oder gar zum teilweisen Verdampfen bringen. Sie klingt nach der Entnahme aus dem Reaktor infolge des Aufhörens der Bildung frischer Spaltprodukte nach dem normalen Zerfallsgesetz der Einzelnuklide ab.

Bei der Abkühlung im Lagerbecken ist des weiteren zu beachten, daß nicht etwa unbeabsichtigt eine überkritische Anordnung entsteht, die das Ganze zu einem ungeregelt durchgehenden Reaktor werden läßt. Meist sucht man solche Möglichkeiten grundsätzlich auszuschalten, indem die Brennelemente mit Kapseln aus neutronenabsorbierendem Material umgeben werden (vgl. Tabelle 6, S. 12). Oft werden sie während der Abkühlungsperiode zusätzlich als höchst intensive γ-Quelle genutzt, so z. B. im Kernforschungszentrum Argonne in Lemont, Ill. (Pers. Inform. d. Verf.). Sobald die Wärmeleistung der lagernden Brennstoffelemente nicht mehr zu einer stärkeren Erwärmung führt, werden sie der eigentlichen Aufbereitungsanlage zugeführt; dort wird in strahlensicher abgeschirmten Einrichtungen, zumeist unter dicken Wasserschichten und direkter Beobachtung, die Ummantelung mechanisch so weitgehend wie möglich vom eigentlichen Brennstoffkörper gelöst, um den anschließenden physikalisch-chemischen Trennprozeß nicht unnötig mit Fremdmetallen zu belasten.

II. Physikalisch-chemische Aufarbeitung

Die Zusammensetzung des ausgebrauchten Kernbrennstoffes ist eine Funktion der von ihm gelieferten Energiemenge und des Konversionsfaktors. Den Hauptanteil bildet bei den derzeit üblichen Kernbrennstoffen in jedem Fall das Uran, während der an zweiter Stelle stehende Plutoniumanteil vom Konversionsfaktor abhängt. Der Anteil an Spaltprodukten entspricht der während der Betriebszeit gespaltenen Menge an U-235 bzw. Pu-239 (s. Tabelle 14, S. 86), wobei man den in Energie umgewandelten Massenanteil vernachlässigen kann. Liegt der Konversionsfaktor nahe bei 1, ein bei günstig arbeitenden Konstruktionen schon heute erreichbarer Wert, so sind die Konzentrationen an Plutonium und der Summe der Spaltprodukte annähernd gleich (A. P. SMIRNOV-AVERIN, 1961).

Ein Reaktor von 400 MW thermischer Leistung (z. B. G2 und G3 in Marcoule, Frankreich) bildet im Jahr rund 145 kg Spaltprodukte, bei einer Uranladung von rund 150 t (World Reactor Chart, 1961). Es sind demzufolge nur sehr kleine Konzentrationen an Plutonium und Spaltprodukten aus großen Quantitäten von Uran abzutrennen, unter den erschwerenden Bedingungen der vom Rohmaterial emittierten, außerordentlich intensiven radioaktiven Strahlung. Die inzwischen bewährten Trennverfahren werden immer weiter vervollkommnet; eine umfassende Bibliographie dazu findet man bei H. E. GOELLER (H. E. GOELLER, 1957).

Tabelle 14. *Zusammensetzung von 1 t Uranbrennstoff nach 1000 MWd/t Ausbrand und 100 Tagen Kühlung.* (Nach G. H. Howells, 1961)

Element	Gewicht g	Aktivität $(\beta + \gamma)$ Curie
U	$998 \cdot 10^3$	—
Pu	800	—
Cs	110	13 100
Sr	40	41 500
Ba	40	4 200
Y	20	51 000
La	40	—
Ce	100	174 000
Pr (+ and. Selt. Erd.)	155	15 000
Zr	115	112 000
Nb	5	203 000
Mo	85	—
Tc	25	—
Ru	55	37 000
Rh	12	—
Übrige Elemente	40	2 000
Gesamtaktivität		652 800

Die Trennung geschieht heute üblicherweise nach dem Auflösen des Brennstoffs in Säure durch selektive Lösungsmittelextraktion (H. E. Goeller, 1957; E. M. Shank, 1959; R. Hurst, 1960; S. Niese, 1960; F. R. Bruce, 1961; u. v. a.). Zur Auflösung verwendet man heiße, konzentrierte Salpetersäure unter Sauerstoffeinleitung, um eine übermäßige Gasentwicklung möglichst hintanzuhalten; diese würde sonst beträchtliche Mengen an gasförmigen und flüchtigen Spaltprodukten mitreißen (C. M. Nichols, 1957; G. R. Howells, 1961). In der Lösung liegt dann das Uran VI-wertig, das Plutonium VI- und IV-wertig vor.

Die Selektivität der Extraktion der gewünschten Stoffe U und Pu hängt stark vom Verteilungskoeffizienten zwischen der salpetersauren, wäßrigen Lösung und dem organischen Extraktionsmittel ab. Besonders günstig sind solche Lösungsmittel, die mit Uranyl- bzw. Pu-Ionen Komplexe bilden können (B. Martin, 1960; R. Hurst, 1960; F. R. Bruce, 1961). Die empirische Suche nach geeigneten Lösungsmitteln ist der Grundlagenforschung auf diesem Gebiete (H. A. C. McKay, 1951; E. Glueckauf, 1951; A. W. Gardner, 1952) weit voraus geeilt; sie hat vor allem in den Estern der Phosphorsäure und der phosphorigen Säure mit aliphatischen

Alkoholen besonders wirksame Extraktionsmittel finden lassen, die sich zudem durch eine gute Strahlenresistenz und mäßige Verseifungsempfindlichkeit auszeichnen.

Mit diesen Extraktionsmitteln läßt sich in mehrstufigen Gegenstrom-Extraktionsprozessen eine praktisch quantitative Trennung in Uranylnitrat, Plutoniumnitrat und das Kollektiv der Spaltprodukte erzielen. Die erhaltenen Mengen entsprechen der Zusammensetzung des Ausgangsmaterials und finden sich gemeinsam mit den zugehörigen Aktivitäten in der Tabelle 14.

Zumeist verwenden die Trennprozesse Kombinationen von mehreren Lösungsmitteln nacheinander, wobei außerdem der Ionengehalt, die Acidität und das Redoxpotential der wäßrigen Lösungen variiert werden, um auch bestimmte Spaltprodukte selektiv zu entfernen (J. L. JENKINS, 1954). Die Zahl der dafür möglichen Wege ist so mannigfaltig, daß bezüglich näherer Einzelheiten nur auf das sehr umfangreiche Originalschrifttum verwiesen werden kann (R. L. MURRAY, 1955; M. BENEDICT, 1957; S. GLASSTONE, 1958; W. MIALKI, 1958; W. RIEZLER, 1958; Reactor Fuel Processing (AEC) ab 1958; R. HURST, 1960; E. POHLAND, 1960; F. R. BRUCE, 1961; O. JENNE, 1961; H. U. KOHRT, 1961; A. F. ORLICEK, 1961; E. POHLAND, 1961).

Als Hauptprodukte der Brennstoffaufarbeitung fallen entsprechend der Tabelle 14 *Uran* und *Plutonium* an. Das Uran ist gegenüber dem ursprünglichen Brennstoff an U-235, dem thermisch spaltbaren Isotop, merklich verarmt. Das Plutonium seinerseits besteht aus Pu-239 neben relativ geringen Anteilen des mit thermischen Neutronen nicht spaltbaren Isotops Pu-240 und Spuren von Pu-241. Es stellt also insgesamt einen fast reinen Spaltstoff dar, dessen Hauptmenge heute noch den militärischen Reserven zugeführt wird; ein vorerst nur geringer Prozentsatz der Produktion findet gegenwärtig in Versuchs-Plutoniumreaktoren Verwendung (J. TACHON, 1960; J. G. YEVICK, 1961).

Das die Aufarbeitung am meisten erschwerende Nebenprodukt stellen die *Spaltprodukte* dar, da ihre ungeheuer intensive Strahlung (vgl. Tabelle 14) und Wärmeleistung eine sehr starke Abschirmung und Kühlung aller Apparate, Leitungen, Fördereinrichtungen und Behälter notwendig machen (S. KIESSKALT, 1956; A. F. ORLICEK, 1961). Dadurch wird die Bedienung der Anlagen sehr erschwert.

Einzelne Spaltprodukte, die vor allem als Strahlenquellen für technische, medizinische und sonstige wissenschaftliche Zwecke interessant sind, z. B. Cs-137, Sr-89 und Sr-90, werden zum Teil in möglichst reiner Form isoliert und stellen dann wertvolle Nebenerzeugnisse der Kernbrennstoffaufarbeitung dar. Die Hauptmenge der Spaltprodukte wird jedoch gegenwärtig noch als sehr lästiger Abfall betrachtet. Die damit verbundenen Probleme werden im Kapitel H gesondert untersucht.

Die Technologie der Aufarbeitung weist, wenn wir von der Abschirmung der Anlagen, der Fernsteuerung usw. absehen, noch einen weiteren sehr beachtlichen Unterschied gegenüber der gewohnten chemischen Technologie auf, der stets für das Arbeiten mit spaltbarem Material charakteristisch ist.

Sobald an irgendeiner Stelle im Verfahrensgang die Konzentration oder die Menge an Spaltmaterial den kritischen Wert überschreitet (vgl. Abb. 8 u. 9, S. 16/17), so wird $k_{eff} > 1$, d. h. im Material setzt eine divergente Kettenreaktion ein, es wird zum durchgehenden Reaktor. Da die Lösungen infolge der damit verbundenen starken Wärmeentwicklung spontan verdampfen, wird die Anordnung zwar schnell wieder unterkritisch, jedoch ist inzwischen eine gewaltige, unkontrollierte Dosis an Neutronen- und γ-Strahlung freigesetzt worden.

Ein solcher Fall hat sich beispielsweise nach Mitteilung der USAEC am 16. 6. 1958 im Werk Y-12 der Fuel Reprocessing Plant von Oak Ridge, Tenn., ereignet. Der Unfall geschah in der Weise, daß durch einen Angestellten des Werkes eine Spaltstofflösung aus einem kleineren Behälter versehentlich in einen solchen von größerem Durchmesser umgefüllt wurde und prompt kritisch wurde. Acht Werksangehörige erhielten dabei mehr oder minder starke Strahlenschädigungen. Folglich müssen auch scheinbar nebensächliche Tätigkeiten in derartigen Anlagen von geschultem Personal mit großer Erfahrung ausgeführt werden. Aber selbst dann wäre ein solcher Unfall nicht unbedingt ausgeschlossen, weil er durch den bisher ungewohnten Mengen- und Geometriefaktor ausgelöst wurde.

Infolgedessen müssen im Interesse einer maximalen Sicherheit für die Konstruktion derjenigen Anlagenteile, in denen das Plutonium — oder auch angereichertes Uran — in höheren Konzentrationen auftreten kann, dem chemischen Apparatebau bisher

Physikalisch-chemische Aufarbeitung 89

nicht geläufige Dimensionsbegrenzungen strikt eingehalten werden (O. JENNE, 1961).

An keiner Stelle darf eine Rohrleitung, eine Kolonne oder irgendein Behälter einen Durchmesser aufweisen, der von einer gewissen Füllhöhe an ein kritisches Volumen ergeben könnte. Auch

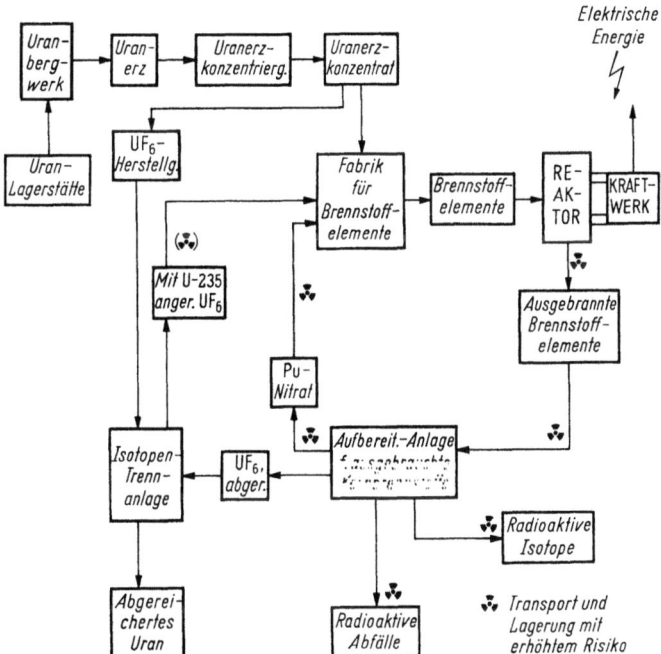

Abb. 21. Die mit dem Brennstoffzyklus einer Kernenergieanlage verbundenen Verarbeitungsprozesse. (Erweitert nach M. BENEDICT, 1957)

dürfen sie nicht in einer Weise benachbart sein, daß sich daraus gemeinsam eine kritische Konfiguration ergeben könnte. Selbst im Falle von Lecks sollte man durch entsprechende Gestaltung des Gebäudebodens mit Sicherheit die Ansammlung kritischer Volumina verhindern. Sicherheitshalber wird man außerdem von sinnvoll verteilten Neutronenabsorbern (Cd- oder Borstahl-Blechen) ausgiebigen Gebrauch machen.

Der oben beschriebene Unfall stellt leider keinen Einzelfall dar, doch dürften solche Zwischenfälle mit zunehmender Erfahrung in der Arbeits- und Bauweise immer seltener werden. Die unbeteiligte

Öffentlichkeit ist jedenfalls bisher dadurch noch nicht in Mitleidenschaft gezogen worden.

Die in diesem und dem vorangegangenen Kapitel behandelten Gegenstände lassen sich zusammenfassend in einem Fließschema (s. Abb. 21) darstellen, aus dem der Materialfluß vom rohen Uranerz an über die verschiedenen mit dem Reaktorbetrieb zusammenhängenden Hilfsbetriebe hervorgeht. Die noch in der Zukunft liegende Anwendung von Thoriumbrütern nebst U-233-Kreislauf ist der Übersichtlichkeit halber in diese schematische Darstellung noch nicht mit einbezogen, läßt sich aber ohne Schwierigkeit sinngemäß ergänzen (z. B. W. RIEZLER, 1958; F. BRUCE, 1961; A. F. ORLICEK, 1961; usw.). In der Abbildung sind diejenigen Anlagen, Stoffe und Transportwege besonders gekennzeichnet, die mit dem für stark radioaktive oder/und spaltbare Stoffe besonders hohen Risiko der intensiven Strahlenwirkung behaftet sind. Sie sind von entscheidender Bedeutung für die mit der Nutzung der Kernenergie verbundenen Gefährdung der allgemeinen Sicherheit und Gesundheit, bezüglich deren auf den folgenden Abschnitt zu verweisen ist.

G. Biologische Wirkung radioaktiver Strahlung

I. Allgemeine Grundlagen

Die biologische Wirkung ionisierender Strahlung radioaktiven Ursprungs beruht primär auf der physikalischen Wechselwirkung mit der Materie und sekundär auf dadurch ausgelösten chemischen Prozessen, die die Veränderung oder Zerstörung von Molekülen oder Strukturen der lebenden Substanz zur Folge haben; diese wiederum beeinflussen die Lebensvorgänge im Einzelorganismus im zumeist ungünstigen Sinne oder verändern die Erbsubstanz irreversibel. Art und Ausmaß dieser Effekte sind stark von der Art der einwirkenden Strahlung abhängig.

Von der *Neutronenstrahlung* kann hier weitgehend abgesehen werden, da sie bei jedem ordnungsgemäß gebauten Reaktor auf dessen Inneres beschränkt bleibt. Sobald er durch einen schweren Zwischenfall seine Struktur einbüßt, bricht auch der Neutronenfluß zusammen, lediglich die verzögerten Neutronen (vgl. Tabelle 2, S. 4) werden noch über wenige Minuten hinweg emittiert. Die andere Möglichkeit ihres kurzzeitigen Auftretens als Folge der unbeabsichtigten Bildung kritischer Anordnungen wurde im vorhergehenden Abschnitt F II erwähnt, ist aber sehr unwahrscheinlich und höchstens auf einen eng begrenzten Bereich beschränkt. Vor allem aber würde die Neutronenemission in erster Linie durch Neutroneneinfang zur Bildung von β/γ-strahlenden Nukliden führen, deren Wirkung nachstehend untersucht wird.

Durch Absorption der Energie eines die Materie durchdringenden, energiereichen Teilchens (α-, β-Teilchen oder γ- Quant) werden, je nach der Quantität der pro Stoß übertragenen Energie, Atome oder größere Molekülbruchstücke aus dem Verband herausgerissen und dabei in Ionen oder Radikale verwandelt; oder aber das gesamte Molekül geht durch Herausschlagen von einem oder mehreren Elektronen in den ionisierten Zustand über, oder es wird lediglich in einen energiereicheren Zustand durch Anheben von Elektronen versetzt.

Für das biologische Geschehen ist vor allem von Bedeutung, wie hoch die absorbierte Energiedichte ist, wie lange, wie oft und in welchen zeitlichen Abständen diese Energie absorbiert wird. Die Energiedichte längs des Absorptionsweges ist ihrerseits von der Art und von der Anfangsenergie der Strahlung abhängig.

Je größer die Masse, die Ladung und damit der Stoßquerschnitt des ionisierenden Teilchens, um so dichter liegen die Orte der Wechselwirkung beieinander, um so geringer ist aber auch die Gesamtreichweite, da der Energieinhalt des Teilchens auf einer kurzen Absorptionsstrecke verbraucht wird. Aus diesen einfachen Überlegungen läßt sich qualitativ und auch annähernd quantitativ die Wirkungsweise für α-, β- und γ-Strahlung ableiten, wie das nachstehend in einigen Details geschehen soll. Dabei wird zweckmäßigerweise von der γ-Strahlung ausgegangen, da ihre Wirkung bereits am längsten untersucht ist, und vor allem weil die Maßeinheiten auf der Wirkung von Quantenstrahlung basieren.

a) γ-Strahlung

Die γ-Strahlung, aus energiereichen Photonen bestehend, hat dank ihrer Ladungslosigkeit ein hohes Durchdringungsvermögen.

Die Orte ihrer Wechselwirkung mit absorbierender Substanz liegen also relativ weit auseinander. Bezogen auf den Absorptionsweg d folgt die Schwächung weitgehend dem exponentiellen Absorptionsgesetz

$$I = I_0 \cdot e^{-\varepsilon \cdot d}, \tag{12}$$

mit ε als linearem Absorptionskoeffizienten; die Dosisleistung längs des Absorptionsweges sinkt allerdings effektiv langsamer, da in sie auch der auf Streuprozesse (s. Comptoneffekt) zurückgehende Strahlungsanteil eingeht (sog. Zuwachs- oder "build up"-Faktor).

Im Bereiche niedrigerer Energien erfolgt die Absorption über den *Photoeffekt*, wie er auch für weiche Röntgenstrahlung charakteristisch ist (W. HANLE, 1957); das bedeutet, daß ein aus der Hülle des getroffenen Atoms herausgeschlagenes Elektron die gesamte Photonenenergie (abzüglich der Ablösearbeit) übernimmt. Seine Sekundärwirkung kann dann wie die eines normalen β-Teilchens weiterbehandelt werden.

Energiereichere γ-Quanten können gegebenenfalls ihre Energie im unelastischen Stoß nur zum Teil an ein Elektron übergeben, so daß nach dem Stoß ein energieärmeres Quant neben einem Elektron mit der Restenergie (minus Ablösearbeit) resultiert *(Compton-Effekt)*.

Sehr harte γ-Quanten von mehr als 1,02 MeV sind außerdem zur Paarbildung befähigt, d. h. sie können sich zu einem aus *Positron* (β^+) und *Elektron* (β^-) bestehenden Paar materialisieren; das Elektron entspricht in der weiteren Wirkung wiederum der üblichen β-Strahlung; das gleiche gilt für das Positron, aber nur so lange, bis es abgebremst ist und sich durch Vereinigung mit einem Elektron wieder entmaterialisiert. Dabei werden 2 γ-Quanten von je 0,51 MeV frei, auf die die für γ-Strahlung vorangestellten Betrachtungen anzuwenden sind.

Im Zusammenhang mit der Kernenergienutzung tritt die γ-Strahlung einmal an den Reaktorbetrieb gebunden als Folge der dort stattfindenden n, f, γ- und n, γ-Prozesse auf, weiterhin ebenda durch den radioaktiven Zerfall der Spaltprodukte und eventuell eines aktivierten Kühlmittels (vgl. B II a 3); des weiteren überall da, wo die radioaktiven Spaltprodukte transportiert, gehandhabt oder gelagert werden (vgl. Abb. 21, S. 89).

Mit der Röntgen- bzw. γ-Strahlung, die wir als Quantenstrahlung zusammenfassen können, sind die Maßeinheiten für Strahlendosen bzw. Dosisleistungen verknüpft (B. T. PRICE, 1957):

1. Das *Röntgen* (r) ist definiert durch die Menge an absorbierter Quantenstrahlung, die je 0,001 293 g Luft (= 1 Nml) so viel Ionenpaare erzeugt, wie einer elektrostatischen Einheit beiderlei Vorzeichens entspricht; das entspricht 83,7 erg je g Luft;
2. Das *rad* (radiation absorbed dose) wird als Einheit der absorbierten Dosis gleich 100 erg je Gramm gesetzt;
3. Das *rep* (roentgen equivalent physical), eine ältere Einheit, entspricht der absorbierten Dosis irgendeiner ionisierenden Strahlung von 93 erg/Gramm;
4. Das *rem* (roentgen equivalent man) bezeichnet die Dosis irgendeiner ionisierenden Strahlung, die die gleiche biologische Wirkung hervorruft wie 1 r (oder zuweilen auch wie 1 rad) an Quantenstrahlung;
5. Aus dem Quotienten von 4. und 2. läßt sich ein Wert

$$RBW = \frac{rem}{rad} \tag{13}$$

ableiten; RBW bedeutet relative biologische Wirksamkeit gleicher Dosen verschiedener ionisierender Strahlung.

b) β-Strahlung

Die gegenüber den Photonen wesentlich schwereren und geladenen β-Teilchen verlieren bei der Absorption auf kurzem Wege ihre Energie durch unelastische Stöße und erzeugen so eine recht hohe Ionisierungsdichte. Da es hier vor allem um das biologische Geschehen geht, kann von der Quantencharakter besitzenden Bremsstrahlung abgesehen werden, die nur durch sehr energiereiche Elektronen in Material von hoher Massenzahl hervorgerufen wird (z. B. N. STARFELT, 1955). Die Energieabgabe je Absorptionsweglänge ist von vielen Autoren bestimmt worden (vgl. z. B. R. D. EVANS, 1955; K. SIEGBAHN, 1957), woraus sich die Dosisleistung von β-Strahlern mit bekanntem Energiespektrum leicht ableiten läßt. Dabei ergibt sich eine besonders hohe Wirkungsdichte für langsame Elektronen, also gegen Ende der Absorptionsbahn des β-Teilchens (G. W. MCCLURE, 1953). Völlig analog verhalten sich Positronen bis zu ihrer endgültigen Abbremsung und Annihilation (vgl. GI a).

Im Zusammenhang mit der Nutzung der Kernenergie tritt die β-Strahlung innerhalb der Abgrenzung des Biologischen Schildes als Folge der γ-Strahlung auf, außerdem als direkte β-Emission der Spaltprodukte.

c) α-Strahlung

Die Absorptionskoeffizienten der Materie für α-Strahlung, deren Partikel durch die Massenzahl 4 und durch zweifach positive

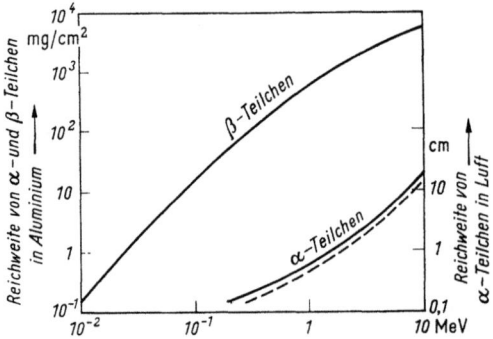

Abb. 22. Reichweite von α- bzw. β-Teilchen in Al (―――) bzw. in Luft (― ― ―). (Nach U. SCHINDEWOLF, 1959)

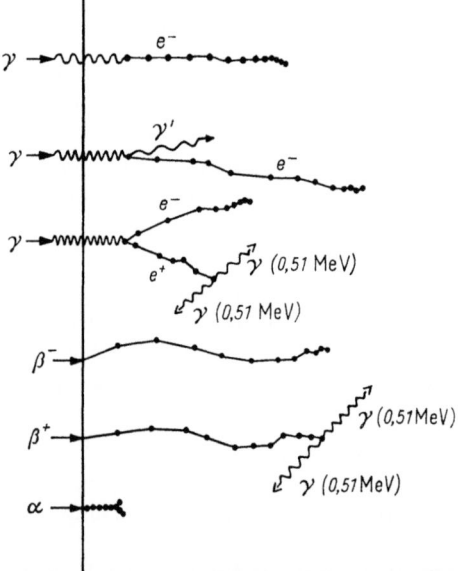

Abb. 23. Schematische Darstellung der Wirkung ionisierender Strahlung auf Materie. (Nach W. HANLE, 1957)

Ladung gekennzeichnet sind, zeigen viel höhere Werte als die für
β-Strahlung (Neuere Arbeiten: R. W. HILL, 1953; J. R. CAMERON,
1953). Dementsprechend ist auch die Ionisierungsdichte sehr groß,
jedoch nicht weitreichend. Die Abb. 22 gibt diese Verhältnisse
schematisch wieder (U. SCHINDEWOLF, 1959).

Da die α-Strahlung in der Hauptsache an die Elemente der
höchsten Massenzahlen geknüpft ist, ist mit ihrem Auftreten vor
allem dort zu rechnen, wo Uran (insbesondere solches, das mit
dem schneller zerfallenden U-235 angereichert ist) oder Plutonium
gehandhabt werden.

Zusammenfassend lassen sich die Phänomene der Wechselwirkung
ionisierender Strahlung mit Materie wie in Abb. 23 schematisch
darstellen, aus der sich wiederum die Verteilung der physikalisch-chemischen
Sekundärwirkung ableiten läßt, auf die anschließend
näher eingegangen wird.

II. Strahlenauswirkung

a) Primäre biologische Strahlenwirkung

Vorstehend ist gezeigt worden, daß die Primärprozesse der
Wechselwirkung zwischen radioaktiver Strahlung und Materie sich
in der Anregung und Zerschlagung, vor allem aber in der Ionisierung
von Molekülen äußern. Unter dem Aspekt der hier speziell
interessierenden biologischen Wirkung ist auch das Auftreten von
anomalen Schwingungs- und Rotationszuständen der Moleküle
(P. M. MORSE, 1953; E. GERJUOY, 1955), von zellfremden Radikalen
und Verbindungen von Bedeutung. Selbst bei relativ geringen
Dosen absorbierter Strahlung können sich diese Stoffe
in nachweisbaren Konzentrationen bilden, da im Durchschnitt
zur Bildung eines den Prozeß einleitenden Ionenpaares durch
α- oder β-Stoß nur 20—40 eV verbraucht werden (W. P. JESSE,
1955).

Das Auftreten der anomalen Substanzen bringt, als nächster
Schritt im Ablauf der Strahlenauswirkung, das empfindliche
System des biologischen Zellhaushaltes durcheinander. Eine große
Rolle spielen dabei einfache Radikale und Verbindungen, die
spezielle Ferment- und Zellgifte darstellen; dazu gehören das
Wasserstoffsuperoxyd H_2O_2 und das HO_2-Radikal, die in der

wasserreichen lebenden Zelle besonders leicht entstehen, ebenso OH^-, H_2O^+ und H_2O^- (P. GORIZONTOV, 1958; L. H. GRAY, 1958).

Die Untersuchungen der letzten Jahre deuten darauf hin, daß mehr als 80% der biologischen Primärschäden über solche strahleninduzierten Verbindungen laufen, und daß nur der Rest den Ionisations-Trefferschäden in empfindlichen Bezirken, speziell solchen des Zellkernes, direkt zuzuschreiben ist. Die zu dieser Frage veröffentlichten Untersuchungen sind kaum noch zu übersehen, besonders empfindlich scheinen danach die Phosphorylierungsreaktionen des Zellkern-Stoffwechsels zu sein (E. S. G. BARRON, 1949; I. RODE, 1950; D. W. VAN BEKKUM, 1955; M. ERRERA, 1958; G. M. FRANCK, 1958; P. GORIZONTOV, 1958; D. E. LEA, 1955; H. MAASS, 1958; außerdem etwa 1000 Referate und Zitate in Bd. XI, Genf. Konf. 1955 und Bd. XXII, Genf. Konf. 1958).

Es würde im Zusammenhang mit dem Grundthema zu weit führen, auch nur einen kleinen Teil dieser primären Störungen des Stoffwechselgeschehens hier kompilatorisch darzustellen. Als wesentlich ist jedoch festzuhalten, daß die strahlenbedingte Ausgangsschädigung etwa eines oder mehrerer fermentgesteuerter Stoffwechselprozesse in der Zelle eine biologische Kettenreaktion nach sich ziehen kann, indem dadurch zunächst die Zelle selbst, weiterhin das Gewebe, das Organ und schließlich der Gesamtorganismus mehr oder weniger stark geschädigt werden. In welchem Grade das geschieht, hängt einmal von der Art des primären Strahlenschadens ab, zum anderen von der absorbierten Strahlungsdosis und ihrer zeitlichen und örtlichen Verteilung.

Der letztere Vorgang ist wiederum weitgehend abhängig davon, ob das die Strahlung perzipierende Individuum von außen bestrahlt wird, oder ob die radioaktiv strahlende Substanz inkorporiert worden ist; in letzterem Fall bleibt ja die Strahlenquelle zumindest vorübergehend fest mit dem absorbierenden Körper, oft sogar mit besonders empfindlichen Organen verbunden.

Beide Arten der Strahleneinwirkung werden weiter unten gesondert betrachtet (vgl. Abschn. GIII), da sie aus durchaus unterschiedlichen Gefährdungssituationen hervorgehen, und weil die damit verbundene Höhe des Strahlenrisikos sehr verschieden zu veranschlagen ist.

b) Systematik der biologischen Strahlenschäden

Diese Darstellung stützt sich in erster Linie auf die übersichtliche Behandlung der Frage durch K. AURAND bzw. H. SCHMERMUND (K. AURAND, 1957; H. J. SCHMERMUND, 1957). Berücksichtigt werden dabei nur solche Strahlungsdosen, die sicher eine Minderung der Leistungsfähigkeit, des Wohlbefindens oder der Lebenserwartung des betroffenen Einzelmenschen, oder aber eine irreversible Schädigung der Gesamtpopulation durch Erbschäden zur Folge haben (G. HERTEL, 1961; G. SITZLACK, 1961).

1. Primärschädigung

Die primäre Schädigung der Zellen und damit des Gewebes wird im ersten Stadium nach der Strahlungsabsorption durch das humoral-nervale Regelsystem so weit wie möglich kompensiert (vgl. Abb. 24). Ist die absorbierte Dosis nur gering gewesen, dann gelingt die Kompensation so weitgehend, daß eine nachweisbare Schädigung des Gesamtorganismus nicht nach außen manifest wird. Das kann auch dann der Fall sein, wenn nur relativ strahlenunempfindliche Bezirke, z. B. das Gehirn, Bindegewebe, Muskelfasern, Teile des Fettgewebes usw. betroffen worden sind (U. FEINE, 1957; C. D. CLEMENTE, 1958; M. N. LIVANOV, 1958; WHO, 1958).

2. Somatische Schädigung

Wird die Regulationskapazität des Humoralsystems überschritten, so wird nach einer *Latenzzeit* der Strahlenschaden manifest

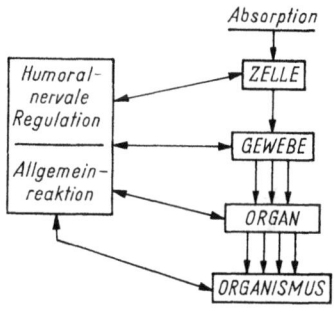

Abb. 24. Schema des Ablaufes eines Strahlenschadens. (Nach K. AURAND, 1957)

(vgl. Abb. 25). Diese Latenzzeit ist, wenn man von äußerst massiven, spontan tödlichen Strahlendosen über 10^5—10^6 r absieht, für die Strahlenschädigung überhaupt charakteristisch und verleiht ihr einen unheimlichen und heimtückischen Charakter, der dadurch potenziert wird, daß dem Menschen jedes warnende Sinnesorgan für die radioaktive Strahlung als gefährliches Agens fehlt.

Die Latenzzeit kann sich von Stunden und Tagen bis über Jahre erstrecken (vgl. Abb. 25 u. 26). Je länger sie andauert, um so unspezifischer wird auch die Erscheinungsform des Strahlenschadens; das kann schließlich, wenn die Strahlenaffektion aus den oben genannten Gründen nicht wahrgenommen wurde, die Genese der Schädigung völlig verschleiern. Die in der Abb. 26 oberhalb der Frühschäden stehenden Erkrankungen und Schäden *können*, jedoch *müssen nicht* unbedingt auf eine Strahlenbelastung zurückzuführen sein.

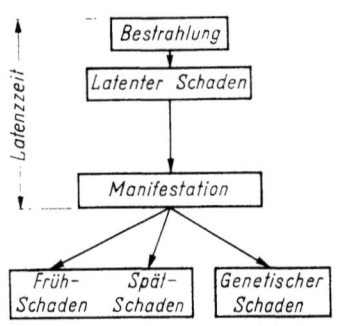

Abb. 25. Zeitlicher Ablauf und Differenzierung eines biologischen Strahlenschadens (Nach K. AURAND, 1957)

In der Tabelle 15 sind die Schädigungsgrade in Abhängigkeit von der einmalig vom ganzen Körper absorbierten Strahlendosis dargestellt. Wenn darin eine Toleranzdosis angeführt wird, so gilt diese nur als Sicherung gegen klinische Individualschäden der in strahlengefährdeten Betrieben tätigen Personen, also für einen verschwindend geringen Anteil der Gesamtbevölkerung; diese wiederum darf höchstens mit dem zehnten Teil der angeführten Dosisleistung belastet werden (H. LANGENDORFF, 1959). Damit soll erreicht werden, daß etwa beim Personal von Strahlenbetrieben eintretende

Betroffene Objekte	Schädigungskategorie	Erscheinungsform des Schadens	Bestrahlung
Population	Genetische Schäden	Mutationen „Genetischer Tod"	Gonaden
	Frucht-Schäden	Mißbildungen	Frucht
Individuum	Spätschäden	Katarakt Strahlenkrebs	lokal
		Leukämie	ganz
	Frühschäden	Epilation, Ulcus	lokal
		Akute Str.-Krankh. Strahlentod	ganz

Abb. 26. Auslösung, zeitlicher Ablauf und Erscheinungsformen der biologischen Strahlenschädigung. (Nach K. AURAND, 1957)

genetische Veränderungen in ihrer Auswirkung auf die gesamte Menschenpopulation auf ein tragbares Maß verdünnt werden (Nat. Acad. Science, 1956; BMAt, 1957).

Tabelle 15. *Wirkung einmaliger Ganzkörper-γ-Bestrahlung auf den Menschen.* (H. J. SCHMERMUND, 1957; IAEA, 1958)

700 r	Letaldosis	Fast sicher tödliche Dosis
400 r	Mittlere Letaldosis	Schwere Strahlenkrankheit zu erwarten, in rund 50% der Fälle tödlich
100 r	Kritische Dosis	Strahlenkrankheit, erste Todesfälle
25 r	Gefährdungsdosis	Maximal zulässige Dosis, wenn klinische Schäden sicher vermieden werden sollen
0,1 bzw. 0,3 r je Woche	Toleranzdosis	International festgesetzte, maximal zulässige Dosisleistung, die einer gesunden Person zugemutet werden kann

3. Genetische Schädigung

Während zunächst nur auf die Auswirkung einer Strahlungsabsorption auf den Einzelorganismus ein wenig näher analysierend eingegangen worden ist, ergibt sich nunmehr als weiteres Problem das der *genetischen* Veränderungen als Folge der Einwirkung radioaktiver Strahlung. Strahlenschädigungen des menschlichen Embryos (vgl. H. R. BECK, 1959) werden hierin nicht mit einbezogen, da sie ebenfalls nur auf ein, wenngleich sich noch in den ersten Entwicklungsstufen befindendes, Individuum beschränkt sind.

Die *genetischen* Veränderungen werden als Folge einer Strahlungsabsorption dadurch ausgelöst, daß die Chromosomen als Träger der Erbanlage entweder durch einen Direkttreffer des ionisierenden Teilchens (vgl. G II a) zerbrochen (Translokation) oder sonstwie lokal geschädigt oder verändert werden; oder daß ein solcher Schaden an ihnen sekundär durch Energieleitung oder durch Einwirkung toxischer, strahlenchemisch gebildeter Radikale, Ionen oder Verbindungen ausgelöst wird. Entscheidend ist nur, ob eine irreversible Veränderung der Chromosomenstruktur die Folge ist oder nicht.

Die Kenntnis dieser Vorgänge ist bedeutend älter als die Nutzung der Kernenergie und basiert auf den grundlegenden Arbeiten von H. J. MULLER aus den Jahren 1923—1929, die in eingehender

Detailarbeit von zahlreichen Forschern fortgesetzt worden sind (H. J. MULLER, 1954 I u. II; B. P. KAUFMANN, 1954; N. P. DUBININ, 1958; D. GRAHN, 1958; P. OFTEDAL, 1958; W. L. RUSSELL, 1958; G. G. TINYAKOW, 1958; u. v. a.).

Die an Einzellern, Pflanzen und Tieren nach und nach gewonnenen Ergebnisse stimmen in sich ausgezeichnet überein, was den Zusammenhang zwischen Dosis und Art der mutationsauslösenden Strahlung einerseits und die anatomisch oder physiologisch manifest werdende Erbschädigung angeht; die entsprechenden Korrelationen bezüglich der Auslösung psychischer oder charakterlicher, erblicher Mutationen scheinen praktisch noch völlig unbekannt zu sein, da man dafür nur den Menschen selbst als Versuchsobjekt verwenden könnte. Auch dürfte es hierbei noch mit der objektiven Nachweismethodik sehr im argen liegen. Ohne Zweifel werden auch solche Veränderungen denselben Gesetzmäßigkeiten unterliegen, dürften aber auch bei ihrer unbeabsichtigten Auslösung aus den eben genannten Gründen phänologisch und kausal kaum diagnostizierbar sein.

Bedeutungsvoll ist die gesicherte Feststellung, daß zwischen der Zahl der durch Strahlung ausgelösten Mutationen und der im Bereich der Keimzellen absorbierten Strahlungsdosis eine nahezu lineare Beziehung besteht. Das besagt aber nichts anderes, als daß selbst geringste Strahlenbelastungen bereits die Mutationsrate erhöhen, daß also für die *genetische Strahlenschädigung* eine echte *Toleranzgrenze* (vgl. Tabelle 15) *nicht existiert*, im Gegensatz zur klinisch manifest werdenden Schädigung.

Ein weiterer bedrohlicher Umstand ist das Fehlen irgendwelcher Symptome beim Träger der strahlenbetroffenen Erbmasse selbst, sofern er nicht durch eine massive Strahlendosis steril wird (H. MARQUARDT, 1957 I u. II), womit die Schädigungskette abgebrochen wird. Da die Erbschädigungen erst in der folgenden oder einer der nächsten Generationen manifest werden, die kausale Verknüpfung zwischen Ursache und Wirkung demnach durch die zeitliche Distanz beider Phänomene praktisch kaum möglich ist, ist die ausgeprägte Besorgnis gerade gegenüber dem genetischen Strahlenschaden verständlich und gerechtfertigt.

In diese Zusammenhänge Klarheit zu bringen und für einen ausreichenden Schutz auch künftiger Menschengenerationen zu sorgen, ist daher Ziel aller mit der Kernenergienutzung sich befassenden nationalen und übernationalen Gremien (WHO, 1958; IAEA, 1958).

Nach MARQUARDT (H. MARQUARDT, 1957 II) lassen sich die vorstehend angeschnittenen Fragen und die daraus sich ergebenden Folgerungen zusammenfassen:

„Strahlendosen bis herab zu niedrigen Intensitäten lösen im Erbgut Mutationen aus. Auch niedrige Dosen summieren sich über die Zeit der Fortpflanzungsfähigkeit des Individuums. Es gibt noch kein Mittel, die mutationsauslösende Wirkung der Strahlen zu verhindern.

Einzelne Mutationen können nicht mehr rückgängig gemacht werden, sie wirken sich als unabänderliches Schicksal für die Folgegenerationen aus. Vor allem durch fortgesetzte Summation vitalitätsherabsetzender Mutationen kommt es in langen Generationen zu Krankheit, Hilfsbedürftigkeit und vorzeitigem Tod zahlreicher Individuen.

Die in den Genbestand in langen Generationsreihen einrückenden strahleninduzierten Mutationen verschieben die genetische Basis und damit die Grundstruktur des Individuums und der menschlichen Gesellschaft. Die Konsequenzen dieses Vorganges sind noch nicht abzusehen."

„Dies alles sind keine unverbindlichen Gedanken und Vorstellungen der Phantasie, sondern experimentell gesicherte Tatsachen. Sie zwingen uns, ohne daß dazu eine langatmige Begründung notwendig wäre, im Grunde genommen *jede* zusätzliche Strahlen- und damit Mutationsbelastung zu vermeiden, die über die spontan gegebene Mutationsrate hinausgeht. Das würde aber heißen, daß als zulässige Toleranzdosis von genetischer Seite die natürliche Strahlenbelastung des Menschen (2 bis maximal 5 r) pro Generationszeit vorgeschlagen wird und kein Raum für eine irgendwie geartete zusätzliche Strahlendosis bleibt."

„Von der Wirklichkeit ist aber eine derartige Stellungnahme bereits überholt: Es ist hier nicht der Ort, die einzelnen Quellen der Strahlen aufzuzählen, welche den Menschen über die natürliche Strahlenmenge hinaus belasten. Nicht vergessen werden darf gerade in diesem Zusammenhang die mutationsauslösende Wirkung chemischer Substanzen, mit denen der Mensch in Berührung kommt. Aus beiden Momenten folgt aber, daß wir zwar über den *Umfang* dieser Eingriffe an den Genbestand der Lebewesen diskutieren können, aber nicht mehr über die *Tatsache*, daß heute die Technik bereits die genetische Konstitution des Menschen zu beeinflussen begonnen hat."

„Um der bestehenden und nicht zu ändernden Situation Rechnung zu tragen, sieht sich daher der Genetiker veranlaßt, die Toleranzdosis so hoch zu rücken, daß für die heute und morgen unausweichliche Strahlenbelastung durch die Technik Platz bleibt, ohne allzu große Gefährdung der nachfolgenden Generationen durch die Konsequenzen zu zahlreich aufgetretener Mutationen."

„Nach dem heutigen Stande unserer Kenntnisse erscheint somit eine Strahlendosis, die etwa 25% der eine spontane Mutationsrate verdoppelnden Dosis beträgt, vertretbar zu sein. Dies würde bedeuten, daß pro Generationszeit, d. h. in den ersten 30 Lebensjahren etwa 10 r als zulässige Strahlendosis für eine Bevölkerung angesehen werden dürfte."

Über den *quantitativen* Umfang der gesundheitlichen Schäden, die sich insgesamt aus dem ordnungsgemäß funktionierenden Betrieb der künftigen Kernkraftwerke für die Weltbevölkerung ergeben könnten, lassen sich Arbeiten aus den letzten Jahren als Anhalt heranziehen (J. M. A. LENIHAN, 1954; O. I. LEIPUNSKIJ, 1959). Die natürliche Strahlenbelastung in Seehöhe durch kosmische Strahlung, durch K-40, C-14, Ra-226 im Untergrund, Organismus und in der Atmosphäre wird dabei zu etwa $3 \cdot 10^{-4}$ rep/Tag geschätzt. Die immer mehr zunehmende Belastung durch Röntgenstrahlen wird in naher Zukunft zusätzlich etwa den gleichen Betrag liefern.

Diese Strahlungs-Grundbelastung läßt sich mit statistischem Material über Abnorm- und Letalmutationen (unter Außerachtlassen von nicht strahlenbedingten Mutationen) kombinieren, so daß man bei

$$4 \cdot 10^{-4} \text{ Abnormmutationen} \cdot \text{Geburt}^{-1} \cdot \text{r}^{-1}$$

und einer Geburtsrate der Weltbevölkerung von $30^0/_{00}$ rund

$$4 \cdot 10^{-4} \text{ Abnormmutationen} \cdot \text{Mensch}^{-1} \cdot \text{r}^{-1}$$

erhält.

Auf gleicher Berechnungsbasis kommt man unter der Annahme einer mittleren Lebenserwartung von 60 Jahren zu etwa

$$1,2 \cdot 10^{-4} \text{ Leukämiefällen} \cdot \text{Mensch}^{-1} \cdot \text{r}^{-1}$$

unter dem Einfluß der natürlichen Strahlenbelastung.

Legt man diese Werte und die mittlerweile recht gut bekannte Strahlenbelastung durch den Fallout von regelmäßig vorgenommenen Atombombenversuchen der Rechnung zugrunde, so ergeben sich daraus für eine Weltbevölkerung von derzeit etwa $2,5 \cdot 10^9$ Menschen 44000 Abnormgeburten und Letalmutationen sowie fast 30000 Leukämietote pro Jahr.

Eine einzige Wasserstoff-Bombe von 10 Megatonnen TNT-Äquivalent erfordert sogar nur als Folge ihrer experimentellen Erprobung ceteris paribus etwa 40000 Letalmutationen sowie annähernd 25000 Leukämietote unter der Weltbevölkerung.

Da diese Experimente, die nicht wie Kernkraftwerke dem Nutzen der Menschheit dienen, die gesamten radioaktiven Spaltprodukte frei entweichen lassen, ist die Auswirkung des Normalbetriebes von Kernkraftanlagen, ja sogar diejenige eines sehr unwahrscheinlichen schweren Reaktorunfalles, sehr gering zu veranschlagen und wird sicher erheblich niedriger liegen als etwa die Zahl der Verkehrsopfer, die man als unvermeidbar akzeptiert. Geeignete Standorte und die Beachtung der hier behandelten Sicherungsmaßnahmen sind allerdings eine dafür zu erwartende Voraussetzung.

III. Strahleneinwirkung und Strahlenschutz

So kompliziert wie die Struktur und Funktion einer Reaktoranlage einschließlich aller ihrer Hilfseinrichtungen, ihres Stofftransportes usw., so vielfältig sind auch die Möglichkeiten einer unbeabsichtigten Einwirkung radioaktiver Strahlung auf den Menschen.

a) Normale Betriebsverhältnisse

Das einwandfreie, normale Funktionieren einer Kernenergieanlage im weitesten Sinne vorausgesetzt, verbürgt die ausreichende Sicherung des dort tätigen Personals durch ordnungsgemäße Einrichtungen (vgl. Abschn. C) in verstärktem Maße die Sicherheit der in der weiteren Umgebung der Anlage wohnenden Bevölkerung (M. CECCHI, 1960; G. R. BAINBRIDGE, 1961).

Schon beim Normalbetrieb aber ist, je nach dem Typ und der Konstruktion der im Kraftwerk verwendeten Reaktoren, der Anfall mehr oder minder großer Mengen an Luft oder anderen Gasen sowie von Betriebswasser mit gewissen Konzentrationen an radioaktiven Bestandteilen vorhanden.

Die Luft entstammt vor allem der Kühlung des Betongehäuses (Biologischer Schild) und dem Reaktorgebäude, wo sie durch Neutronen zumindest sehr schwach aktiviert wird. Hierbei wird die Kühlluft die höhere Aktivität aufweisen. Die Radioaktivität kann z. B. durch Aktivierung des in der atmosphärischen Luft stets enthaltenen Argons erfolgen. Es entsteht Ar-41, das eine energiereiche γ-Strahlung mit einer Halbwertszeit von 1,8 h aussendet.

Um die Konzentration dieses radioaktiven Edelgases und damit seine Strahlungsdichte tragbar niedrig zu halten, wird die Kühlluftmenge groß zu wählen sein. Außerdem darf sie nicht einfach in die Umgebung entweichen, sondern sie wird durch sehr hohe Schornsteine in höhere Luftschichten abgeführt. Erforderlichenfalls wird das Fördervolumen durch Gebläse vergrößert. Wegen des Edelgascharakters des Argons läßt es sich leider nicht mit chemischen oder Filterverfahren entfernen, Verflüssigungsverfahren werden sicher immer zu kostspielig bleiben.

Neben dem radioaktiven Argon kann die Kühlluft auch noch feinst verteilte, durch Neutroneneinfang radioaktiv gewordene Staub- und Nebelteilchen enthalten. Zu deren Entfernung sind Filtereinrichtungen vorhanden, in denen sie weitgehend zurückgehalten werden (R. P. HAMMOND, 1949).

Trotz dieser Vorkehrungen für die Abführung der schwach radioaktiven Luft wird es sich jedoch nicht immer vermeiden lassen, daß diese ohne wesentliche Verdünnung in direkte Berührung mit dem umgebenden Gelände kommt. Die dafür maßgebenden meteorologischen Einflüsse sind daher an mehreren Stellen eingehend untersucht worden (G. A. DEMARRAIS, 1960). Dabei spielen die Temperaturverhältnisse, ihre zeitliche und räumliche Fluktuation, die Windrichtung, Luftfeuchtigkeit, Bewölkung, Sonneneinstrahlung und viele andere Faktoren eine wesentliche Rolle (USAEC, 1955; D. H. PACK, 1958).

Was die Radioaktivität der aus dem Kernkraftwerk im Normalbetrieb ablaufenden Abwässer betrifft, so wird diese gleichfalls in starkem Maße vom Typ und der Betriebsweise der Reaktoranlage und von deren einwandfreiem Betriebszustand abhängen.

Beim Wasser fällt vor allem ins Gewicht die mögliche Aktivierung von mineralischen Bestandteilen, die darin gelöst oder suspendiert sind (W. S. LYON, 1955). Sie können von vornherein im Wasser enthalten sein oder von diesem aus den Werkstoffen der Kessel, Rohrleitungen usw. aufgenommen werden.

Stehen von vornherein große Wasserläufe für die Entnahme und Wiedereinleitung von Kühlwasser einer Kernkraftanlage zur Verfügung, wie es in den Vereinigten Staaten, in Canada, in der Sowjetunion und in vielen der sog. unterentwickelten Länder noch der Fall ist, so wird deren Wasser hier und da in einmaligem Durchlauf für Kühlzwecke verwendet. Der Verdünnungsfaktor im Vorfluter ist unter diesen Umständen so groß, daß normalerweise der maximal zulässige Aktivitätsspiegel nicht erreicht wird.

Ist dagegen die zur Verfügung stehende Wassermenge begrenzt, so wird man das Kühlwasser in Kühlwerken wieder zurückkühlen und so im Kreislauf halten. Aber auch die Rückkühlung erfordert infolge der Anreicherung der im Wasser enthaltenen Mineralstoffe das Abstoßen eines gewissen Wasseranteils, der durch Frischwasser zu ersetzen ist. Hinzu kommen Teile des Kesselspeisewassers, von dem evtl. Anteile durch aufbereitetes Frischwasser ersetzt werden müssen.

Das aus einer Reaktoranlage ablaufende Wasser, bestehend aus Kühlwasser, Leck- und Spülwässern, enthält also erfahrungsgemäß stets gewisse Mengen an radioaktiven Bestandteilen, meist anorganischen Ionen in gelöster Form (D. W. MOELLER, 1959). Die absolute Menge derselben wird, unabhängig vom Kühlsystem, keine großen Unterschiede aufweisen. Von dem Verhältnis zwischen Vorflutermenge und im Reaktorbetrieb freigewordener Aktivität hängt dann die im Wasserlauf schließlich resultierende Aktivitätskonzentration ab. Für deren Limitierung sind im Laufe der letzten zwei Jahrzehnte eingehende Richtlinien ausgearbeitet worden, da eine übermäßige Aktivität des Wassers besonders schwerwiegende und weitreichende Auswirkungen nach sich ziehen kann.

1. Äußere Strahleneinwirkung

Von der äußeren Strahleneinwirkung, die durch einen solchen Gehalt des Wassers an radioaktiven Bestandteilen bewirkt werden könnte, ist dank ihrer außerordentlich geringen Intensität nichts zu befürchten. Einmal ist die Konzentration unter den hier gemachten Voraussetzungen nur minimal, zum anderen wird die Strahlungsintensität durch Selbstabsorption im Wasser selbst sehr stark vermindert. Das ist hier ausdrücklich festzuhalten, da oft mit gegenteiligen Behauptungen operiert wird, um die seitens der Kernenergie angeblich drohenden Gefahren besonders zu betonen. Zu einer gefährlichen Strahlung des Wassers wäre schon die hohe Konzentration an Spaltprodukten aus einem Reaktorunfall von Katastrophencharakter in unmittelbarer Reaktornähe erforderlich.

2. Inkorporierung

Eine wesentlich größere Bedeutung als die äußere Strahleneinwirkung haben die Gehalte an radioaktiver Substanz in den natürlichen Wasservorkommen, also in den Flußläufen, Seen und Meeren, durch die Gefahr der direkten oder auf dem Umweg über pflanzliche oder tierische Nahrungsmittel erfolgenden *Inkorporierung* durch den Menschen. Zudem werden im lebenden Organismus einzelne radioaktive Elemente gespeichert oder angereichert, worauf sie innerhalb des Körpers über längere Zeiträume ihre zerstörende Strahlenwirkung entfalten.

Dieser Weg der Strahleneinwirkung ist deshalb so besonders wirkungsvoll und gefährlich, weil hier im Gegensatz zu der äußeren Bestrahlung die besonders stark ionisierend und damit zerstörend wirkende β-Komponente (gegebenenfalls auch die α-Komponente) der Strahlung sich auswirkt. Eine nachträgliche, erfolgreiche medizinische Behandlung dieses etwa eingetretenen Zustandes hat aber gegenwärtig das experimentelle Stadium noch nicht überschritten. Eine gezielte Behandlung genetischer Veränderungen dürfte für absehbare Zeiten aussichtslos bleiben (vgl. Abschn. G II b 3).

Infolgedessen sind zum Schutz der Öffentlichkeit auf internationaler Ebene Richtlinien für die maximal zulässige Aktivität im Wasser aufgestellt worden, wobei die Tendenz, diese Werte immer weiter zu reduzieren, unverkennbar und bemerkenswert ist. Sie spiegelt zugleich die Unsicherheit darüber wieder, welche Aktivitätskonzentrationen nun wirklich als unbedenklich betrachtet werden können. Die zugehörigen Zahlenunterlagen finden sich an zahlreichen Stellen des Schrifttums (z. B. R. C. THOMPSON, 1955; F. CAP, 1957; IAEA, 1958; 1. Strahlenschutz-VO d. BRD, 1960).

Die danach zulässigen Maximalgehalte an radioaktiven Stoffen im Wasser sind durchweg sehr gering. Auch in sorgfältig geführten Reaktorbetrieben ist es vorerst keineswegs immer möglich, im Ablaufwasser dauernd einen so geringen Aktivitätsspiegel zu erreichen.

Es würde für die Betriebsweise eines Kernkraftwerkes eine sehr große Vereinfachung bedeuten, wenn die Wassermenge in den Vorflutern stets konstant bliebe. Das ist jedoch nicht im entferntesten der Fall. Um diese wichtige Frage zu studieren, sind z. B. in den Vereinigten Staaten durch den US Geological Survey die zugehörigen Unterlagen über viele Jahre hinweg gesammelt und ausgewertet worden (S. K. LOVE, 1957; Nat. Acad. Science, 1957). Es hat sich dabei herausgestellt, daß es für Oberflächenwässer kennzeichnend ist, im Laufe des Jahres quantitativ und qualitativ infolge natürlicher und künstlicher Einflüsse stark zu wechseln. Das Hochwasser eines Flusses kann größenordnungsmäßig das 10^2—10^4-fache des normalen Niederwassers betragen. Gleichzeitig wechselt das Transportvermögen für gelöstes und suspendiertes Material sehr stark, wenn die Wasserführung stark schwankt.

Im Zusammenhang mit dem Wasser darf ein weiterer Umstand nicht außer acht gelassen werden, der ein Zwischenglied in der Gefährdungskette der Inkorporierung darstellt. Die aus Reaktorbetrieben in den natürlichen Wasserlauf geführte Radioaktivität kann nicht nur direkt auf dem Wege über das Trinkwasser in den menschlichen Organismus gelangen. Das Wasser dient außerdem zur Versorgung der Uferpflanzen mit Feuchtigkeit und vielerorts zur Bewässerung von landwirtschaftlichem Gelände. Es ist ferner das Lebensmilieu für die als Nahrungsmittel genutzten Süßwasserfische. Die radioaktiven Ionen könnten infolgedessen in oft noch stärkerem Maße auf indirektem Wege über die landwirtschaftlich und fischereiwirtschaftlich erzeugten Nahrungsmittel den Menschen zugeführt werden.

Die Bedeutung dieser Frage ist groß, und so hat man auch sie seit einigen Jahren systematisch experimentell untersucht. Vor allem hat man dabei auf das Verhalten der physiologisch bedenklichsten radioaktiven Nuklide, so des Calciums, des Strontiums, des Caesiums und des radioaktiven Jods, geachtet.

Während in bezug auf das Jod durchweg festgestellt wurde, daß es durch praktisch alle tierischen und viele pflanzlichen Lebewesen schnell und in starkem Maße gespeichert wird, sind die Ergebnisse bezüglich anderer Nuklide noch recht unterschiedlich. Das hängt vermutlich mit dem je nach dem Status verschiedenen Bedarf der Tiere für diese Elemente zusammen, außerdem mit der Aktivitätsverdünnung durch inaktive Isotope desselben Elementes. Eine

Aufnahme des radioaktiven Materials ist in jedem Falle festgestellt worden (A. C. CHAMBERLAIN, 1955; R. F. FOSTER, 1955; W. C. HANSON, 1955; J. H. REDISKE, 1955; R. SASAKI, 1955; Nat. Acad. Science, 1957; H. L. ROSENTHAL, 1958).

Wie erwähnt, ist der maximale Aktivitätsgehalt des Wassers für die meisten Nuklide außerordentlich gering. Daraus ergeben sich Schwierigkeiten für die Überwachung des Aktivitätsspiegels in Wasservorkommen, die seitens der künftigen Kernenergieanlagen genutzt werden sollen. Es sind ja bereits von Natur aus im Wasser gewisse Mengen radioaktiver Stoffe enthalten, die den Mineralien des Erdbodens und Gesteins entstammen, welche das Wasser durchströmt. Zum Teil auch gelangen sie als Ausfällungen (Fallout) von Atombombenexperimenten durch Sedimentation und Niederschläge in das Wasser.

Die vielerorts ausgeführten Messungen der natürlichen Wasser-Radioaktivität zeigen, daß sie zuweilen schon in Größenordnungen hineinreicht, die dem international festgelegten, maximal zulässigen Aktivitätsspiegel entsprechen (S. K. LOVE, 1955). Das erschwert die Messung und Überwachung der Aktivität von Wasserläufen, sobald Kernkraftwerke ihre Betriebsabwässer dorthin ableiten. Es ist unbedingt schon heute notwendig, in einem umfassenden Programm die natürliche Radioaktivität aller wichtigeren Wasservorkommen zu überwachen und ihre Veränderungen zu registrieren, um daraus die maximalen Mengen an aktiven Substanzen festzulegen, die diesen noch zusätzlich zugeführt werden dürfen (D. W. MOELLER, 1958; B. KAHN, 1958 I).

Die oben angeführten Messungen des US Geological Survey enthalten in ihrem Programm auch die regelmäßige Überwachung der natürlichen Wasseraktivitäten. Dort besteht auch eine sinnvoll abgestimmte Zusammenarbeit mit Canada, da beide Staaten in den Großen Seen sehr große gemeinsame Wasservorkommen besitzen.

In Europa sind die Anfänge einer solchen Überwachung der Wasserläufe ebenfalls zu vermerken, doch besteht noch keine quantitativ ausreichende Koordination. In den anderen Erdteilen fehlen einfach noch alle Voraussetzungen, um ähnliche Einrichtungen und Organisationen schaffen zu können. In Europa ist die Voraussetzung vor allem eine Zusammenarbeit auf übernationaler Ebene, da die meisten europäischen Wasserläufe mit großer Wasserführung das Territorium mehrerer souveräner Staaten berühren. Durch die

Bildung der europäischen übernationalen Gremien ist eine solche Zusammenarbeit mehr und mehr erleichtert worden. Das ist unbedingt notwendig, weil durch die weiträumigen Wirkungen der vom Wasser eventuell mitgeführten Radioaktivität die Interessen aller beteiligten Staaten berührt werden. Des weiteren sind endgültige Übereinkommen über die zur Kontrolle benutzten Untersuchungsmethoden zu erzielen, um vergleichbare Ergebnisse zu erhalten.

Wie sehr die Befunde, die mit verschiedenen Methoden und verschiedener Interpretierung erhalten werden, zu Meinungsverschiedenheiten führen (H. ISRAËL, 1961), haben schon die Diskussionen über die radiologischen Auswirkungen des Fallout aus Atombomben-Versuchsexplosionen gezeigt, die je nach Standpunkt und Methodik des Interpreten zu völlig unterschiedlichen Folgerungen führten.

Bei der natürlichen Radioaktivität im Wasser handelt es sich um ganz bestimmte Elemente, insbesondere um solche aus der Uran-Zerfallsreihe, so daß Messungen nur der Gesamtaktivität des Wassers sicher nicht ausreichen; wahrscheinlich werden sich die bereits gestellten Forderungen durchsetzen, die im Wasser jeweils ermittelte Gesamtaktivität durch geeignete radiochemische Trennverfahren qualitativ und quantitativ zu differenzieren (B. KAHN, 1958 I u. II; G. WIESENACK, 1958).

Das allein genügt aber noch nicht, um die notwendige Genauigkeit der Kontrollmethoden zu sichern. Auch die Entnahme der Proben, ihre Behandlung von der Entnahme bis zur Verarbeitung, ihre Entnahme aus den Probegefäßen usw. bedürfen einer eindeutigen Festlegung, um Fehler durch Sedimentation der Schwebstoffe, durch Adsorption an den Gefäßwänden usw. grundsätzlich auszuschalten.

Schließlich ist auch die Bewertung der Meßergebnisse zu vereinheitlichen, da radioaktive Substanzen in fester Bindung an irgendwelchen inerten Suspensionen oder in reiner ionogener Lösung in ihrer Schädlichkeit sicher anders zu bewerten sind als aktives Material, das bereits in lebender Substanz, wie Plankton oder Wassertieren, gespeichert worden ist. Bis zur Errichtung von Kernkraftwerken in größerer Zahl an den verschiedenen Stellen der Erde werden zweifellos auch diese — nur scheinbar nebensächlichen — Einzelheiten festgelegt sein müssen.

Um sicher zu verhindern, daß die maximal zulässigen Aktivitätskonzentrationen in den Wasserläufen schon während des

normalen Betriebes der Kernkraftwerke überschritten werden, ist
bei praktisch allen der in Betrieb oder im Bau befindlichen Anlagen
eine Einrichtung zur Entaktivierung des Abwassers vorhanden
bzw. vorgesehen (L. J. ANGHILERI, 1958; K. A. BOLSHAKOW, 1958;
K. E. COWSER, 1958; P. DE JONGHE, 1958; G. DUHAMEL, 1958).
Ob sie dauernd oder nur zeitweilig in Betrieb sein müssen, wird
von der jeweiligen Charakteristik des Kernkraftwerkes abhängen
(A. A. SMALES, 1948; K. G. SEEDHOUSE, 1958; T. D. WRIGHT, 1958).
Die zur Entaktivierung benutzten Verfahren sind örtlich verschieden (L. J. ANGHILERI, 1958; K. E. COWSER, 1958; S. A.
VOZNESENSKIJ, 1961; u. v. a.); grundsätzlich aber ist bei sorgfältiger Prozeßführung die Gewähr gegeben, daß während des
normalen Betriebes der Kernenergieanlagen keine Aktivitäten in
die Wasserläufe gelangen, die nach den geltenden Erfahrungen und
Richtlinien nicht verantwortet werden können.

Daß auch die Planung bezüglich der maximal aus jedem einzelnen Kernkraftwerk mit dem gereinigten Abwasser in den Vorfluter
eingeleiteten Aktivitäten auf zwischenstaatlicher Basis und mit
gegenseitiger Koordinierung erfolgen muß, ergibt sich zwangsläufig
daraus, daß im Laufe der Zeit längs der großen Flüsse mehr und
mehr solcher Anlagen zu stehen kommen werden; die Summe der
aus diesen stammenden Radioaktivität darf im Endergebnis die
maximal zugelassenen Werte nicht überschreiten (Roy. Nederl.
Acad. Sci., 1958).

Zusammenfassend ist zu diesem Punkt des Strahlenschutzes der
näheren und weiteren Umgebung von Kernkraftwerken folgendes
zu sagen.

Neben der besten Konstruktion ist die Wahl des geeignetsten
Standortes für Kraftwerke und Anlagen zur Aufbereitung von
Kernbrennstoffen für den Schutz der lebenswichtigen Versorgung
mit Wasser von wesentlicher Bedeutung (L. v. ERICHSEN, 1959 II).
An der Standortwahl sollten daher stets sachkundige Stellen der
Wasserversorgungs- und Abwasserwirtschaft beteiligt sein (Roy.
Nederl. Acad. Sci., 1958). Diese haben die hydrologischen Verhältnisse genau zu prüfen, wozu auch, wie oben erläutert, die Ermittlung der natürlichen Radioaktivität der ober- und unterirdischen
Wasservorkommen gehört (H. C. CLARE, 1959).

Auch ist dabei eine mögliche sekundäre Erhöhung der Aktivität
durch den Fallout der Reaktor-Abgaswolken zu berücksichtigen,

was auf eine gegenseitige Abstimmung der meteorologischen und hydrologischen Untersuchungen hinauskommt. Als selbstverständlich muß von der gesamten Anlage verlangt werden, daß während des normalen Betriebes keine aktiven Wässer ungereinigt und unkontrolliert in die Reaktorumgebung gelangen können. Dazu gehört auch, daß etwa gespeicherte, stärker aktive Lösungen im Falle von Undichtigkeiten der Behälter nicht etwa durch natürliches Gefälle unkontrolliert entweichen können.

Den vorstehend resümierten Fragen ist z. B. im Gründungsvertrag der Europäischen Atomgemeinschaft (EURATOM) Aufmerksamkeit geschenkt, und es sind zur Verbürgung einer weitgehenden Sicherheit folgende Forderungen formuliert worden:

Art. 35: ,,Jeder Mitgliedstaat schafft die notwendigen Einrichtungen zur ständigen Überwachung des Gehaltes der Luft, des Wassers und des Bodens an Radioaktivität sowie zur Überwachung der Einhaltung der Grundnormen."

Art. 36: ,,Die Auskünfte über die in Artikel 35 genannten Überwachungsmaßnahmen sind der Kommission von den zuständigen Behörden regelmäßig zu übermitteln, damit die Kommission ständig über den Gehalt an Radioaktivität unterrichtet ist, dem die Bevölkerung ausgesetzt ist."

Art. 37: ,,Jeder Mitgliedsstaat ist verpflichtet, der Kommission über jeden Plan zur Ableitung radioaktiver Stoffe aller Art die allgemeinen Angaben zu übermitteln, auf Grund deren festgestellt werden kann, ob die Durchführung dieses Planes eine radioaktive Verseuchung des Wassers, des Bodens oder des Luftraumes eines anderen Mitgliedsstaates verursachen kann . . ."

Art. 38: ,,Die Kommission richtet an die Mitgliedsstaaten Empfehlungen über den radioaktiven Gehalt der Luft, des Wassers und des Bodens."

Sehr ähnliche Forderungen enthält auch die Section 5, Abs. 4 a—d der britischen Atomic Energy Authority Act vom 4. Juni 1954.

Wenn die hier zusammenfassend wiederholten Maßnahmen sorgfältig beachtet werden, ist mit verschwindend geringer Wahrscheinlichkeit anzunehmen, daß sich aus dem normalen Betrieb von Kernkraftwerken eine durch radioaktive Strahlung bedingte Gefährdung der Öffentlichkeit ergeben könnte. Die aus nicht normalen Betriebsbedingungen erwachsende Bedrohung des Menschen an Leib und Gut wird anschließend näher untersucht.

b) Strahleneinwirkung durch Reaktorzwischenfälle

Alle Zwischenfälle, die eine erhöhte Gefährdung der Öffentlichkeit darstellen, sind primär auf ein Undichtwerden oder gar auf die mehr oder weniger weitgehende Zerstörung der Kernenergieanlage, ihrer Hilfsbetriebe oder Transporteinrichtungen zurückzuführen (vgl. Kap. D und Abb. 18, S. 76, sowie Abb. 21, S. 89).

Die Art, der Ablauf und der Umfang solcher Schäden, die durch Kernkraftwerke verursacht oder ausgelöst werden können, sind von grundlegender Bedeutung für die Frage nach dem Für und Wider der Nutzung der Kernenergie. Sie sind daher hier ebenso zu analysieren wie die möglichen Vorkehrungen und Maßnahmen, die dieses Gefahrenmoment ganz zu beseitigen oder wenigstens auf ein vertretbares Minimum zu reduzieren in der Lage sind.

Es ist dabei keineswegs so, daß man von einer Anlage zur Ausnutzung der Kernenergie eine prinzipiell geringere Betriebssicherheit zu erwarten hat als sie bei anderen, konventionellen Industrieanlagen vorhanden ist. Im Gegenteil, die Erfahrungen aus den Jahren, in denen Kernreaktoren überhaupt betrieben werden, haben gezeigt, daß die Unfallquote hier wesentlich niedriger liegt als in anderen Industriezweigen.

An die dafür mitgeteilten Zahlen sollte man allerdings mit einem gewissen Vorbehalt herangehen. Wenn man lediglich diejenigen Unfälle berücksichtigt, die jeweils nur ein oder wenige Individuen betreffen, und die durch rein mechanische Einwirkung wie in jedem anderen Betriebe verursacht werden, so mag die überdurchschnittliche Sicherheit zutreffen. Daneben hat es aber auch schon solche gegeben, und es wird sie immer wieder geben, denen die für Kernbetriebe charakteristische Strahleneinwirkung zugrunde liegt. Spezifische Beispiele sind in den vorangegangenen Abschnitten mehrfach dargestellt worden. Glücklicherweise sind sie bisher auf einen jeweils nur kleinen Personenkreis begrenzt geblieben; sie können aber theoretisch einen Umfang erreichen, der weit über das Maß hinausgeht, das selbst große Katastrophen annehmen, die durch andersgeartete Industriebetriebe verursacht werden.

Es ist schwer, einen solchen potentiellen Schadensfall mit den sonst üblichen Maßstäben zu beurteilen. Die körperlichen Schäden erstrecken sich vom kurzfristig eintretenden Todesfall über protrahiertes Siechtum mit Todesfolge, Spätwirkungen mit verkürzter

Lebenserwartung, die nur ausnahmsweise nachweisbar sein wird, bis zur breit streuenden Schädigungsrate genetischer Art, die bei allen Betroffenen, je nach der erhaltenen Strahlendosis, mehr oder minder hoch liegt (vgl. Abschn. G II).

Darin liegt gerade das Besondere des Strahlenunfalles, daß zu der lokalen Komponente die zeitliche hinzukommt. Die zeitliche ist außerdem in der Weise zu differenzieren, daß einmal in dem radioaktiv verseuchten Bereich beim Fehlen ausreichender Vorsichts- und Schutzmaßnahmen Personen geschädigt werden können, auch wenn sie erst nachträglich dorthin gelangen; zum anderen aber können auch beim Fehlen äußerer Symptome die schon erwähnten genetischen Veränderungen eintreten, die sich über eine nicht abreißende Geschlechterfolge vererben können. Eben dieses letztere Charakteristikum ist mit der technischen Verwertung der Kernenergie erstmalig in diesem Umfang aufgetaucht, so daß man den Ernst und das Gewicht solcher verborgener Dauerschäden eigentlich noch gar nicht richtig beurteilen kann (vgl. G II b 3). So ist es nicht überraschend, daß sie teilweise dramatisiert, von anderer Seite wiederum bagatellisiert werden. Die Wahrheit mag auch hier, wie so oft, in der Mitte liegen.

Wegen der Komplexität der Einwirkung der aus einer Reaktoranlage etwa entweichenden Radioaktivität ist es unumgänglich, sie im Interesse einer besseren Übersichtlichkeit in charakteristische Einzelgruppen aufzuteilen (F. R. FARMER, 1955; A. E. GORMANN, 1955; E. H. GRAUL, 1955; P. GRIFFITHS, 1955; J. Z. HOLLAND, 1955; W. G. MARLEY, 1955; C. R. McCULLOGH, 1955; K. Z. MORGAN, 1955; M. NAKAIDZUMI, 1955; E. P. Odum, 1955; H. M. PARKER, 1955; C. K. BECK, 1958; G. BROWN, 1958; F. R. FARMER, 1958; H. J. GOMBERG, 1958; J. B. H. KUPER, 1958; B. P. LEONARD, 1958; J. W. MAUSTELLER, 1958; W. J. McCARTHY jr., 1958).

1. Schädigung durch Explosion

An dieser Stelle soll nur kurz auf den Grad der Gefährdung durch und den Schutz gegen die direkte Explosionswirkung im Falle der explosiven Zerstörung einer Kernkraftanlage eingegangen werden.

Gerade dieses Gefahrenmoment seitens eines Reaktors ist bei weitem am geringsten zu veranschlagen. Wenn in der öffentlichen Meinung ein gegenteiliger Standpunkt überraschend weit verbreitet ist, so liegt das wohl an der irrtümlichen Identifizierung der

Funktion eines Reaktors mit der einer Atombombe. Eine solche Bombe bedarf jedoch, um als solche wirksam zu werden, nicht nur einer Mindestmenge an reinem Spaltstoff, sondern überdies einer Reihe von zusammenwirkenden, sehr subtilen Maßnahmen, um dank einer in kürzester Zeit erzwungenen Kettenreaktion als Sprengkörper zu funktionieren.

Solche Konstellationen sind in keinem Kraftwerk gegeben, sie könnten höchstens bei äußerster Fahrlässigkeit in einer Anlage zur Aufarbeitung von ausgebrannten Kernbrennstoffen, bei der Isolierung von reinem Uran-233 bzw. Uran-235 oder von Plutonium auftauchen (vgl. auch Abschn. EI c und FII). Es ist, wie oben gezeigt wurde, technisch ohne weiteres möglich und daher nur eine Sache der Organisation, der Verfahrensgestaltung, der Prozeßüberwachung und vor allem der menschlichen Zuverlässigkeit und Verantwortung, auch dort solche Zwischenfälle prinzipiell auszuschalten.

Daß die Explosionskräfte auch im Falle eines experimentell erzwungenen Spontandurchganges in bescheidenen Grenzen bleiben, haben überzeugend die entsprechenden Versuche mit den Reaktoren SUPO bzw. BORAX nachgewiesen (J. R. DIETRICH, 1955), ebenso der Reaktorunfall von Idaho im Januar 1961 (Nucleon. Report, 1961). In allen Fällen hat sich gezeigt, daß ein ausreichend bemessenes, äußeres Schutzgehäuse eine Auswirkung auf die nähere und weitere Umgebung ohne weiteres verhindert hätte bzw. hat.

Es kann also als gegeben angenommen werden, daß mechanische oder thermische Explosionswirkungen beim Durchgehen (power excursion) eines Reaktors, sei es infolge fehlerhafter Funktion, unabsichtlicher oder sogar absichtlicher Beschädigung wichtiger Betriebsteile, mit an Sicherheit grenzender Wahrscheinlichkeit der Umgebung keinen wesentlichen Schaden zufügen werden. Der Gefährdungsgrad ist in dieser Hinsicht sogar sicherlich geringer als etwa seitens einer Sprengstoffabrik oder eines Munitionslagers.

2. Äußere Strahleneinwirkung

Das Problem der *äußeren Strahleneinwirkung* von freigesetzen, außer Kontrolle geratenen radioaktiven Produkten ist auch hier von dem der *Inkorporierungsgefahr* solcher Stoffe reinlich zu trennen, da ja Wirkung und Einwirkungsdauer in beiden Fällen sehr verschieden sind, ebenso die dagegen möglichen und notwendigen Vorsichtsmaßnahmen. Wenn ein Reaktor größerer Leistung in einem Kernkraftwerk längere Zeit in Betrieb ist, so bildet und speichert er zwangsläufig gewaltige Aktivitäten an β- und γ-Strahlern (vgl. Tabelle 14, S. 86). In der Möglichkeit, daß solche Stoffe in größeren Mengen und Konzentrationen durch Zwischenfälle aus einer der geschlossenen Reaktorhüllen oder über die Kühlmittelkreisläufe entweichen können, liegt die Hauptgefahr, die die Nutzung der Kernenergie mit sich bringt. Sicherlich werden die Reaktoranlagen konstruktiv, materialmäßig und in ihrer Arbeitsweise immer weiter verbessert, aber es gibt eben keine absolut zuverlässigen Materialien, Methoden und Menschen.

Tritt eine Konstellation ein, die radioaktive Spaltprodukte außer Kontrolle geraten läßt, so werden die Sicherheit und Gesundheit der Öffentlichkeit in schwerster Weise bedroht. Die Gefahrenzone erstreckt sich je nach den meteorologischen Verhältnissen zum Zeitpunkt des Reaktorunfalles über einige 10 km in der Windrichtung, selbst wenn nur ein kleiner Anteil des aktiven Materials entweicht (J. LABEYRIE, 1957). Innerhalb von 2—3 km wären durch die Strahlung der verseuchten Luftfahne alle ungeschützten Lebewesen einer tödlichen Strahlungsdosis ausgesetzt. Alle Personen bis etwa 50 km Entfernung müßten ärztlich behandelt werden, da die durch sie perzipierte Strahlendosis noch recht groß sein kann (vgl. Tabelle 15, S. 99). Mit Rücksicht auf den starken Einfluß der meteorologischen Daten auf Grad und Umfang der Gefährdung ist dieser von mehreren Autoren systematisch untersucht worden (USAEC, 1955; H. J. GOMBERG, 1958; D. H. PACK, 1958). Daraus seien nur einige wichtigere Einzelpunkte herausgegriffen.

Die vorwiegende Windrichtung hängt in starkem Maße von der geographischen und topographischen Lage des Kraftwerk-Standortes ab. Dabei spielt eine unregelmäßige Geländestruktur eine große Rolle, da durch Täler, Hügel, Gebirgspässe, Bergketten, Waldungen usw. die Luftströmung verlangsamt, beschleunigt, horizontal oder vertikal abgelenkt wird. Die Situation wird durch den thermischen Einfluß der Sonneneinstrahlung tags und nachts noch modifiziert, ebenso unterliegt sie jahreszeitlichen Schwankungen. Versuche des Oak Ridge National Laboratory und des

Brookhaven National Laboratory haben weiterhin ergeben, daß die Strömungsverhältnisse selbst in benachbarten, dicht übereinander liegenden Luftschichten unterschiedlich, ja sogar entgegengesetzt sein können.

Für die Wirkung einer radioaktiven Luftwolke aus einem Kernkraftwerk werden vor allem die Windrichtung und die Windgeschwindigkeit maßgend sein, da sie in erster Linie die Ausbreitungslänge und die Einwirkungsdauer bestimmen. Die anderen Parameter modifizieren dann nur diese Grundfaktoren, indem die zusätzliche Breitenausdehnung durch Diffusion und Turbulenz begünstigt wird. Weit ins Detail gehende theoretische und experimentelle Untersuchungen können im Originalschrifttum gefunden werden (USAEC, 1955; E. STAUBER, 1961).

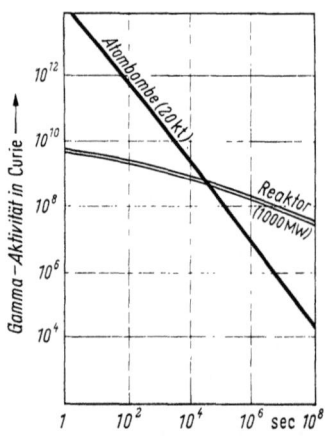

Abb. 27. Zeitabhängigkeit der Gamma-Aktivität aller Spaltprodukte nach der Explosion einer Atombombe von 20 kt TNT-Äquivalent bzw. nach dem Stillsetzen eines im Aktivitätsgleichgewicht befindlichen Reaktors von 1000 MW. (Nach H. HURWITZ JR., 1954)

Über die Strahlungsdosis, die theoretisch von einer aus einem defekten Leistungsreaktor entweichenden, Spaltprodukte mit sich führenden Wolke den betroffenen Lebewesen zugeführt werden kann, geben die Abb. 27 u. 28 näheren Aufschluß (H. HURWITZ jr., 1954). Wir sehen daraus, daß die in einem Reaktor gespeicherte Aktivität der Spaltprodukte mit derjenigen einer kleineren Atombombe vergleichbar ist, jedoch wesentlich langsamer abklingt (Abb. 27). Die von nur 1% dieser Spaltprodukte nach dem Entweichen in die Atmosphäre unter plausiblen Annahmen auf die Erdoberfläche eingestrahlte Dosis ist aus der Abb. 28 ersichtlich.

Zur Beurteilung der daraus resultierenden Strahlenwirkung lassen sich, mutatis mutandis, die Berechnungen über den Schutz gegen die γ-Strahlung des radioaktiven Fallout bei Atombombenexplosionen (A. RUDLOFF, 1958) heranziehen, die die Ausbreitung des radioaktiven Materials unter dem Einfluß von Windstärke und

Windrichtung mit berücksichtigen. Diese Berechnungen sind insofern wichtig für die Frage des Risikos von Kernkraftwerken, als man daraus entnehmen kann, daß sich die Gefährdung durch die *äußere* Strahleneinwirkung stark vermindern läßt, wenn rechtzeitig geeignete Gegenmaßnahmen getroffen werden.

Zu diesen Schutzmaßnahmen gehört als erste Bedingung, den Aktivitätsaustritt sofort zu erkennen. Dazu sind bei allen Kernkraftwerken automatische Aktivitätsmeßeinrichtungen in den

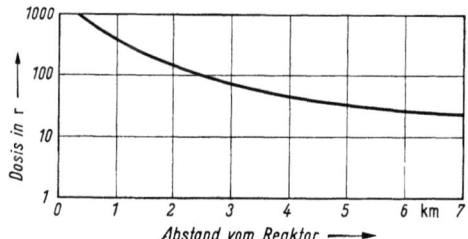

Abb. 28. Gammastrahlungs-Personendosis längs des Weges einer Wolke von Spaltprodukten, die 1% der Spaltprodukte aus einem 1000 MW-Reaktor enthält. (Nach H. HURWITZ JR., 1954; metrisch umgerechnet)

Kraftwerksgebäuden und der Reaktorumgebung obligatorisch, die beim Überschreiten einer festgelegten Höchstaktivität im Luftraum unverzüglich einen Alarm auslösen. Bei passender räumlicher Anordnung solcher Warneinrichtungen läßt sich zugleich die Richtung ermitteln, in der sich die gefährliche, strahlende Wolke bewegt, eventuell auch ihre Geschwindigkeit (vgl. auch Abschn. C).

Es ist dann eine Frage der vorbereitenden Organisation und ihres richtigen Funktionierens, ob noch rechtzeitig Schutzräume aufgesucht werden können. Es hat sich nämlich ergeben, daß die Absorption der γ-Strahlung durch Mauerwerk, Beton und Erdreich ganz erheblich ist. Wie weiter oben betont wurde, ist die Gefahr einer starken Explosionswirkung hier zu vernachlässigen. Demzufolge braucht mit Gebäudeschäden außerhalb des Kraftwerksgeländes nicht gerechnet zu werden. Da nach den Berechnungen von RUDLOFF (s. o.) hinter rund 0,5 m starken Betonwänden ein mehrtägiger Aufenthalt ohne Empfang einer gefährlichen Strahlendosis möglich ist, kann in intakten Gebäuden bei dicht geschlossenen Türen und Fenstern das Vorüberziehen einer stark radioaktiven, γ-strahlenden Wolke ohne größere Gefahr abgewartet werden. In Kellerräumen kommt die noch viel stärkere seitliche Abschirmung durch das Erdreich hinzu. Die Zeitspanne, sich aus dem höchst gefährdeten freien Gelände in schützende Gebäude zu begeben, ist um so reichlicher bemessen, je weiter sich der betrachtete Ort von der Schadensquelle entfernt befindet.

Es gehört zur ferneren Analyse der möglichen Schädigung der Öffentlichkeit, den weiteren Weg und das weitere Verhalten von einmal aus einer Kernenergieanlage entwichenen, radioaktivem Material zu untersuchen. Bestimmend dafür ist die Beschaffenheit, also das chemische und physikalische Verhalten der in der radioaktiven Luftmasse enthaltenen Spaltprodukte; deren Eigenschaften entscheiden, ob sie als geschlossenes Ganzes mit dem Luftvolumen weiter wandern oder sich allmählich absetzen und auf der Erdoberfläche deponieren. Das einfachste Bild ergibt sich, wenn man annimmt, daß alle gasförmigen radioaktiven Stoffe und solche, die in verdünnter Dampfform vorliegen, dem Weg der Luftströmung identisch folgen, während die Staubteilchen und Tröpfchen, je nach ihrem Feinheitsgrad, sich allmählich absetzen und die Erdoberfläche verseuchen. In Wirklichkeit ist das Bild allerdings komplizierter, da sich aus manchen ursprünglich gasförmigen Nukliden beim Zerfall kondensierbare und agglomerierbare, aber weiterhin radioaktive Folgenuklide bilden (vgl. Tabelle 4 u. 5, S. 10—12). Eine besonders unangenehme Zerfallsreihe liegt beispielsweise beim Krypton-89 vor (F. T. BINFORD, 1957):

$$\text{Kr-89} \xrightarrow[3.2\,\text{min}]{\beta} \text{Rb-89} \xrightarrow[15\,\text{min}]{\beta} \text{Sr-89} \xrightarrow[51\,\text{Tage}]{\beta} \text{Y-89}\,.$$

Dabei geht also ein Edelgas in ein festes Element über, das weitere feste Zerfallsprodukte, darunter das gefürchtete Strontium-89, liefert. Auch bei primär feinster Verteilung werden die aktiven Folgeprodukte an sonst harmlose Aerosole adsorbiert.

Es tritt somit eine zeitliche Disproportionierung in der Strahleneinwirkung ein, die sich auch in ihrer Intensität bemerkbar macht: Die radioaktiven Gase und Dämpfe und die noch als Aerosol suspendierten aktiven Staubteilchen üben ihre Strahlenwirkung nur während des Vorüberziehens der Wolke aus; währenddessen aber setzen sich gleichzeitig die gröberen Teilchen ab und strahlen, nunmehr an der Erdoberfläche lokalisiert und zweidimensional konzentriert, mit einer ihrer Zerfallsrate proportionalen Intensität. Zugleich ist die weiterziehende Wolke um den sedimentierten

Aktivitätsanteil minder aktiv geworden. Der abgesetzte Aktivitätsanteil ist dann besonders hoch, wenn Niederschläge, wie Regen, Schnee oder Nebel, sein Ausfallen begünstigen. Versuche zur theoretischen Behandlung liegen vereinzelt vor, jedoch sind die Ansätze so stark vereinfacht, daß dabei auch nur etwa die vorstehenden qualitativen Ergebnisse herauskommen.

Die dem Boden nach Absetzen des radioaktiven Aerosols anhaftende harte β- und γ-Aktivität kann so hoch sein, daß es zunächst nicht möglich ist, ohne ernste Gefährdung das betroffene Gebiet zu durchschreiten oder zu verlassen. Über die Dauer dieses Zustandes liegen ebenfalls bereits Unterlagen vor (W. G. MARLEY, 1955; A. RUDLOFF, 1958); die Frage ist wichtig, da ein Gebäudearrest für weite Bevölkerungskreise nur vorübergehend durchführbar ist (I. LABEYRIE, 1957).

Um ernsthafte Katastrophen durch Vorgänge der geschilderten Art auszuschalten, verlangen die Atomenergiebehörden der meisten Staaten die Ausarbeitung eines minutiösen Warn- und Alarmsystems, das alle Einzelheiten für das Aufsuchen von schützenden Gebäuden, Richtlinien für die Informierung und das Verhalten der Öffentlichkeit und für den äußersten Fall auch genaue Einzelheiten für eine etwa erforderlich werdende Evakuierung der betroffenen oder bedrohten Gebiete enthalten soll.

Hierzu müssen sicher noch Erfahrungen gesammelt werden. So hat z. B. während des Windscale-Unfalles nach dem amtlichen Bericht (Atomic Energy Office, 1957) die Verwirklichung der zweifellos sehr sorgfältig vorbereiteten Pläne durch organisatorische Schwächen nicht in dem erwarteten Umfang funktioniert. Das kann andererseits den Vorteil haben, weitere, praktisch fundierte Verbesserungen einzuführen. Letzten Endes wird es dabei stets darauf ankommen, daß die jeweils verantwortlichen und entscheidenden Persönlichkeiten die Situation, die Art und den Umfang der Gefährdung richtig und schnell beurteilen und genügend Übersicht behalten, um das Richtige zu tun.

3. Innere Strahleneinwirkung (Inkorporierung)

Während die durch eine Explosion ausgelöste, mechanische Zerstörung einen Spontanschaden darstellt, die äußere Strahleneinwirkung einer radioaktiven Luftmasse sich über einen zwar etwas längeren, aber immerhin noch recht begrenzten Zeitraum erstreckt, ist die Bedrohung durch eine Inkorporierung radioaktiver Substanz ein zeitlich sehr protrahierter Zustand. Das gilt sowohl für die Dauer der *Einwirkung* als auch für die *Auswirkung*, d. h. für die sich manifestierenden Folgen (vgl. GII). Da des weiteren die einmal inkorporierte Substanz mit dem betroffenen lebenden Objekt zumeist recht fest verbunden bleibt (vgl. Tabelle 16), ist die spezifische Wirkung, d. h. der auf die aufgenommene Aktivitätsmenge bezogene Effekt, außerordentlich stark, meist um viele Größenordnungen intensiver als bei äußerer Einstrahlung.

Das gilt vor allem für die sog. Knochensucher (bone seeker), also die Erdalkalien, Seltene Erden, Radium, ebenso für Plutonium und auch radioaktives Jod (schilddrüsenspezifisch). Sie bleiben zum großen Teil bis zu ihrem vollständigen radioaktiven Zerfall im Körper des Betroffenen. Gerade deswegen sind die für solche Nuklide im Wasser maximal zulässigen Konzentrationen (IAEA, 1958;

Tabelle 16. *Selektive Speicherung chemisch verschiedener Radionuklide in bestimmten Organen.* (Nach Werten von K. Z. MORGAN, 1955; IAEA, 1958)

Kritisches Organ	Gespeichertes Radionuklid
Gesamtorganismus	H-3; Na-24; Cl-36.
Knochen	Be-7; F-18; P-32; V-48; Zn-65; Ga-72; Sr-89; Sr-90 + Y-90; Y-91; Zr-95 + Nb-95; Nb-95; Mo-99; Sn-113; Ba-140 + La-140; La-140; Ce-144 + Pr-144; Pr-143; Pm-147; Sm-151; Eu-154; Ho-166; Tm-170; Lu-177; W-181; Pb-203; Pb-210; Ra-226; Ac-227; Th-234 + Pa-234; U-233; U-235; U-238; Pu-239; Pu-240; Am-241.
Muskulatur	K-42; Rb-86; Cs-137; Tl-200; Tl-201; Tl-202; Tl-204.
Fettgewebe	C-14.
Haut, Haar und Nägel	S-35; Re-183.
Blut	Fe-55; Fe-59; Cr-51.
Milz	Sc-46; Sc-47; Sc-48; Ir-190; Ir-191; Po-210.
Leber	Sc-46; Sc-47; Sc-48; Mn-56; Co-60; Ni-59; Cu-64; Ag-105; Ag-111; Cd-109 + Ag-109; Ta-182; Au-196; Au-198; Au-199.
Nieren	Cr-51; As-76; Tc-96; Ru-106 + Rh-106; Rh-105; Pd-103 + Rh-103; Te-127; Te-129; Ir-190; Ir-192; Pt-191; Pt-193; Au-196; Au-199; U-natürlich.
Schilddrüse	J-131; J-132; Re-183; At-211.
Lungen	Th-nat. (unlösl.); U (unlösl.); Pu-239 (unlösl.).

I. StrahlenschutzVO, 1961) ganz besonders niedrig festgelegt worden. In der Tabelle 17 sind solche Konzentrationsgrenzwerte für wichtigere Radionuklide zusammengefaßt.

Die Aufnahme des aus einer Reaktoranlage entwichenen radioaktiven Materials kann zunächst direkt in das Körperinnere der betroffenen Personen erfolgen. In der Lunge werden nicht nur aktive Staubteilchen festgehalten, sondern auch ein gewisser Teil des z. B. auf dem weiter oben erwähnten Zerfallswege aus Kr-89

Tabelle 17. *Maximale Aktivitätskonzentration im Wasser*

Nuklid	μC/ml		mC/m^3	
	JAEO 1958	Str.-Schutz-VO 1960	JAEO 1958	Str.-Schutz-VO 1960
H-3	$2 \cdot 10^{-1}$	$3 \cdot 10^{-2}$	200	30
C-14	$3 \cdot 10^{-3}$	$8 \cdot 10^{-3}$	3	8
Na-24	$8 \cdot 10^{-3}$	$3 \cdot 10^{-4}$	8	0,3
P-32	$2 \cdot 10^{-4}$	$2 \cdot 10^{-4}$	0,2	0,2
S-35	$5 \cdot 10^{-3}$	$6 \cdot 10^{-4}$	5	0,6
Cl-36	$4 \cdot 10^{-3}$	$6 \cdot 10^{-4}$	4	0,6
K-42	$3 \cdot 10^{-3}$	$2 \cdot 10^{-4}$	3	0,2
Ca-45	$1 \cdot 10^{-4}$	$9 \cdot 10^{-5}$	0,1	0,09
Cr-51	$2 \cdot 10^{-2}$	$2 \cdot 10^{-2}$	20	20
Mn-56	$3 \cdot 10^{-3}$	$1 \cdot 10^{-3}$	3	1
Fe-55	$5 \cdot 10^{-3}$	$8 \cdot 10^{-3}$	5	8
Fe-59	$1 \cdot 10^{-4}$	$5 \cdot 10^{-4}$	0,1	0,5
Co-60	$4 \cdot 10^{-4}$	$3 \cdot 10^{-4}$	0,4	0,3
Ni-59	$4 \cdot 10^{-3}$	$2 \cdot 10^{-3}$	4	2
Cu-64	$5 \cdot 10^{-3}$	$2 \cdot 10^{-3}$	5	2
Zn-65	$2 \cdot 10^{-3}$	$1 \cdot 10^{-3}$	2	1
As-76	$2 \cdot 10^{-4}$	$2 \cdot 10^{-4}$	0,2	0,2
Rb-86	$3 \cdot 10^{-3}$	$2 \cdot 10^{-4}$	3	0,2
Sr-89	$7 \cdot 10^{-5}$	$1 \cdot 10^{-4}$	0,07	0,1
Sr-90/Y-90	$8 \cdot 10^{-7}$	$1 \cdot 10^{-6}$	0,0008	0,001
Zr-95/Nb-95	$6 \cdot 10^{-4}$	$6 \cdot 10^{-4}$	0,6	0,6
Mo-99	$3 \cdot 10^{-3}$	$4 \cdot 10^{-4}$	3	0,4
Ag-111	$5 \cdot 10^{-4}$	$4 \cdot 10^{-4}$	0,5	0,4
Cd-109/Ag-109	$7 \cdot 10^{-2}$	$2 \cdot 10^{-3}$	70	2
Sn-113	$2 \cdot 10^{-3}$	$8 \cdot 10^{-4}$	2	0,8
Te-129m	$2 \cdot 10^{-4}$	$2 \cdot 10^{-4}$	0,2	0,2
J-131	$6 \cdot 10^{-5}$	$1 \cdot 10^{-5}$	0,06	0,01
Cs-137/Ba-137	$2 \cdot 10^{-3}$	$2 \cdot 10^{-4}$	2	0,2
Ba-140/La-140	$3 \cdot 10^{-4}$	$2 \cdot 10^{-4}$	0,3	0,2
Tl-204	$1 \cdot 10^{-3}$	$6 \cdot 10^{-4}$	1	0,6
Pb-210 + Folgeelemente	$2 \cdot 10^{-6}$	$1 \cdot 10^{-6}$	0,002	0,001

entstehenden Sr-89 und Rb-89 (S. 118). Ferner wird auch ein Teil des in Dampfform vorliegenden freien Jods dort resorbiert. Eine direkte Resorption kann auch durch die Haut erfolgen, die z. B. für fett- oder wasserlösliche Verbindungen, die darauf deponiert werden, mehr oder minder permeabel ist.

Unbedingt zu berücksichtigen ist hier die *indirekte* Aufnahme des aus der radioaktiven Luftmasse sedimentierten oder durch Niederschläge ausgewaschenen radioaktiven Materials auf dem Umwege über verseuchte Nahrungsmittel und Trinkwasser. Über die Aktivitäten, die dem Körper auf diesen Wegen insgesamt zugeführt werden dürfen, wenn ein größeres Risiko vermieden werden soll (body burden), sind für zahlreiche Radionuklide eingehende Untersuchungen angestellt worden (z. B. K. Z. MORGAN, 1955; Nat. Bur. Standards, 1953), die laufend ergänzt werden. Daraus geht hervor, daß nur sehr geringe Mengen und Konzentrationen noch tragbar sind.

Bei einem größeren Spaltproduktausstoß wäre daher die Wahrscheinlichkeit recht groß, daß in einem größeren Flächenbereich Personen durch die versehentliche Inkorporierung radioaktiven Materials geschädigt oder gar getötet werden. Dabei ist nochmals darauf zu verweisen, daß bei dem besonderen Verlauf des Strahlenschadens die Wirkung eines solchen Unfalles nicht so auffällig sein wird wie bei einer anderen Industriekatastrophe, da sie erst nach und nach mit unspezifischen Symptomen einsetzt (vgl. auch Abschn. G II b und Abb. 26, S. 98).

Die im betroffenen Gebiet lagernden oder erzeugten, nicht geschützt gewesenen Vorräte an Lebensmitteln und Trinkwasser sind daher unbedingt auf ihre mögliche radioaktive Verseuchung zu prüfen; dazu müssen in der Nähe von Kernkraftwerken geeignete Aktivitäts-Meßeinrichtungen und Fachkräfte vorhanden sein, die in der Lage sind, eine große Zahl von Messungen in kurzer Zeit auszuführen. Dieser Zustand ist vorerst noch nicht erreicht, jedoch kommt dem künftigen Ausbau der Kernindustrie die derzeit allenthalben erfolgende Ausbildung für den zivilen Bevölkerungsschutz im Falle eines Krieges mit atomaren Waffen zugute.

Mit einer einmaligen Aktivitätsüberwachung ist die Aufgabe einer solchen Sicherungsorganisation keineswegs beendet. Da man meist mit einer landwirtschaftlichen Nutzung des betroffenen Gebietes zu rechnen hat, sind die dort erzeugten pflanzlichen und tierischen Lebensmittel, die das im Boden noch gespeicherte radioaktive Material enthalten können, noch über längere Zeit radiometrisch zu überwachen. Eine solche Organisation hat es im Falle des Reaktorbrandes von Windscale 1957 (Atomic Energy Office, 1957), dem Beispiel eines noch recht harmlos verlaufenen Zwischenfalles unter Zerstörung eines großen Kernreaktors, verhindert, daß Milch mit einem zu hohen Gehalt an radioaktivem Jod (vgl. Tabelle 16, S. 120) für Ernährungszwecke verwendet wurde. Die davon betroffene Fläche erstreckte sich hier auf fast 600 km² entlang der Cumberlandküste, einem wenig dicht besiedelten Gebiet. Ebenso wie durch ein bewegtes Luftvolumen, das die aus dem Reaktorbereich etwa entwichenen Spaltprodukte mit sich führt, ist als Folge der hier angenommenen, ungünstigen Umstände damit zu rechnen, daß auch durch Wasserläufe radioaktives Material in hoher Konzentration mitgeführt wird. Ein Teil des Fallout aus der radioaktiven Luftmasse wird ohnehin in das Oberflächenwasser gelangen. Wenn ein Kernkraftwerk in Küstennähe gelegen ist — das ist in Großbritannien bisher die Regel —, kann das aktive Material schließlich auch direkt in die Küstengewässer gelangen und dort mit den Meeresströmungen verbreitet werden.

4. Nachträgliche Inkorporierung

Angenommen, größere Aktivitäten seien außer Kontrolle geraten und hätten sich über die Umgebung verbreitet, so ist zu verhindern, daß dieses Material außerdem noch nachträglich in andere Bereiche verschleppt wird. Das ist keineswegs so selbstverständlich und einfach, wie es zunächst erscheinen mag; dem Menschen fehlt ja jede Möglichkeit der direkten sinnlichen Wahrnehmung radioaktiver Strahlung und, im Gegensatz zu infektiösen Seuchenzügen, treten Strahlenschäden erst mit großer Verzögerung in Erscheinung und sind als solche schwer zu diagnostizieren, zumal, wenn sie nicht erwartet werden.

Die nachträgliche Verschleppung radioaktiven Materials kann auf verschiedenen Wegen geschehen, wovon einige Möglichkeiten bereits vorher angeschnitten worden sind. Man muß z. B. damit rechnen, daß auf der Erdoberfläche abgelagertes und in den Boden eingedrungenes Material auf dem Wege über den Mineralstoffzyklus in die dort wachsenden Pflanzen gelangt. Zum Teil wird es auch, wie experimentelle Untersuchungen der letzten Zeit gezeigt haben, direkt über die Blätter resorbiert und in den Pflanzenorganismus eingelagert.

Handelt es sich dabei um Nahrungsmittel, Futter- oder Weidepflanzen, so gelangt die Aktivität auf diesem Umwege doch in den menschlichen Organismus. Ebenso steht es mit Radionukliden, die im Fluß- oder Grundwasser gelöst worden sind und mit diesem oder direkt in das Meerwasser gelangen.

Aus den Untersuchungen über die Folgen von Atombombenexplosionen ist bekannt, daß die Seefische nachher in einem sehr weiten Bereich radioaktive Spaltprodukte in solchen Konzentrationen enthalten, daß sie für den menschlichen Genuß nicht mehr brauchbar sind. Das könnte auch als Folge einer Havarie kernkraftgetriebener Schiffe geschehen. In einem solchen Fall ist unbedingt zu verhindern, daß solche unbrauchbaren Fischfänge nicht sicher vernichtet, sondern aus merkantilen Motiven zu Fischmehl verarbeitet werden, dessen Inhaltsstoffe dann indirekt in die menschliche Nahrung gelangen.

Fast überall werden die Küstengewässer in starkem Maße von der Küsten- und Seefischerei genutzt. Die Abb. 29 führt diese Verhältnisse im Bereich des Nordatlantik vor Augen (F. BARTZ, 1958). Für Europa sind unter dem Aspekt der weiträumigen Ausbreitung radioaktiver Stoffe ohne sonderliche Verdünnung nicht nur der Schelf des europäischen Festlandes, sondern auch die Ostsee, Nordsee, der Ärmelkanal, die Irische See, die Biscaya, das ganze Mittelmeer und das Schwarze Meer als Binnengewässer zu betrachten. Das Verbleiben in der Nähe der Küste wird durch die küstennahen Strömungen begünstigt (P. BOWLES, 1958).

Diesen küstennahen Meeresgebieten entstammen jährlich mehrere Millionen Tonnen Fische, die der menschlichen Ernährung direkt oder indirekt zugeführt werden. In der Abb. 29 sind lediglich die reinen Fischanlandungen enthalten; hinzu kommen, vor allem aus Fängen an der Küste selbst, große Mengen an Krabben, Muscheln, Austern, Tintenfischen und sonstigem Meeresgetier, in einzelnen Gebieten (z. B. an der Küste von Cumberland, dem Mittelmeer, Chile, Perú; eig. Inf. d. Verf.) auch noch eßbarer Seetang, der ein ausgesprochenes Speicherungsvermögen für radioaktives Jod besitzt.

Aus diesen Gründen wird es eine wichtige Aufgabe der überstaatlichen Lebensmittelüberwachung sein, rechtzeitig dafür zu sorgen, daß keine radioaktiv verseuchten Meeresprodukte in frischer, konservierter oder sonstwie verarbeiteter Form in den Nahrungszyklus gelangen. Wenn es anscheinend derzeit noch keine derartigen, allgemein verbindlichen, internationalen Vereinbarun-

• = *10 000* t (metr.)   • = *100 000* t (metr.)

Abb. 29. Übersicht über die Nutzung der atlantischen Fischgründe durch die europäischen Staaten (ohne russische Fänge). (Nach F. BARTZ, 1958)

gen gibt, die darauf Anwendung finden können, so ist doch damit zu rechnen, daß die mehrfach genannten internationalen Gremien für Kernenergiefragen auch diese Frage in absehbarer Zeit lösen werden.

Da auch die Abfallbeseitigung (Waste Disposal) hier hineinspielt und ein wichtiges, aber schwieriges Problem für die künftige

Nutzung der Kernenergie bildet, liegen zahlreiche Untersuchungen über diese Wechselbeziehungen vor. Da die Meinungen über die besten und sichersten Wege noch stark divergieren, wird dieser Frage das nächste Kapitel gesondert zu widmen sein. Zuvor aber

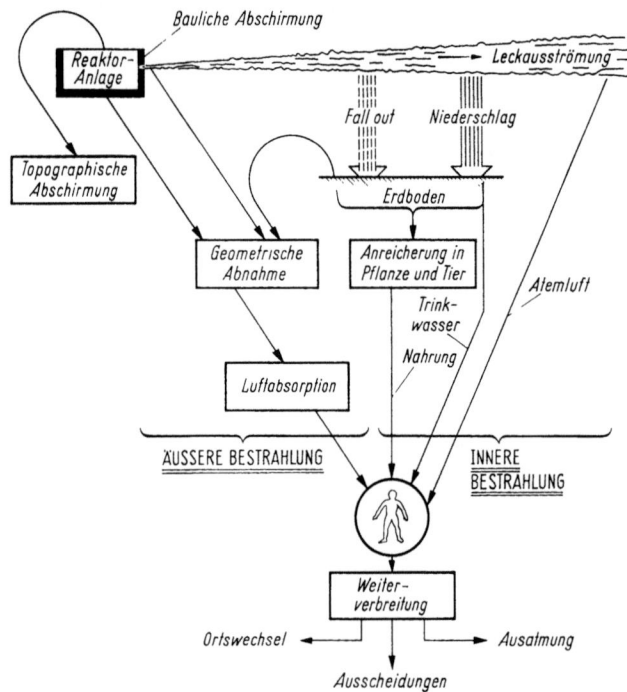

Abb. 30. Schema der möglichen Strahlenschädigung als Folge des Entweichens radioaktiver Stoffe aus einem Reaktor. (Nach R. O. BRITTAN, 1958; erweitert nach L. v. ERICHSEN, 1959)

sollen die im vorliegenden Abschnitt einzeln behandelten Punkte zu einer kurzen Übersicht zusammengefaßt werden.

Wenngleich die Wahrscheinlichkeit eines schweren Reaktorzwischenfalls, bei dem größere Mengen von radioaktiven Spaltprodukten außer Kontrolle geraten, außerordentlich niedrig ist, so kann diese Möglichkeit doch nicht absolut sicher ausgeschlossen werden. In diesem Falle wäre die Öffentlichkeit durch das radioaktive Material schwerstens bedroht. Die Wirkung kann durch Einstrahlung von außen oder, was viel gefährlicher ist, durch Inkorporierung erfolgen. Diese Einwirkungsmöglichkeiten sind in schematischer Weise in der Abb. 30 differenziert dargestellt (R. O. BRITTAN, 1958). Es wurde gleichzeitig gezeigt, daß es durch angemessene vorbeugende und nachträgliche Maßnahmen mit überstaatlicher Koordinierung durchaus möglich ist, die Folgen eines solchen Zwischenfalles auf ein so tragbares Maß zu begrenzen, daß das potentielle Risiko keinesfalls zu einem grundsätzlichen Verzicht auf die Nutzung der Kernenergie führen sollte.

H. Radioaktive Abfälle aus der Kernenergiegewinnung

Es ist eine Frage der Definition, an welcher Stelle des Stoffzyklus der Kernenergienutzung man ein Material zum radioaktiven Abfall deklariert. Im hier gesetzten Rahmen soll die Nutzung der Kernspaltungsenergie den bestimmenden Faktor darstellen; damit sind alle den Bereich des energieliefernden Reaktors verlassenden Stoffe, die nicht mehr ohne vorherige Aufarbeitung in den Betrieb zurückgeführt werden können, zunächst als Abfälle zu betrachten. Sie können allerdings durch Dekontamination bzw. Regenerierung wieder in nutzbares Material übergeführt werden, worauf nur noch die daraus abgetrennte, radioaktive und nicht mehr verwertbare Substanz einen echten Abfall darstellt. Die Tabelle 18 gibt in großen Zügen einen Überblick über die einzubeziehenden Materialien und Betriebsmittel, getrennt nach charakteristischen Gruppen (S. 128).

Soweit die radioaktiven Abfallmaterialien nicht sofort als solche anfallen (z. B. Bau- und Konstruktionsteile), wird man das Gesamtproblem zweckmäßig in die Teilvorgänge der Isolierung, des Transportes und der sicheren, endgültigen Verwahrung unterteilen, wodurch die Analyse des Gefährdungsrisikos und des kostenbelastenden Aufwandes recht übersichtlich wird.

I. Abtrennung und Anreicherung der radioaktiven Abfälle

Zweck solcher Maßnahmen ist es, die zunächst in undefinierter, wechselnder und daher schwer zu handhabender Bindungsform vorliegenden radioaktiven Stoffe in eine möglichst konzentrierte und gegenüber äußeren Einflüssen möglichst unempfindliche Form überzuführen; große Volumina verdünnter Aktivitäten werden dadurch ebenfalls zu einem leichter zu kontrollierenden, kleinen Volumen reduziert (B. MANOWITZ, 1950; D. L. AFRICK, 1957; TH. JAEGER, 1958, 1959).

Tabelle 18. *Gruppeneinteilung der Abfallstoffe aus der Kernenergiegewinnung*

Material	Radioaktivität	Wiederverwendbarkeit	Verbleib
Radioaktiv verseuchte Bau- u. Konstr.-Mater., Apparate und Maschinen	niedrig bis sehr hoch	eventuell nach Dekontaminierung	Bei irreversibler Verseuchung endgültige Beseitigung
Normale Betriebsabwässer	sehr niedrig bis inaktiv	nicht lohnend	Ablauf nach eventueller Dekontaminierung
Kontaminierte Kühl- u. Moderiermittel (außer Schwerwasser)	niedrig bis sehr hoch	meist nicht lohnend	Ablauf nach Dekontaminierung; sonst endgültig sichere Beseitigung
Kontaminiertes Schwerwasser	niedrig bis sehr hoch	ja; nach Demineralisierung, Fraktionierung, evtl. Neuanreicherung	Rückführung nach Aufarbeitung
Ausgebrauchte oder fehlerhafte Brennstoffelemente	sehr hoch	ja; Regenerierung nach Abtrennung der Spaltprodukte	Rückführung der Spalt- und Brutstoffe in den Brennstoffzyklus; Gewinnung nutzbarer Spaltprodukte; sichere Beseitigung nicht nutzbarer Spaltprodukte

Unkompliziert und als technisch gelöst zu betrachten ist die entsprechende Behandlung von radioaktiven Abwässern (vgl. Abschn. GIII) aus dem Reaktorbetrieb (M. C. CULBREATH, 1959; K. E. COWSER, 1959) und aus der Dekontamination von radioaktiv verseuchten Teilen. Die darin enthaltenen radioaktiven Verunreinigungen fallen zusammen mit den Fällungsniederschlägen in fester Form an oder lassen sich, falls nötig, z. B. durch Zementzusatz leicht zu Formkörpern verfestigen. Auf deren Transport und endgültige Beseitigung läßt sich das weiter unten Gesagte sinngemäß mit anwenden.

Unverhältnismäßig schwieriger und risikoreicher ist die Beseitigung der Spaltprodukte. Obwohl ihr Gewichtsanteil im Abfallbrennstoff nur in der Größenordnung von einem oder mehreren Promille liegt (vgl. Tabelle 14, S. 86), erschwert ihre äußerst intensive radioaktive Strahlung jeden Verarbeitungsprozeß ganz außerordentlich.

Bezüglich der verfahrenstechnischen Einzelheiten, die für unter so ungewöhnlichen Bedingungen auszuführende, physikalischchemische Trennmethoden charakteristisch sind, ist auf den Abschnitt F II zu verweisen. Dort ist die Wiedergewinnung der mengenmäßig überwiegenden Bestandteile Uran und Plutonium näher behandelt worden. Nach deren Abtrennung liegen die Spaltprodukte in stark mineralsauren Lösungen, als Niederschläge oder Schlämme vor. Es geht nunmehr darum, diese in eine sicher transportable oder lagerfähige Form zu überführen (TH. JAEGER, 1959; J. DE BRUYN, 1960; u. v. a.).

Ein großes Erschwernis dafür ist die hohe absolute und spezifische Aktivität der Spaltprodukte. Zur Ermittlung der Höhe derselben muß man zunächst untersuchen, in welchem Umfang voraussichtlich beim Ausbau eines Netzes von Kernkraftwerken radioaktive Spaltprodukte in der Zukunft erzeugt werden; dazu sollen einige später im einzelnen gebrachte Zahlen schon hier benutzt werden (vgl. Abschn. L III, V u. VI).

Da die bereits mehrfach variierten Entwicklungspläne von EURATOM bis 1970 eine Reaktorleistung von 8000—10 000 MW erwarten lassen, liefert dann die damit verknüpfte Spaltung von etwa 12 t U-235 im Jahr die gleiche Gewichtsmenge an Spaltprodukten. Legen wir die Aktivitätswerte der Tabelle 14 der Rechnung zugrunde, so ergibt sich eine zugehörige Aktivität von nahezu 10^{10} Curie im ordnungsgemäß 100 Tage lang gekühlten Brennstoff. Davon entfallen annähernd 10% der Aktivität allein auf radioaktives Strontium + Caesium.

Für die fernere, aber noch absehbare Zukunft liegen Anhaltszahlen seitens verschiedener Autoren vor, die in der Größenordnung insofern übereinstimmen, als der jährliche Spaltstoffverbrauch in der ganzen Welt zu rund 1000 t angenommen wird (W. A. RODGER,

1955; H. E. ROBERTS, 1958; u. v. a.). Die zugehörige Aktivität liegt dann noch um rund zwei Größenordnungen höher als das erste, auf Europa zu einem früheren Zeitpunkt beschränkte Beispiel.

Dabei ist die Situation in bezug auf das Strontium am schwierigsten. Unter Benutzung der maximalen Konzentrationswerte im Wasser (vgl. Tabelle 17) findet man, daß zur Verdünnung auf die dort zugelassene Sr-Aktivität etwa 5% des Volumens aller Weltmeere benötigt würden, unter der Zusatzforderung einer gleichmäßgein Vermischung, die ein technisch unlösbares Problem ist.

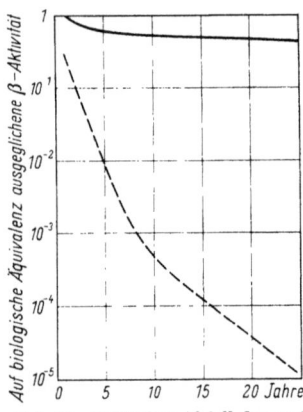

Abb. 31. Zeitlicher Abfall der auf biologische Äquivalenz ausgeglichenen β-Aktivität der Spaltprodukte ohne bzw. mit Abtrennung von Strontium und Caesium. (Nach E. GLUECKAUF, 1953).
————: Rohe Spaltprodukte;
.... : Spaltprodukte ohne Sr + Cs

Der Ausweg besteht in der vorherigen Abscheidung der biologisch besonders limitierenden Nuklide Sr-90 und Cs-137 (vgl. F. SCHEFFER, 1961, sowie Tabelle 14, 16 u. 17), ein verfahrensmäßig nicht sonderlich schwieriges Problem (R. E. BLANCO, 1959). Dann sinkt infolge des Fehlens dieser beiden langlebigen Radionuklide die biologische Wirksamkeit der β-Strahlung des restlichen Spaltproduktgemisches sehr viel rascher (vgl. Abb. 31), womit sich alle Lagerungsprobleme erheblich vereinfachen. Sowohl das Sr-89 + Sr-90 (+Y-90) als auch das Cs-137 stellen als β- bzw. γ-Strahlenquellen schon heute marktfähige Wertstoffe dar, wodurch die Aufarbeitung kostenmäßig entlastet werden kann. Die Abb. 32 gibt die Verhältnisse wieder, wie sie sich mit und ohne Abtrennung von Sr und Cs darstellen (E. GLUECKAUF, 1955).

Weiter oben ist überschläglich die in Zukunft zu erwartende Produktionsrate an Spaltprodukten ermittelt worden. Die so erhaltene Aktivität ist nicht nur absolut, sondern auch spezifisch sehr hoch. Hohe spezifische Aktivität bedeutet aber zugleich eine hohe spezifische Wärmeleistung (vgl. auch Tabelle 3, S. 7). Das erfordert eine wirksame Kühlung größerer Volumina von Spaltprodukt-Lösungen, sobald deren Wärmeleistung einige Watt · l^{-1} · sec^{-1} überschreitet (W. DE LAGUNA, 1959).

Eingehende Untersuchungen haben gezeigt, daß sehr viele Nuklide, darunter auch die des Sr und des Cs, sich durch Ionenaustausch an geeignete Tonmineralien, wie Montmorillonit, Illit usw. binden lassen (K. E. COWSER, persönl. Mitt.). Werden solche mit Spaltprodukten beladenen Formkörper aus Ton bis zur Sinterung erhitzt, so sind sie unter entsprechenden Kautelen bequem und sicher zu handhaben und zu transportieren (F. R. DOMISH, 1958).

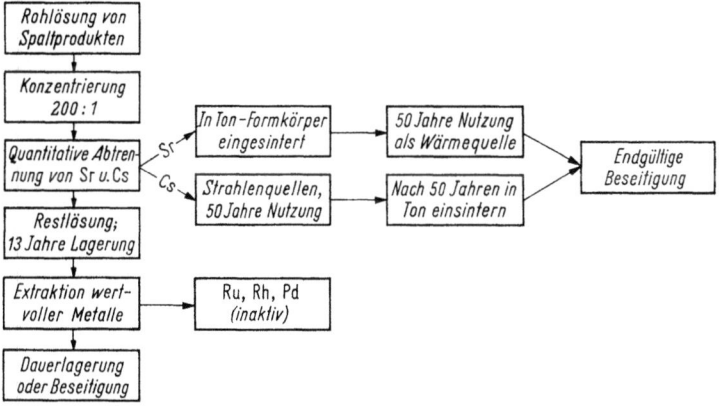

Abb. 32. Möglichkeiten einer rationellen Verwertung der Spaltprodukte. (Nach E. GLUECKAUF, 1955)

Die vorstehend angeführte Wärmeleistung ist im allgemeinen ausreichend, um diese Tonformlinge bei genügender Wärmeisolierung durch Selbsterhitzung infolge ihrer Strahlungs-Selbstabsorption bis zum Sintern, wenn nicht gar bis zur Bildung glasiger Schmelzen zu erhitzen. Die feste Bindung von Sr, Cs und sonstigen Spaltprodukten wird dadurch verfahrensmäßig vereinfacht; umfangreiche, schwer zu dekontaminierende Heizeinrichtungen, die zudem durch das schlechte Wärmeleitvermögen keramischen Materials ungünstige Wirkungsgrade hätten, könnten so erspart werden. Geeignete Vorkehrungen sind lediglich gegen die Verflüchtigung radioaktiven Rutheniums zu treffen.

Eine Übersicht über diese Verfahrensgänge ist in der Abb. 32 zu finden (E. GLUECKAUF, 1955). Darin ist neben der Nutzung des radioaktiven Sr in Tonbindung als Dauerwärmequelle auch der Vorschlag bemerkenswert, nach einer ausreichenden Abklingzeit des von Sr und Cs befreiten Materials die dann praktisch inaktiv gewordenen wertvollen Metalle Ru, Rh und Pd als synthetische Nebenprodukte der Kernenergienutzung zu gewinnen. E. GLUECKAUF schätzt den Wert derselben auf rund $6 \cdot 10^6$ DM in 20 t Spaltprodukten. Legt man für die fernere Zukunft einen jährlichen Spaltstoffverbrauch von 1000 t zugrunde (W. A. RODGER, 1955; H. E. ROBERTS, 1958), so erhöht sich der Nutzwert sogar auf 300 Millionen DM bei konstantem Preis infolge ausreichender Nachfrage nach diesen Metallen.

Diese Überlegungen stehen im Einklang mit der bereits hier und da geäußerten Ansicht, die Spaltprodukte nicht in cumulo als „Atommüll" zu betrachten, sondern darin zumindest potentiell einen wertvollen Rohstoff zu sehen (L. v. ERICHSEN, 1959 I u. II), dessen Verwertung die Kernenergie von einem beachtlichen Kostenfaktor entlasten würde. Diese Möglichkeit verdient in Zukunft größere Beachtung, da die Abfallbeseitigung gegenwärtig vielfach mit steigender Sorge betrachtet wird (C. A. MAWSON, 1956; A. L. MEDIN, 1957; J. E. EVANS, 1957; TH. JAEGER, 1958; J. A. LIEBERMAN, 1958; L. v. ERICHSEN, 1959 I; G. BÖHLER, 1960; IAEA, 1960 I u. II).

II. Transport radioaktiver Abfälle

Die Art des Transportes hoch radioaktiven Materials (vgl. auch Abb. 21, S. 89) und die dazu genötigten Einrichtungen sind durch die Notwendigkeit bedingt, die intensive Strahlung abzuschirmen und den unkontrollierten Austritt des Materials mit Sicherheit zu verhindern. Diese Forderungen schließen die Handhabung großer Gewichtseinheiten in sich (W. E. CAWLEY, 1961).

Feste radioaktive Stoffe (ausgebrannte Brennstoffelemente u. dgl.) werden durch Fernbedienung in starkwandige Bleibehälter im Gewicht von mehreren Tonnen gebracht (W. RIEZLER, 1958, p. 730; B. B. BIGGS, 1960), die dann auf tragfähigen Spezialfahrzeugen transportiert werden. Ebenso verfährt man mit verfestigten, hoch aktiven Spaltprodukten.

Flüssigkeiten fördert man nur innerhalb der Verarbeitungsanlagen, und auch nur dort, wo es verfahrensmäßig nicht zu umgehen ist, in sorgfältig überwachten Rohrleitungen. Sonst werden sie in Einzelbehälter umgefüllt, die dann wie feste Abfälle in starker Abschirmung transportiert werden (so z. B. in Harwell, Amersham, Oak Ridge). Auch hier sind alle Vorsichtsmaßnahmen zu beachten, die die unbeabsichtigte Bildung kritischer Anordnungen verhindern.

Für Überlandtransporte sind in fast allen Staaten zum Schutze der Öffentlichkeit sehr strenge Vorschriften erlassen, die geeignet sind, Zwischenfälle selbst im Falle von Kollisionen zu verhindern. Transporte auf kleineren Binnenwasserfahrzeugen und auf dem Luftwege sind für höhere Aktivitäten, d. h. für das hier zur Diskussion stehende Material, praktisch ausgeschlossen (H. KLARR, 1960).

Spezielle Vorschriften bestehen auch für den Transport höher angereicherter Spaltstoffe; die USAEC beschränkte z. B. ab 1959 die je Fahrzeug maximal beförderten Mengen auf 350 g U-235 oder U-233 bzw. auf 200 g Pu-239, um jede versehentliche Bildung kritischer Massen und damit eine unkontrollierte Strahlengefahr auf öffentlichen Verkehrswegen sicher zu verhindern.

III. Endgültige Beseitigung radioaktiver Abfälle

Wenn immer wieder die Beseitigung radioaktiver Abfälle diskutiert wird, so muß dieses Wort im ursprünglichen Sinne eines Beiseiteschaffens verstanden werden und nicht als Vernichtung oder Zerstörung der gefährlichen Eigenschaften etwa im Sinne einer Desinfektion. Trägt man dem Rechnung, so erledigen sich viele unrealistische oder gar utopische Vorschläge für die Beseitigung von selbst.

Jedes praktisch durchgeführte Verfahren sollte eine der beiden nachstehenden Forderungen erfüllen, um als unbedenklich bezeichnet werden zu können:
— Deponierung an Stellen, die für immer unzulänglich bleiben; völlige Sicherheit gegen Ortsveränderungen, Beschädigung, Auslaugung, Korrosion und andere unkontrollierte Ausbreitung der Aktivität;
— Deponierung in besonderen, aber der Wiederverwertung zugänglichen Depots, die gegen unbefugten Zugriff und absichtliche oder unabsichtliche Verbreitung der Aktivität möglichst inhärent sicher sind.

Über die endgültige Unterbringung liegt bereits ein sehr umfangreiches, über 1000 Titel umfassendes Schrifttum vor, teils mit technischem Detail, teils kompilatorischer Art (G. W. MORGAN, 1951; E. GLUECKAUF, 1955; A. WOLMAN, 1955; C. A. MAWSON, 1956; J. E. EVANS, 1956; V. G. BOGOROW, 1958; P. BOWLES, 1958; R. E. BROWN, 1958; K. E. COWSER, 1958 I u. II; H. J. DUNSTER, 1958; B. H. KETCHUM, 1958; W. MIALKI, 1958; O. H. PILKEY, 1958; R. REVELLE, 1958; W. RIEZLER, 1958; E. G. STRUXNESS, 1958; H. E. VOREN, 1958; L. v. ERICHSEN, 1959 I; TH. JAEGER, 1959; u. v. a.). In den hier zitierten, technisch fundierten Übersichten und Vorschlägen werden mehrere Prinzipien und Verfahren der Beseitigung radioaktiver Abfälle behandelt. Davon werden bereits angewendet bzw. als diskutabel vorgeschlagen:

a) Die *Lagerung in geeigneten Behältnissen* in der Nähe der Erzeugungsstätten, d. h. vor allem in der Nähe der Anlagen zur Aufarbeitung verbrauchter Kernbrennstoffe. Da ein Großteil der aktiven Spaltprodukte in Form saurer, wäßriger Lösungen oder als pumpbarer Schlamm anfällt, die von verschiedener chemischer Aggressivität sein können, bringt man sie, gegebenenfalls nach einer Vorneutralisation, in Tanks aus Edelstahl unter. Solche Tankanlagen bedürfen umfangreicher Installationen, Pumpen, Rohrnetze, Kühleinrichtungen u. dgl., insbesondere aber einer ständigen und sorgfältigen radiometrischen und Dichtigkeitsüberwachung (O. H. PILKEY, 1958; E. G. STRUXNESS, 1958).

Die Kosten solcher Anlagen werden, je nachdem mit welchen Kostenanteilen des gesamten Prozesses der Kernenergienutzung sie belastet werden, sehr verschieden angesetzt. Sie sind aber in jedem Falle so hoch, daß sie bei der Berechnung der effektiven Kosten für die Kernenergieerzeugung schon merklich zu Buche schlagen.

Daß außerdem diese Art der Verwahrung hoch radioaktiver Lösungen noch nicht als sonderlich sicher angesehen wird, mag — abgesehen davon, daß es unfehlbar dichte Behälter einfach nicht gibt — daraus hervorgehen, daß z. B. die Tanks der Anlagen von Chalk River in Canada wegen ihrer zu geringen Entfernung vom Ottawa River verlegt worden sind. Das hier vorliegende Risiko der eventuellen Verseuchung eines bedeutenden Wasserlaufes ist im Abschnitt G III b eingehender behandelt worden. Über Vor- und Nachteile und die technischen Einzelheiten von unterirdischen

Großtanklagern für radioaktive Konzentrate in den Vereinigten Staaten ist ausführliches Material vorhanden (O. H. PILKEY, 1958). Vergleichen wir die Gegebenheiten für diese Lagerungsart auf dem amerikanischen Kontinent mit denjenigen in Europa oder anderen sehr dicht besiedelten Regionen, so liegen hier die Verhältnisse noch viel ungünstiger. Infolge der hohen Bevölkerungsdichte, der intensiven landwirtschaftlichen Bodennutzung und der hoch beanspruchten, wenn nicht überlasteten Wasserläufe ist es hier kaum zu verantworten, die aus dem Betrieb der Kernkraftwerke sich ansammelnden Spaltprodukte nach ihrer Abtrennung in der Aufarbeitungsanlage in deren Nähe zu sammeln und aufzubewahren.

b) Das *Vergraben im Erdboden* ist in erster Linie üblich für die mehr oder minder sichere Verwahrung radioaktiv verseuchter Geräte, Apparate, Maschinen und Konstruktionsteile. An das dafür benutzte Gelände werden besondere Anforderungen gestellt, auch muß es für die Dauer unter sicherer Kontrolle gehalten werden. Der Boden darf dabei kein stärker bewegtes oder irgendwie genutztes Grundwasser führen und sollte ein starkes Sorptionsvermögen besitzen, um radioaktive Ionen, die etwa aus dem radioaktiven Material herausdiffundieren, durch Ionenaustausch festzuhalten und an der weiteren Ausbreitung zu hindern (R. E. BROWN, 1958; W. DE LAGUNA, 1958; K. E. COWSER, 1958 I u. II). Der Aufwand hierfür ist nicht unbeträchtlich, da man, um einen Kontakt mit der Bodenfeuchtigkeit und damit eine Auslaugung zusätzlich zu unterbinden, z. B. in Chalk River, Canada und an anderen Stellen dazu übergegangen ist, das feste, radioaktive Material in geräumige, unterirdische Behälter mit Asphaltwänden einzulagern; die Zwischenräume werden mit Sand aufgefüllt und das Ganze auch nach oben mit einer wasserdichten Asphaltdecke abgeschlossen.

Diese Methode der Beseitigung bestimmter Arten von radioaktiven Abfällen kann auch in Europa und anderen dichter besiedelten Gebieten hier und da angewendet werden. Da aber ein höchster Sicherheitsgrad gegen Schäden der früher diskutierten Art gewährleistet bleiben muß, ist das dafür verwendete Gelände für sehr lange Zeit genau zu überwachen und jeder anderen Nutzung zu entziehen.

Als Analogon zu dem Vergraben fester Abfälle ist das *Versickern* angereicherter oder konzentrierter Lösungen im Erdreich anzusehen, das z. B. in Hanford und Oak Ridge, USA, seit längerem

Anwendung findet. Es setzt das Vorhandensein speziell geeigneter Böden und eine sehr subtile radiometrische Überwachung des Grundwassers voraus (W. DE LAGUNA, 1958; O. H. PILKEY, 1958 II; R. E. BROWN, 1959; Eig. Inf. d. Verf.). Unter den sehr günstigen Bedingungen in Hanford sind bereits mehrere 10^5 Curie an Aktivität im Boden versickert worden, ohne daß sich daraus prinzipielle Schwierigkeiten ergeben hätten. Allerdings sind manche Sicherheitsmaßnahmen erst nachträglich als wichtig erkannt worden. So muß z. B. jegliche Fauna von den Versickerungsflächen völlig ferngehalten werden, da diese, beispielsweise Wassergeflügel, dank ihrer großen Beweglichkeit in kurzer Zeit hohe Aktivitäten über große Entfernungen zu verschleppen in der Lage ist.

Da außerdem die Versickerung im Boden einen praktisch irreversiblen Vorgang darstellt, eine nachträgliche Dekontaminierung also ausgeschlossen ist, scheut man sich an anderen Stellen, dieses Verfahren ebenfalls anzuwenden. In weiten Teilen der Erde mit intensiver Wassernutzung, so etwa in Europa, werden sich ihm kaum zu überwindende Widerstände entgegenstellen. Ähnliche Bedenken haben es auch in England verhindert, radioaktive Abfälle in stillgelegten Bergwerken zu deponieren.

c) Das *Versenken* von radioaktivem Abfallmaterial in *Tiefseegräben* ist für die auf dem Gebiet der Kernenergienutzung derzeit führenden Staaten die bevorzugte Methode geworden. So werden die heißen Abfälle der britischen Anlagen in einem 5—6000 m tiefen Graben des Atlantischen Ozeans versenkt, die USA benutzen dafür den Savannahgraben im Atlantik und entsprechende Stellen des Pazifik.

Unter der Voraussetzung der ursprünglich vertretenen Annahme einer stabilen Schichtung der ozeanischen Wässer konnte man bis in die letzten Jahre ein solches Verfahren als einwandfrei betrachten. Diffusionszeiten von vielen Tausenden von Jahren würden ausreichen, um die Aktivität hinlänglich abklingen zu lassen. Allerdings bestand daneben die Möglichkeit, daß aktive Ionen aus korrodierten oder sonstwie undicht gewordenen Behältern von Tiefseelebewesen aufgenommen und so in den allgemeinen Nahrungszyklus gelangen können (R. L. MURRAY, 1955; H. J. DUNSTER, 1958; Japan. Hydrograph. Office, 1958; B. H. KETCHUM, 1958; R. REVELLE, 1958; E. G. STRUXNESS, 1958).

Abgesehen von der Eigenbeweglichkeit und damit großen Diffusionsgeschwindigkeit der meisten Meereslebewesen haben aber theoretische und experimentelle Untersuchungen der letzten Jahre (V. G. BOGOROW, 1958; G. BÖHLER, 1960) nachgewiesen, daß auch Wasser aus den sehr tiefen Gräben des Pazifischen Ozeans in unerwartet kurzer Zeit an die Oberfläche gelangen kann, was sicher auch für analoge Stellen des Atlantischen oder Indischen Ozeans gilt (Japan. Hydrograph. Office, 1958). Dann aber ist es ohne weiteres möglich, daß durch ungünstige Konstellationen radioaktive, versenkte Abfälle mit Meeresströmungen wieder an bewohnte Küsten zurückbefördert werden. Sicherlich wäre es durchaus verkehrt, solche zunächst konstruiert erscheinenden, aber doch prinzipiell möglichen und in kleinem Umfang bereits vorgekommenen Zwischenfälle zu dramatisieren. Es gilt aber, sie nunmehr a priori auszuschalten, um der Kernenergienutzung ihren Ruf zu erhalten, stets nach einem Maximum an Sicherheit zu streben.

d) Es wird weiterhin empfohlen, das radioaktive Abfallmaterial aus den Kernkraftwerken und Kernbrennstoff-Aufarbeitungsanlagen zu sammeln und an einem Orte zu *deponieren,* wo es keiner Feuchtigkeitseinwirkung unterliegen kann; gerade diese wird ja offensichtlich wegen der Gefahr der Korrosion, Erosion und Elution bei weitem am meisten gefürchtet. Für das Anlegen solcher Depots kommen nur ganz aride Gebiete in Betracht. Es genügt nicht, daß Boden und Landschaft im allgemeinen recht trocken sind, sie dürfen auch kein hochliegendes Grundwasser führen, und es dürfen keine Niederschläge fallen. Dafür bieten sich nur fast unbewohnte Wüstengebiete, vor allem die Atacama in Chile und die Namib in Afrika an (L. v. ERICHSEN, 1959 I). Die Bodengestaltung ist dort ebenfalls günstig, da sie abflußlose Hochtäler in Küstennähe besitzen, in denen die Deponierung der radioaktiven Stoffe technisch einfach und die sichere Kontrolle leicht durchzuführen ist.

Ein solches Verfahren wäre zugleich eine echte Verwahrung, keine endgültige Beseitigung der radioaktiven sog. Abfallstoffe, wobei ja der Begriff der Beseitigung im Sinne einer Vernichtung ohnehin eine Illusion ist (s. o.). Solche Sammellager können als Depots potentiell wertvollen Materials angesehen werden, auf die zurückgegriffen werden kann, sobald in der Zukunft brauchbare Verwertungsverfahren (vgl. Abb. 32, S. 131) praktisch verwirklicht werden (E. GLUECKAUF, 1955). Allerdings wirft das Anlegen von solchen radioaktiven Depots eine Reihe von rechtlichen Problemen auf, die wahrscheinlich schwieriger zu lösen sind als die technische Seite.

Andere Vorschläge zielen darauf hin, das radioaktive Abfallmaterial auf dem Luftwege nach Grönland oder nach der Antarktis zu schaffen, dort abzuwerfen und es dem Inlandeis zum Einfrieren anzuvertrauen (B. PHILBERT, 1956); dieser Weg steht, selbst wenn man von der technischen Seite und der Kostenfrage ganz absieht, in Widerspruch zu den internationalen Transportvorschriften (vgl. Abschn. HII). Des weiteren ist schon ernsthaft erwogen worden, das Material in Raketen zu verstauen und mit Fluchtgeschwindigkeit in den Weltraum zu schießen; auch dieser Plan ist bei dem gegenwärtigen Stand der Tragkraft, der Kosten und der technischen Zuverlässigkeit solcher Transportmittel als utopisch anzusehen.

Dessenungeachtet ist anzunehmen, daß innerhalb absehbarer Zeit bestimmte Prinzipien der Verwahrung radioaktiver Abfälle, deren wichtigste oben diskutiert wurden, allgemein als ausreichend sicher akzeptiert werden. Dabei mag, je nach der örtlichen Situation, das eine oder andere Verfahren den Vorzug finden. Jedenfalls ist von dieser Seite her keine Limitierung der friedlichen Nutzung der Kernenergie auf längere Sicht hin zu erwarten.

J. Standort und Sicherheit

Das Problem eines geeigneten Standortes einer Kernenergieanlage und ihrer Hilfsbetriebe (vgl. Abb. 21, S. 89) und das der Sicherheit gegen eine Gefährdung der Öffentlichkeit durch solche Anlagen stehen in engster Wechselbeziehung zueinander.

Um ein Werk wirtschaftlich und mit guter Ausnutzung betreiben zu können, sind bezüglich des Standortes gewisse Grundforderungen zu erfüllen, so etwa die folgenden:
— Ausreichendes Gelände (einschl. Erweiterungsreserven);
— Bautechnisch geeigneter Untergrund;
— Wasserversorgung (einschl. Reserven);
— Verkehrsanschluß;
— Unterbringungsmöglichkeiten für die Belegschaft;
— Für den Energietransport möglichst günstige Lage;
— Fehlen ungünstiger Natureinflüsse (Überschwemmungen usw.);
— Möglichst wenige, aufwendige Sondereinrichtungen.

Die zur Gewährleistung einer maximalen Sicherung der Allgemeinheit, vice versa, gestellten Forderungen gehen damit teilweise konform, teils sind sie durchaus konträr, wie z. B.:
— Größtmögliche Entfernung von dichter besiedelten Gegenden;
— Ausreichender Abstand von Wasserläufen;
— Möglichst umfassende technische Einrichtungen zur Verhinderung von Zwischenfällen.

Soll die Kernenergie unter Bedingungen erzeugt werden, die sie nicht wirtschaftlich völlig indiskutabel werden lassen, so gilt es, bezüglich der drei letztgenannten Forderungen einen vernünftigen Kompromiß zu finden. Gegenüber der Situation noch vor wenigen Jahren dürfte gegenwärtig ein solcher Interessenausgleich erheblich unkomplizierter sein und im Laufe der weiteren Entwicklung auf immer geringere Schwierigkeiten stoßen, da die Betriebssicherheit der bereits laufenden Kernkraftwerke immer überzeugender wird (A. N. KOMAROWSKI, 1961 I).

Die ökonomisch optimale Standortwahl, wie sie der Kraftwerkserbauer oder -eigner wünscht, wird unter den gleichen Gesichtspunkten erfolgen, wie sie für analoge, konventionelle Industrieanlagen gelten (C. H. TOPPING, 1957; C. R. McCULLOGH, 1957). Das bedeutet nach dem eingangs Gesagten, daß das nicht unbedingt der rein betriebsmäßig günstigste Standort zu sein braucht, sondern jeweils derjenige, bei dem die örtlichen produktionsmäßigen Vorteile nicht durch übermäßige Auflagen für Sicherheitseinrichtungen überkompensiert werden.

Diese Sicherheitsanforderungen werden durch die verantwortlichen Aufsichtsbehörden dem Gefährdungsmaß angepaßt, das dem Typ und dem Standort des Kraftwerks entspricht. Da die Reaktortypen für Kernkraftwerke noch keineswegs genormt sind — abgesehen von der bereits recht großen Zahl des Calder-Hall-Typs in England —, gibt es auch keine festen Vorschriften darüber, durch welche Mittel und Wege eine maximale Sicherheit erreicht werden soll. Gewährleistet muß sie auf jeden Fall sein, denn eine ernsthafte Katastrophe, verursacht durch ein Kernkraftwerk oder eine Kernbrennstoff-Regenerieranlage, würde die Nutzung der Kernenergie um lange Zeit zurückwerfen.

Auf der anderen Seite würden sich extreme Auflagen, verursacht durch mangelnde Sachkenntnis vor allem der öffentlichen Meinung und resultierend in einer Überladung mit überflüssigen, kostspieligen und dem Betrieb hinderlichen Einrichtungen, ebenfalls lähmend auf die weitere Entwicklung auswirken (A. N. KOMAROWSKI, 1961 I).

I. Sicherheitsberichte

In den Vereinigten Staaten, in den Euratom-Mitgliedsstaaten und anderen Ländern, die Kernenergieanlagen betreiben oder errichten, wird vor der Genehmigung des Baues bzw. vor der Inbetriebnahme einer solchen Anlage ein *Sicherheitsbericht* gefordert, in dem alle Faktoren, die in das Betriebsrisiko eingehen, genau dargestellt und analysiert werden müssen. Erst dann, wenn die Prüfungskommision bestätigt, daß allen Sicherheitsforderungen, die sich aus der Grundkonzeption, der Konstruktion und Betriebsweise unter Berücksichtigung der Standortcharakteristika ergeben, Rechnung getragen worden ist, wird die Bau- bzw. Betriebsgenehmigung erteilt. Vor der Inbetriebnahme wird außerdem die wirkliche Einhaltung der gestellten Bedingungen genau überprüft.

Diese Handhabung hat sich dank ihrer Elastizität und durch den Fortfall starrer, schnell überholter Richtlinien, ausgezeichnet bewährt; sie ist im Laufe der Zeit fast allgemein üblich geworden. Der Euratomvertrag gestattet es sogar, das Genehmigungsverfahren der Sicherheitsberichte auf übernationaler Ebene abzuwickeln, um auch den Interessen von benachbarten Ländern Rechnung zu tragen.

Die Angaben, die der zuständigen Sicherheitsbehörde als Grundlage für die Genehmigung, eine Kernenergie- oder Brennstoffaufarbeitungsanlage zu errichten, gemacht werden müssen, findet man nachstehend kurz dargestellt (USAEC, 1955; P. R. ARENDT, 1958; C. K. BECK, 1958; G. BROWN, 1958; F. R. FARMER, 1958; H. J. GOMBERG, 1958; J. R. HUMPHREYS JR., 1958; J. B. H. KUPER, 1958; B. P. LEONARD JR., 1958; T. MAGNUSSON, 1958; J. W. MAUSTELLER, 1958; W. J. MCCARTHY, 1958; D. H. PACK, 1958; W. RIEZLER, 1958; W. R. STRATTON, 1958; u. v. a.). Gefordert werden:

Eine Beschreibung des Geländes an Hand von genauen Karten. Hervorhebung der das Gelände berührenden Versorgungsleitungen (Elektrizität, Gas, Wasser, Telefon usw.), der benachbarten Verkehrswege, der nächstgelegenen Wohnungen und Siedlungen, des

Bebauungsplanes, der benachbarten Fabriken (vor allem Filmfabriken und große Fotowerkstätten) und aller sonstigen für die Strahlungsgefährdung wichtigen Umstände (Erholungsgebiete, Badeplätze, Sportanlagen usw.).

Wenn die Anlage in der näheren Umgebung dichter besiedelter Gebiete gelegen sein soll, was z. B. in Mitteleuropa fast stets der Fall sein wird, ist weiterhin beizubringen:

Eine Zusammenstellung aller das Gelände betreffenden meteorologischen Daten (s. u.: Sicherheitsfragebogen); eine Analyse der geologischen, hydrologischen und seismologischen Verhältnisse, die gegebenenfalls Reaktorunfälle auslösen oder solche in ihrer Wirkung verstärken können (vgl. Abb. 18, S. 76).

Der eben erwähnte Punkt der *Seismik* bedarf noch eines kurzen zusätzlichen Kommentars, da ihm anscheinend zuweilen nur untergeordnete Bedeutung beigemessen wird. Die neueren Reaktoranlagen sind zwar mit so viel Sicherungseinrichtungen versehen, daß sie als sehr sicher und unempfindlich gegen technische Störungen des üblichen Umfanges anzusehen sind. Anders ist es dagegen in bezug auf stark zerstörend wirkende, mechanische Einwirkungen. Zu diesen sind neben Sabotage und kriegerische Einwirkung eigentlich nur noch Erdbeben zu setzen.

Es ist bekannt, daß die Erdbebenstärken VIII—XII nach der Skala von MERCALLI-CANCANI-SIEBERG (K. JUNG, 1953) bei Beschleunigungen von nur 0,025—0,5 g selbst auf Eisenbetonkonstruktionen zerstörend bis verwüstend wirken. Einer solchen Beanspruchung würden auch der Biologische Schild und das ganze Reaktorsystem eines Kernkraftwerkes im Falle eines schweren Erdbebens ausgesetzt sein. Selbst kleinere Veränderungen der Geometrie des Reaktorkernes oder Verschiebungen der Regelstäbe als Folge leichterer Beben können die Reaktivität evtl. positiv beeinflussen (vgl. B II a 2) und einen Reaktordurchgang herbeiführen, der bei Mitzerstörung des Schutzgehäuses schwere Folgen haben könnte (vgl. Abb. 30, S. 126).

Schwerste Beben sind zwar selten, und ihr örtliches Zusammenfallen mit dicht besiedelten Regionen sind noch seltenere Ereignisse. Immerhin sind sie in diesem Jahrhundert bereits elfmal aufgetreten (K. JUNG, 1953); dabei zeigten sie eine Häufung an der Westküste Nord- und Südamerikas, in Sizilien, Nordwestafrika, Japan und Indien. Aber auch in Mitteleuropa traten erst 1949 bis

1951 stärkere Erdbeben mit Intensitäten bis zum Grad VII auf, wobei in Westdeutschland und Belgien stärkere Gebäudeschäden entstanden (M. SCHWARZBACH, 1951/52). Auch an anderen, im allgemeinen als erdbebensicher angesehenen Stellen Europas können schwerere Beben vorkommen, wie etwa das von Herford in England 1896 (C. R. LONGWELL, 1941). Im übrigen werden sich die drei britischen Kerngroßkraftwerke von Berkeley, Hinkley Point und Oldbury ganz in der Nähe des Epizentrums des damaligen Erdbebens befinden (vgl. Abb. 33).

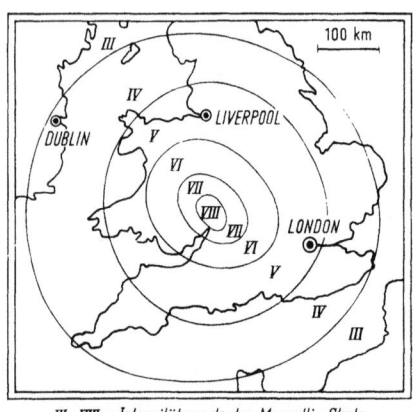

III–VIII = Intensitätsgrade der Mercalli-Skala
Abb. 33. Intensitätsverteilung des englischen Erdbebens von 1896. (Nach C. R. LONGWELL, 1941)

Die neueren Ausführungen der Reaktoren vom Calder-Hall-Typ sollen zwar mechanisch sehr robust und unempfindlich sein, immerhin haben nach Pressemeldungen japanische Sachverständige auch diesen verbesserten Typ als für die Erdbebenhäufigkeit und -intensität in Japan noch nicht ganz ausreichend angesehen. Ähnlich ist die Situation in Italien, wo ein Kernkraftwerk von 150 MWel. Leistung mit Siedewasserreaktoren durch die SENN am Golf von Garigliano, einem 1959 stark erschütterten Gebiet, errichtet wird.

Betrachtet man die weltweite Verbreitung von Zentren schwerster Erdbeben in der Abb. 34, so sollte man daraus die Forderung ableiten, die Reaktoranlagen aller Kernkraftwerke möglichst erdbebensicher zu konstruieren. Die Koinzidenz eines schweren Bebens einschließlich seiner üblichen Folgen mit einem dadurch ausgelösten Reaktorschaden könnte die größte überhaupt denkbare Reaktorkatastrophe zur Folge haben. Mit der Wahrscheinlichkeitsrechnung läßt sich hierbei nichts anfangen, da sie auf solche singuläre Ereignisse nicht anwendbar ist.

Nach dieser Exkursion auf das Gebiet des Zusammenhanges zwischen Seismik und Reaktorsicherheit ist zu den übrigen Fragen des Sicherheitsberichtes zurückzukehren. Große Bedeutung wird der am Ort des geplanten Kernkraftwerkes bestehenden *Wasserwirtschaft* beigelegt. Die Gründe dafür ergeben sich von selbst aus dem in den Abschnitten G II und G III b Gesagten. So sind die bestehenden Grundwasserverhältnisse nicht nur auf ihren Status, sondern auch auf ihre

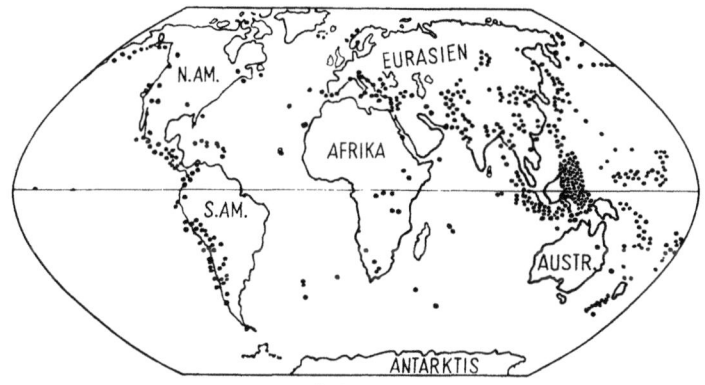

Herde von Groß- und Weltbeben
Abb. 34. Übersichtskarte der Epizentren schwerer Erdbeben. (Nach K. JUNG, 1953)

Beständigkeit zu prüfen. Durch größere künftige Geländeveränderungen, z. B. durch den Kraftwerksbau selbst, durch neue Straßen, Kanalbauten, Bergwerke usw. können Grundwasserspiegel und -strömung qualitativ und quantitativ erheblich verändert werden.

Weiterhin werden in den Vereinigten Staaten in einem Fragebogen weitgehend detaillierte Einzelangaben über die *meteorologische Situation* am Reaktorstandort gefordert (USAEC, 1955); als typisch für die große Sorgfalt bei der Abwicklung des Genehmigungsverfahrens ist er nachstehend auszugsweise wiedergegeben. Die Angaben beziehen sich auf einen hypothetischen, unter ungünstigen Bedingungen ablaufenden Unfall der geplanten Anlage.

Fragebogen für die meteorologischen Bedingungen bei einem Reaktorunfall (USAEC, 1955):
I. Wie kann die radioaktive Wolke vor Beginn ihrer Ausbreitung beschaffen sein?
   a) Von wo aus gelangt die Wolke in die Atmosphäre?
      1. Schornstein;
      2. Gebäudeöffnungen oder Türen;
      3. Aus zerstörten Gebäuden oder Ummantelungen?

b) Welcher Art wird die Strahlenquelle sein?
   1. Kurzlebig;
   2. Längerdauernd?
c) Welche und wieviel Radioaktivität kann entweichen?
   1. Spaltprodukte (kurz- oder langlebig?);
   2. Bestrahltes Material?
d) Welches ist die physikalische Beschaffenheit der Wolke, unter spezieller Berücksichtigung der daraus sich absetzenden Partikel?
e) Welches kann die Anfangstemperatur der Wolke sein?
f) Welches Volumen wird die Wolke einnehmen, wenn Druck und Temperatur der Umgebung angeglichen sind?
g) Welche ungefähre Gestalt kann die Wolke unmittelbar nach dem Unfall haben? Wie kann sich diese anschließend verändern? Welche Anfangsform ist für die Diffusionsberechnungen anzusetzen?
h) Welche Materialverteilung ist in der Wolke vor ihrer Ausbreitung anzunehmen (einheitl. Größe; Gauss-Verteilung usw.)?
i) Wie hoch wird die Wolke in der Atmosphäre steigen? Bei welcher effektiven Höhe wird die Ausbreitung voraussichtlich beginnen?

II. Welche Wetterverhältnisse sind für die Beurteilung der Ausbreitungsvorgänge angenommen worden?
   a) Windgeschwindigkeit?
   b) Diffusionsparameter?

III. Wie wird die Wolke sich in der Atmosphäre ausbreiten?
   a) Im Falle einer kurzzeitigen Emission:
      1. Welche Ausmaße wird die Wolke in verschiedenen Abständen haben? Welche Konzentrationsveränderungen in Bodennähe sind während des Fortwanderns von der Ausströmungsstelle anzunehmen?
      2. Welche maximalen Bodenkonzentrationen längs der Bahn des Wolkenzentrums können unter Vernachlässigung des radioaktiven Zerfalls angenommen werden?
      3. In welchem Umfang wird der radioaktive Zerfall die Dosisleistung an der Erdoberfläche beeinflussen?
   b) Dasselbe für den Fall einer langdauernden Emission.

IV. Wie stark sind der Fallout und der Sedimentationseffekt?
   a) Wie groß ist die Gefährdung in verschiedenen Abständen beim Vorüberziehen der Wolke?
   b) Wie stark beeinflußt der Fallout die Konzentrationen und Dosen in Bodennähe?
   c) Wie stark wirkt sich analog dazu die Sedimentation aus?
   d) Wie stark wird das Absetzen an der Erdoberfläche sein?
      1. Durch Fallout?
      2. Durch Sedimentierung?
V. Wie weit sind die erhältlichen meteorologischen Angaben gültig?
   a) Länge der Beobachtungsdauer (nach Möglichkeit sollten Daten über wenigstens 5 Jahre vorliegen);
   b) Falls Beobachtungsstation und Reaktorstandort nicht identisch sind, welche Unterschiede liegen dann vor?
   c) Welches sind davon die wichtigsten Unterschiede?
VI. Welches sind besondere Witterungsverhältnisse?
   a) Wind:
      1. Welches ist die jährliche Richtungs- und Geschwindigkeitsverteilung des Windes an der Erdoberfläche?
      2. Welche besonderen täglichen Schwankungen treten auf (örtl. Besonderheiten, wie Seebrisen, Fallwinde)?
      3. Welche besonderen jahreszeitlichen Schwankungen treten auf?
      4. Welche Geschwindigkeits- und Richtungsverteilung herrscht während Niederschlägen?
      5. Welche Geschwindigkeits- und Richtungsverteilung herrscht während stabiler und instabiler Wetterlagen?
      6. Welche besonderen Unterschiede können zwischen Oberflächenwinden und solchen in Höhe der radioaktiven Wolke auftreten?
      7. Wird die radioaktive Wolke auf Grund der Topographie der Umgebung des Kernkraftwerkes steigen, sinken, abbiegen oder eine gerade Bahn einschlagen?
   b) Stabilität:
      1. Wie häufig treten stabile bzw. instabile Wetterlagen auf?
         α) Pro Jahr?
         β) Pro Jahreszeit?

2. Wie wird die Stabilität durch die örtlichen Verhältnisse beeinflußt (Taleffekte, Küsteninversionen)?
3. Mittlere und äußerste Dauer von Inversionszuständen?
4. Welche Besonderheiten sind über die Erstreckung und Intensität von Inversionslagen bekannt?

c) Niederschläge:
Wie groß sind die monatlichen und jährlichen Niederschlagsmengen und welches sind die Grenzwerte?
2. Zeigen sie bedeutende Schwankungen?
 α) Jahreszeitliche Schwankungen?
 β) Tägliche Schwankungen?
3. Monatliche und jährliche Schneemenge?
4. Welches sind die größten gemessenen Niederschlagsmengen (pro Stunde, Tag usw.)?
5. Mittlere Niederschlagsdauer?
6. Mittlerer zeitlicher Abstand zwischen Niederschlägen?

d) Unwetter:
1. Können Überschwemmungen vorkommen?
2. Welches sind die Möglichkeiten des Auftretens von Stürmen (besonders Gewitterstürme, Böen, Wirbelstürme)?

e) Besonderheiten:
1. Wie stark ist die natürliche Dunstbildung?
2. Kommen rasche atmosphärische Veränderungen vor, die erschwerend für die automatische Überwachung sein können?

VII. Sind die meteorologischen Verhältnisse in den Betriebsvorschriften berücksichtigt worden?

Ist der verschiedene Einfluß der meteorologischen Verhältnisse auf die Betriebsvorschriften in Abhängigkeit von den jahreszeitlich und täglich veränderlichen Bedingungen berücksichtigt worden?

Sind genaue Anweisungen gegeben für den Betrieb bei bestimmten Wetterverhältnissen oder Wettervorhersagen?

Nach Vorstehendem besteht also die Nachweispflicht für den Antragsteller, wodurch die aufsichtsführenden und genehmigenden staatlichen oder internationalen Gremien davor bewahrt werden, selbst in jedem Einzelfall geeignete Standorte vorzuschreiben und unter dieser Überforderung die eigentliche Aufsichtspflicht zu vernachlässigen.

Wenn hier näher auf die Details eingegangen worden ist, so deswegen, um zu zeigen, wie weit jeder nur denkbare Gefährdungszustand und die zugehörigen Sicherheitsvorkehrungen genau erwogen werden müssen, bevor eine Kernenergieanlage überhaupt in Betrieb genommen werden darf. Das Genehmigungsverfahren auf der Grundlage von Sicherheitsberichten gibt der Öffentlichkeit eine gute Sicherheitsgarantie, wenn es auch hier und da noch kleine Schwächen besitzt, die in Zukunft gewiß noch behoben werden.

Für Kernbrennstoff-Aufarbeitungsanlagen gilt bezüglich des Standortes und der Sicherheit sinngemäß das gleiche wie für Kernkraftwerke. Isotopentrennanlagen dagegen (vgl. EIc) haben wesentlich geringeren Anforderungen zu genügen; hier gilt es vor allem, die versehentliche Bildung kritischer Anordnungen sicher zu verhindern.

II. Ortsbewegliche Anlagen

Kernenergieanlagen ohne festen Standort stellen gegenüber den ortsfesten Anlagen ein Sonderproblem dar. Da sie nicht nur das Stadium der Diskussion und Entwicklung erreicht haben, sondern sich in einer Reihe von Einheiten bereits in Betrieb befinden, sind sie in den Problemkreis des Gefährdungsrisikos und Sicherheitsgrades mit einzubeziehen.

Ortsbewegliche Reaktoranlagen dienen vor allem dem Antrieb von Fahrzeugen auf dem Lande, auf dem und im Wasser, und schließlich laufen auch schon Versuche, sie der Bewegung in der Luft, ja selbst im Raum außerhalb der Erde nutzbar zu machen (R. W. BASSARD, 1958). Nun ist es ein Kennzeichen der Kernreaktoren, als solche zwar eine hohe Leistungsdichte zu besitzen, ihrer Arbeitsweise halber jedoch schwerer und voluminöser Abschirmungen und Zusatzeinrichtungen zu bedürfen, so daß das spezifische Leistungsvolumen insgesamt ungünstig wird. Es wird wegen der bekannten Oberflächen-Volumen-Relation um so günstiger, je größer die Einheiten werden. Das bedeutet, daß man auf jeden Fall für die sichere Installation viel und hoch belastbaren Raum benötigt.

Damit sind eigentlich bereits die Grenzen der Kernenergie in ihrer Anwendung zum Antrieb von Fahrzeugen abgesteckt. Ihr Einsatz ist um so aussichtsreicher, je tragfähiger und geräumiger das angetriebene Fahrzeug ist, je größer seine Einsatzausnutzungszeit, und je größer der Verbrauch an fossilen Betriebsstoffen, gleichbedeutend mit Totlast, dafür wäre. Hinzu kommt, daß der Antrieb durch Kernenergie, im Gegensatz zu fast allen bisher üblichen Antriebsarten, vom atmosphärischen Sauerstoff unabhängig ist.

a) Wasserfahrzeuge

Konsequenterweise sind die ersten Kernreaktoren zum Antrieb in Seefahrzeuge eingebaut worden (E. E. KINTNER, 1959). Wenngleich die ersten davon Unterseeboote der amerikanischen Kriegsmarine gewesen sind, so haben die z. B. mit ,,NAUTILUS", ,,SKATE" und ,,SEADRAGON" gesammelten günstigen Erfahrungen dazu geführt, daß Unterseetanker mit Kernantrieb sicher recht bald von Stapel laufen werden. Eisbrecher von der Art des ,,LENIN" (Indienststellung am 12. 9. 1959) können dank ihrer Unabhängigkeit von häufiger Brennstoffaufnahme die vereisten Schiffahrtswege länger als sonst für die Handelsschiffahrt eisfrei halten. Der Fortfall langer Bunkerzeiten und des Totgewichtes der Treibstoffladung läßt auch Handels- und Passagierschiffe wie die ,,SAVANNAH" (Indienststellung Ende 1961) für die Zukunft als aussichtsreich erscheinen (H. DALDRUP, 1959; A. J. SALMON, 1959).

Im Zusammenhang mit dieser gerade angelaufenen Entwicklung erhebt sich wieder sofort die Frage nach der Korrelation zwischen ökonomischem und technischem Vorteil einerseits und dem erhöhten Sicherheitsrisiko auf der anderen Seite (P. DEBATIL, 1960). Jede Kollision oder sonstige schwere Havarie eines kernkraftgetriebenen Seefahrzeuges birgt die Gefahr des Austretens hoher Aktivitäten radioaktiven Materials in das Seewasser in sich. Zwar sind konstruktiv durch vielfache Stoßschutzschichten Vorkehrungen gegen eine Beschädigung der Reaktoranlage auch bei solchen Zwischenfällen getroffen worden (E. E. KINTNER, 1959). Extrem ungünstige Umstände vorausgesetzt, werden auch sie keine vollständige Sicherheit bieten. Bezüglich der Folgen ist auf den Abschnitt G III b 4 und die Abb. 29, S. 125, zu verweisen. Gewaltsame Einwirkungen als Folge kriegerischer Auseinandersetzungen sollen dabei ganz außer Ansatz bleiben, da sie im Zeitalter der Atombomben hinsichtlich der dann verbreiteten Gesamtaktivität nur noch von untergeordneter Bedeutung bleiben.

Einen besonders hohen Sicherheitsgrad kernkraftgetriebener Schiffe erwartet man von der Verwendung des Organisch Moderierten Reaktors mit Terphenylkühlung (Nucl. News, 1959; R. BALENT, 1960), wie er z. B. im Abschnitt BIIa4 beschrieben worden ist. Diese Konzeption des organisch gekühlten und moderierten Reaktors ist für den Schiffsbetrieb insofern besonders vorteilhaft, als das Kühlmittel selbst bei vollem Betrieb kaum radioaktiv wird und einen recht hohen Erstarrungspunkt besitzt. Würde ein solches Schiff infolge einer schweren Beschädigung untergehen, so ist die Wahrscheinlichkeit groß, daß das durch die Wasserkälte erstarrende organische Material einen wachsartigen, wasserdichten Mantel um die aktive Reaktoranlage bildet; es ist selbst inaktiv, reagiert nicht mit Wasser und verhindert die Auslaugung aktiver Spaltprodukte. Selbstverständlich kann dieser Schutzmantel unter ganz ungünstigen Umständen durch die Nachwärme des Reaktorkernes teilweise aufgeschmolzen werden.

Die Aussichten solcher kernenergiegetriebenen Schiffe werden immer optimistischer beurteilt (Nucl.News, 1959; D. ULKEN, 1961); man rechnet von 1962/63 ab mit zunehmender Indienststellung derartiger Einheiten, vor allem von Tankern größter Dimensionen, die auch als Erzschiffe benutzt werden können. Wegen der größeren Wetterunabhängigkeit ist für die weitere Zukunft ins Auge gefaßt, solche Frachtschiffe als gigantische Unterseeboote auszubilden, wobei der oben erwähnte Vorteil sehr ins Gewicht fällt, daß keine Verbrennungsluft benötigt wird.

Trotz des gegenüber einer ortsfesten Anlage sicher größeren Risikos von Schiffen mit Kernenergieantrieb kann man annehmen, daß auch außerhalb des militärischen Bereiches künftig vor allem sehr hohe Einheiten zumindest für den Frachtverkehr wirklich gebaut werden. Bei diesen ist dank der geringeren relativen Raum- und Volumenbeanspruchung durch die Reaktoranlage und infolge des Fortfalls der Treibstofftanks die Sicherung gegen eine Beschädigung von außen technisch am besten zu verwirklichen (R. P. GODWIN, 1958). Es sind allerdings die Diskussionen technischer und juristischer Experten darüber noch im vollen Gange, ob die Schiffe mit Kernantrieb die gewohnten Schiffahrtswege und Häfen benutzen sollen und dürfen, da der Risikofaktor mit steigender Verkehrsdichte und mit der Annäherung an Häfen mit hohen Bevölkerungszahlen zunimmt (Euratom, 1960).

b) Land- und Luftfahrzeuge

Anders als bei Seefahrzeugen ist die Situation bei Fluß-, Landund Luftfahrzeugen zu beurteilen. Die Dimensionen des Fahrweges resp. die geforderte Leichtigkeit und Festigkeit des Konstruktionsmaterials setzen hier sehr enge Grenzen. Sollten nicht wider Erwarten noch ganz neue Kernreaktorkonzeptionen mit hoher spezifischer Leistung und geringem Abschirmbedarf gefunden werden, so sprechen wirtschaftliche und andere Vernunftsargumente dagegen, hier ein sinnvolles Einsatzgebiet der Kernenergie zu erwarten (vgl. auch Abschn. LIId).

Bei Flugzeugen kommt hinzu, daß Unfälle oft zur Totalzerstörung führen. Es erübrigt sich, auf die katastrophalen Konsequenzen einzugehen, die die Mitzerstörung eines eingebauten Reaktors von ein bis mehreren hundert Megawatt Leistung nach sich ziehen würde. Trotzdem liegen bereits Berechnungen und Pläne für reaktorgetriebene Flugzeuge vor (z. B. J. W. SHORTALL, 1958); sie zeigen aber sehr deutlich die vorhandenen, derzeit kaum zu überwindenden konstruktiven Schwierigkeiten und das von Anfang an damit verbundene Risiko (J. M. A. LENIHAN, 1954; C. A. REYNOLDS, 1956; A. J. SALMON, 1959).

Für die friedliche Nutzung der Kernenergie können daher kernenergiegetriebene Flugzeuge unberücksichtigt bleiben. In verstärktem Maße gilt das für Weltraumfahrzeuge, zumal da es für eine sachliche Diskussion über deren künftige technische Verwendung sicher noch zu früh ist.

c) Transportable Klein-Kernkraftwerke

Obwohl zweifellos Großkraftwerke die Domäne des Einsatzes der Kernenergie darstellen, bietet die Unabhängigkeit vom Transport größerer Brennstoffmengen den Anreiz, auch Kernenergieanlagen kleinen Umfanges und niedriger Leistung für Sonderzwecke einzusetzen. Sie sollen vor allem in sehr abgelegenen und eventuell für längere Zeit von jeder Zufuhr abgeschnittenen Gegenden Verwendung finden. Während die primäre Anregung dazu wiederum von militärischer Seite ausging, beabsichtigt man jetzt auch, solche Anlagen in Forschungsstationen, z. B. der Arktis und Antarktis (Byrd-Station), in Grönland (Thule) usw., als Energiequelle zu benutzen. Die US-amerikanische Lockheed-Gesellschaft bietet für solche Zwecke serienmäßig eine zerlegbare Kernenergiezentrale an, die in 166 Fluglasten zum Einsatzort transportiert und dort montiert werden kann (BMAt, 1959 I).

Die Forderung nach Transportfähigkeit bringt zwangsläufig diejenige nach Gewichts- und Volumenreduktionen mit sich (vgl. auch den vorstehenden Abschn. J II b). Zwar lassen sich die Einrichtungen so konstruieren, daß sie sich zum Transport in mehrere Einheiten unterteilen lassen (s. o.). Demzufolge müssen sie lösbare Absperr- und Verbindungselemente besitzen, deren Zahl man aber gerade bei Kernenergieanlagen auf ein Minimum zu reduzieren bestrebt ist, um potentielle Undichtigkeiten von vornherein zu vermeiden.

Da auch eine Kleinanlage bereits binnen kurzer Betriebszeit hohe Aktivitäten an Spaltprodukten bildet und enthält, ist danach ihr Transport ohne Zweifel mit einem Risiko verknüpft, das erheblich größer ist als das Betriebsrisiko einer normalen, ortsfesten Kernenergieanlage.

Es ist bei der geringen Zahl bereits existierender, transportabler Kleinkernenergienalagen zwar statistisch nicht signifikant, aber doch bedenklich, daß ein solcher Versuchsreaktor nach vorher einwandfreiem Betrieb während der routinemäßigen Wartung aus vollständig abgeschaltetem Zustand am 3. 1. 1961 aus noch ungeklärten Gründen explosionsartig total zerstört wurde (Nucleon. Report, 1961), wobei drei Techniker ums Leben kamen.

Andererseits hat gerade dieser Unfall in Idaho bewiesen, daß selbst solche Geschehnisse, die wohl das Maximum des in einer Kernenergieanlage Möglichen darstellen, in ihren Auswirkungen auf engsten Raum begrenzt bleiben, wenn sie sich nicht gerade mitten in einem Siedlungszentrum ereignen. Die nur sehr primitive äußere Schutzhülle ist auch hier imstande gewesen, die mechanische Ausbreitung hoher Aktivitäten durch den Explosionsdruck wirksam zu verhindern. Eine in der Nähe vorbeiführende Autostraße brauchte nur so lange für den Verkehr gesperrt zu werden, bis dort die Dosisleistung gemessen worden war, wobei keinerlei bedenklichen Werte gefunden wurden.

K. Soziologische Aspekte der Kernenergienutzung

Die Wechselbeziehung zwischen Kernenergie und Soziologie im weitesten Sinne sind sehr komplex. Sie greifen in Fragen der Sozialstruktur, vor allem in deren künftig unter dem Einfluß der Kernenergienutzung mögliche Veränderungen, wenigstens ebenso sehr in solche der Soziopsychologie ein, wie nachstehend in großen Zügen gezeigt werden soll.

I. Sozialstruktur und Kernenergie

Seitens einiger der leider noch recht wenigen über kerntechnische Sachkenntnis verfügenden Soziologen wird mit dem Argument operiert, die gewaltigen, in Zukunft durch die Kernenergienutzung der Menschheit zur Verfügung gestellten Energiemengen könnten die Arbeitskraft zahlloser Menschen mehr und mehr ersetzen; dadurch würden sie diese Menschen ihrer Arbeits- und Verdienstmöglichkeiten berauben, und das vor allem in Abhängigkeit vom Willen einiger weniger.

So sagt E. SALIN: „.... das gibt den wenigen, die am Schalthebel der neuen Kräfte sitzen, eine ungeheure Macht über die Massen — es droht die Gefahr einer Technokratie von solcher Machtfülle, daß alle Diktaturen der Vergangenheit daneben als bloße Stümperei erscheinen. Der wirtschaftlich-technische Fortschritt hätte dann zu einer Konstellation geführt, die den letzten Humanisten gesellschaftlich als ungeheurer Rückschritt, als Absturz in ein — nicht einmal mehr brodelndes — Chaos gelten müßte" (E. SALIN, 1956).

Es ist wohl verfehlt, eine solche Situation, existiere sie bereits oder seien wir auf dem besten Wege dazu, der Kernenergie unterschieben zu wollen. Ein neuzeitliches Dampf-, Wasser- oder Dieselkraftwerk höchster Leistung benötigt keineswegs mehr Personal als ein Kernkraftwerk. Es kommt letzten Endes auf dasselbe hinaus, ob Kohlen oder Öl einerseits oder Uran- und Thoriumerze andererseits gefördert, aufbereitet und verarbeitet werden. Wie die hohen Baukosten für Kernkraftwerke (vgl. Abschn. L V) zeigen, ist der direkte und indirekte Arbeitsaufwand dafür eher noch höher als bei konventionellen Industrieanlagen. Und den energiehungrigen

Menschen, öffentlichen, Privat- und Industrieverbrauch zusammengefaßt, die Leistung von Kraftwerken vorzuenthalten, ist in allen Fällen gleich schwierig oder einfach. Außerdem wurden ähnliche Argumente der Betriebsrationalisierung und der Automation entgegengehalten, ohne daß sie sich als wirklich stichhaltig erwiesen haben.

Im Gegenteil, die Kernenergie sollte dazu geeignet sein, gerade solche chaotische Entwicklungen zu verhindern. Es gibt noch weite Gebiete der Erde, die noch oder bereits derzeit ein hohes Energiedefizit aufweisen. Man kann sie in vielen Fällen mit den sog. unterentwickelten Ländern identifizieren (B. C. NETSCHERT, 1957; R. HERBERT, 1961). Diese sind ja dadurch gekennzeichnet, daß das Einkommen des überwiegenden Teiles der Bevölkerung meist weit unter dem Betrag liegt, der in abendländischen Staaten als Existenzminimum betrachtet wird. Es wird aber nicht nur dieses Existenzminimum als Beendigung der Hungerphase angestrebt, sondern ein Lebensstandard, der dem in hochzivilisierten Staaten zumindest einigermaßen ähnlich sieht.

Das mittlere Volkseinkommen dürfte annähernd proportional dem Energieverbrauch je Kopf sein, da es, wenn es wieder ausgegeben bzw. direkt oder indirekt investiert wird, dabei wieder in Energie oder Energieäquivalente umgesetzt wird. Man kann das als grobe Näherung gelten lassen, da der Preis jedes Produktes weitgehend proportional dem zur Verarbeitung benötigten Energieaufwand vom primären Rohstoff — der bis zur Auffindung und Förderung wertlos ist — bis zum Fertigprodukt ist.

Betrachtet man dazu das Kartenschema der Abb. 35, so findet man noch große Einkommens- und damit Energielücken, so in Südamerika, Südeuropa, Afrika und Asien. Hier wird sicher eine der großen Einsatzmöglichkeiten für die Kernenergie bereits in der näheren Zukunft liegen, die dadurch mithelfen kann, die sozialen Radikalisierungstendenzen zu beseitigen, die sich dort aus dem extrem niedrigen Lebensstandard der Bevölkerungsmassen ergeben (IAEA, 1959 I; BMAt, 1959 II).

Der Bedarf für die Installation von Kraftanlagen ist allein für diesen Zweck sehr groß und zeitlich dringend, wenn den eben erwähnten revolutionären Umwälzungen der Gesellschaftsstruktur rechtzeitig begegnet werden soll. Von einer gewissen Höhe des Lebensstandards an pflegt erfahrungsgemäß das aktive Interesse an radikalen Bestrebungen zu erlahmen.

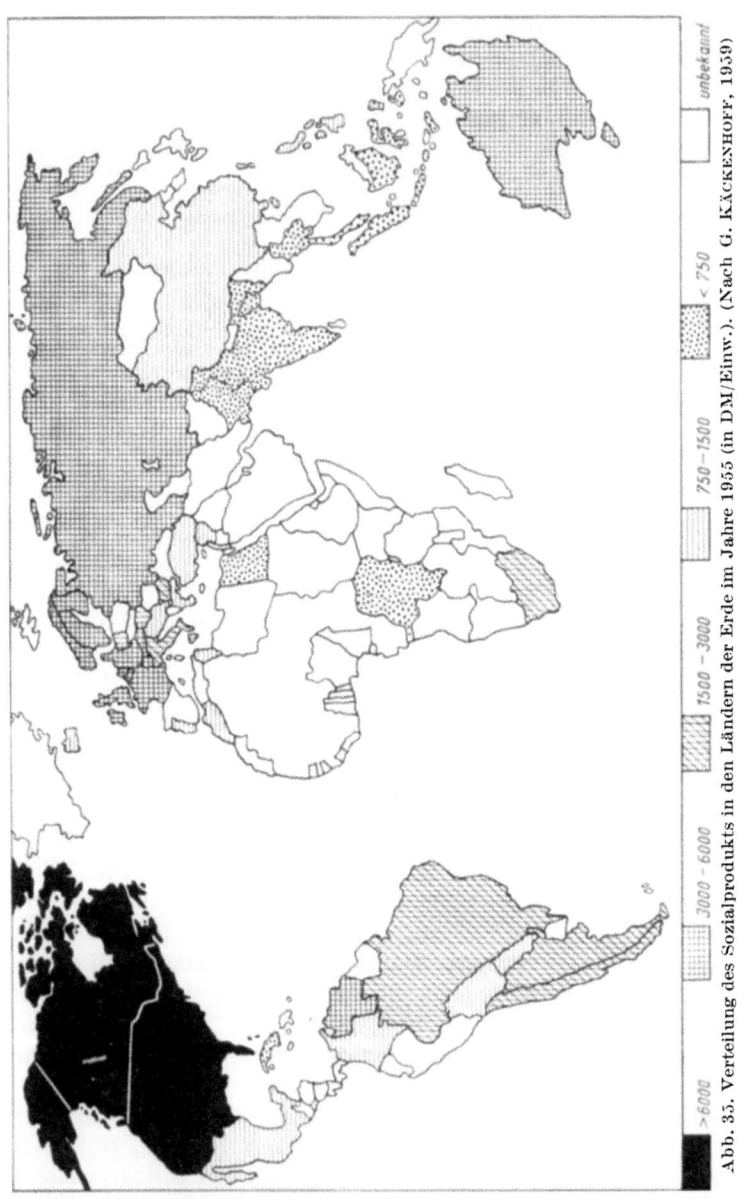

Abb. 35. Verteilung des Sozialprodukts in den Ländern der Erde im Jahre 1955 (in DM/Einw.). (Nach G. KÄCKENHOFF, 1959)

Die Dringlichkeit resultiert aber ebenso aus einem weiteren Grunde, der sich räumlich und zeitlich auf die gesamte Menschheit erstreckt. Seit dem Beginn des 17. Jahrhunderts, vor allem aber nach dem Einsetzen der Industrialisierung, zeigt die Weltbevölkerung eine exponentielle, geradezu explosionsartige Wachstumstendenz (vgl. Abb. 36). Aus denselben Überlegungen, wie sie vorher

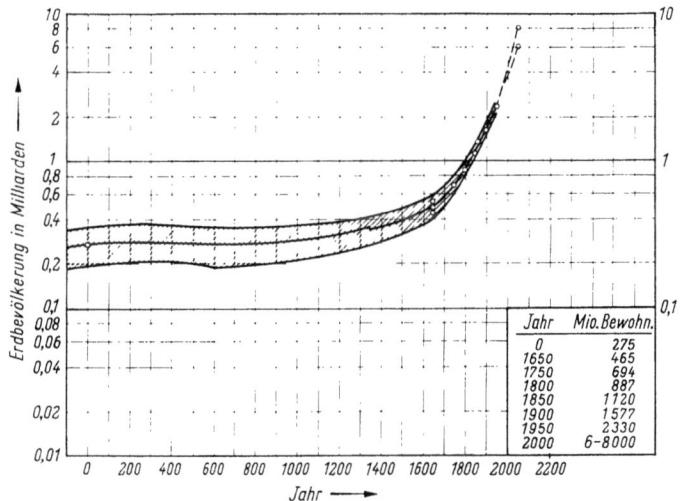

Abb. 36. Erdbevölkerung zwischen den Jahren 0 und 1950 nebst Schätzungen bis 2050. (Nach P. C. PUTNAM, 1953)

angestellt wurden, muß die Energieversorgung einem gleichartigen Wachstumsgesetz folgen (vgl. Abschn. L II), vor allem in bezug auf die Elektrizitätsversorgung.

Da aber einerseits die Ansprüche des Einzelnen immer weiter steigen, zum anderen die Aufschließung neuer, bisher besiedlungsfeindlicher Gebiete mit erhöhtem Aufwand verbunden ist (Heizung, Kühlung, Bewässerung usw.), demgegenüber die zunehmende Rationalisierung entgegengesetzt wirkt (SHELL, 1960), ist der Exponent für die Energiekurve vielleicht etwas niedriger anzusetzen.

In rund 100 Jahren ist mit einer Erdbevölkerung von 6—8 Milliarden zu rechnen, wenn inzwischen keine dezimierend wirkenden Ereignisse eintreten. Über diesen Zeitraum hinaus sind nur noch reine Spekulationen möglich, da dann die Menschendichte den limitierenden Faktor dazustellen beginnt, der die Gesellschaftsstruktur entscheidend beeinflussen wird; es sei denn, daß rechtzeitig durch weltumfassende, geburtenbeschränkende und eugenische Maßnahmen das Einpendeln der Erdbevölkerungszahl auf einen noch tragbaren Grenzwert erreicht werden kann (R. Pearl, 1924; P. C. Putnam, 1953).

Die zu erwartende Verdoppelung oder gar Verdreifachung der Menschheit gegenüber dem heutigen Status im Laufe der nächsten hundert Jahre macht es einfach zwingend notwendig, die Energieerzeugung im gleichen Zeitraum um einen adäquaten Faktor zu erhöhen (F. Münzinger, 1957).

In diese Rubrik der durch das Bevölkerungswachstum erzwungenen Dringlichkeit einer raschen Entwicklung der friedlichen Kernenergienutzung — selbstverständlich unter Wahrung aller Sicherheitskautelen — fällt auch das Problem der seit Jahrzehnten erkennbaren Klimaänderung und Versteppung der Kontinente. Der Zusammenhang zwischen beiden Fragen wird offenkundig, wenn man den Einfluß des zunehmenden CO_2-Gehaltes der Atmosphäre auf die Temperaturerhöhung und die Ausbildung eines immer heißeren und trockeneren Klimas auf der Erde berücksichtigt (vgl. P. C. Putnam, 1953, p. 170 u. 454 ff; F. D. Steiner, 1961; u. a.). Um die dem steigenden Verbrauch an fossilen Brennstoffen, vor allem Erdöl und Erdgas, folgende CO_2-Anreicherung zu drosseln, sollten sich Wege finden lassen, zumindest in der Großenergieerzeugung einen steigenden Anteil an Kernenergieanlagen einzusetzen, sei es auch manchmal gegen merkantile Tagesinteressen von Brennstoffproduzenten.

Einen positiven Beitrag in dieser Richtung leistet die Kernenergie indirekt schon heute insofern, als unter dem Druck der von ihr künftig drohenden Konkurrenz die Konstrukteure konventioneller Kraftwerke die Wirkungsgrade ihrer Anlagen gegenwärtig mit besonderem Nachdruck und sichtlichem Erfolg verbessern. Dadurch wird die Relation zwischen Energieerzeugungsrate und CO_2-Anfall immer günstiger.

Dank der gleichmäßigen Ausnutzung, die mit einem sehr hohen Lastfaktor gleichbedeutend ist (vgl. Abschn. L V), erscheinen Kernenergieanlagen auch besonders geeignet, bei wirtschaftlich gerechtfertigten Kosten die zur Bewässerung großer, tropischer und subtropischer Trockengebiete nötige Energie zu liefern; diese können so der Besiedlung und Nahrungsproduktion neu oder wieder erschlossen werden. Der Aufbau einer Vegetation in solchen Gebieten würde wiederum in doppelter Weise klimaverbessernd wirken, da mehr CO_2 der Atmosphäre entzogen und ihr dafür mehr Feuchtigkeit zugeführt würde.

Die zunehmende Erdbevölkerung gewinnt auf diese Weise nicht nur zusätzlichen Lebensraum; mit steigendem Anteil der Kernenergie an der Gesamtenergieerzeugung wird auch dem irreversiblen Verbrauch an nicht ersetzbaren Vorräten Einhalt geboten, die nicht nur Brennstoffe, sondern vor allem Rohstoffe darstellen. Kohle, Erdöl und Erdgas sind das Ausgangsmaterial für eine unübersehbare Zahl von Werkstoffen, Textilien, Chemikalien usw. (D. OSTEROTH, 1961); diese sind in ihren Eigenschaften bereits heute den meisten Naturprodukten überlegen. Somit können später immer mehr Anbauflächen von Textilfaserpflanzen u. dgl. zur vordringlicheren Nahrungserzeugung genutzt werden. Voraussetzung dafür ist aber, daß die hochwertigen fossilen Rohstoffe möglichst schonend und sparsam ausgenutzt, als solche verwendet und nicht, wie es heute noch geschieht, in immer rascherem Tempo verbrannt werden. Das verlangt, für viele Generationen vorauszudisponieren und vorzusorgen und nicht ein einmaliges Kapital trotz besseren Wissens mutwillig zu verzehren.

Diesen Erwägungen über die Relation zwischen der zukünftigen Entwicklung der Erdbevölkerung, ihrer Gesellschaftsstruktur, Ordnung und Weiterexistenz einerseits und der Versorgung mit Energie, Nahrung, Rohstoff und Lebensraum auf der anderen Seite wird eine kurze Analyse der gegenwärtigen Situation, als Vorstufe dazu, nützlich sein.

Es werden heute Befürchtungen gehegt und verbreitet, die Kohlen- und Ölförderung könnte durch die Kernenergie zum Erliegen kommen. Je nachdem, welche Interessen hinter diesen Äußerungen stehen, wird der Akzent mehr auf die Freiheit der Wirtschaftsentwicklung, auf die Strahlengefahr oder auf den Verlust der Arbeitsplätze von Berg- und Ölarbeitern gelegt.

Jedem dieser Standpunkte ist entgegenzusetzen, daß solche Schwerpunktsverschiebungen in der Primärenergie schon gegenwärtig stark ausgeprägt sind; daran ist aber die Kernenergie insofern schuldlos, als Kohle und Öl bzw. Erdgas als Kontrahenten einander gegenüberstehen (vgl. auch Abschn. L, wo diese Entwicklung eingehender behandelt wird). Derartige Verschiebungen sind unaufhaltbar und gehen letztlich nicht so spontan vor sich, daß wirklich ernsthafte soziale Spannungen daraus entstehen, so weit diese nicht künstlich von interessierter Seite geschürt werden. Hochwertige Kohlen zur Herstellung von Koks für die Eisen- und Stahlindustrie, für die Karbid- und Kalkstickstoffherstellung werden noch lange Zeit gefördert werden; ebenso wird die Verfeuerung minderwertiger, fossiler Brennstoffe zur Energiegewinnung sicher auch später der Kernenergiegewinnung parallel laufen. Für den Antrieb von Kraftwagen und Flugzeugen kann die Kernenergie aus physikalisch-technischen Gründen in absehbarer Zeit z. B. nicht das Benzin verdrängen (vgl. Abschn. J II b). Während gegenwärtig das Öl als Heizmaterial der Kohle und Kohlenprodukten den Rang abläuft, werden bereits die ersten Heizkraftwerke auf Kernenergiebasis gebaut (vgl. Abschn. L II b), womit eine neuerliche Verschiebung eingeleitet wird.

Der langsame Ablauf dieser Umordnungen bringt es mit sich, daß auch die Änderung der allgemeinen Berufsstruktur das Individuum nur in unmerklichem Grade betreffen wird, vielmehr in der Hauptsache die jeweils neu in das Berufsleben eintretenden Menschen erfaßt. Das ist ganz wesentlich, um Härten und Spannungen zu vermeiden, da der Einzelne durchweg ein sehr hohes Beharrungsvermögen aufweist und vor allen gegen erzwungene Änderungen der Arbeitsweise und Berufsrichtung sehr empfindlich reagiert (vgl. auch Abschn. K II).

Die Befürchtungen schließlich, die — in Wirklichkeit nicht vorhandene — erhöhte Berufsgefahr in Kernenergieanlagen wäre unzumutbar und könnte den Menschen davon abhalten, dort zu arbeiten, haben sich nicht bewahrheitet. In anderen Industriezweigen muß häufig unter erheblich ungesünderen Bedingungen gearbeitet werden. Die höheren Anforderungen der Kernenergieanlagen an das technische Personal beziehen sich nicht auf die körperliche Konstitution, sondern auf die Ausbildung, die Fähigkeiten und das Verantwortungsbewußtsein. Da diese Forderungen eine entsprechend höhere Dotierung und damit bessere soziale Einstufung einer solchen Tätigkeit voraussetzen, ist die Anziehungskraft des neuen Industriezweiges keineswegs gering; so beschäftigt beispielsweise das Kernkraftwerk Calder Hall allein rund 50 Akademiker, 80 Mann technisches Aufsichtspersonal und mehr als 500 Facharbeiter (Pers. Inform. d. Verf.). Man kann sogar mit

Befriedigung feststellen, daß als Motiv für die Arbeit in der Kernindustrie auch ein gewisser Pioniergeist gar nicht so selten ist. Störend wirkt sich eher der jetzt noch spürbare Mangel an geeigneten Ausbildungsstätten und -fachkräften aus, doch ist deren organischer Ausbau parallel zur Entwicklung der technischen Kernenergienutzung zu erwarten.

II. Soziopsychologie und Kernenergie

Ob und in welchem Umfang die Kernenergie für friedliche Zwecke der Menschheit nutzbar gemacht werden kann, hängt nicht nur von den physikalisch-chemisch-technischen Gegebenheiten, von dem Sicherheitsgrad, dem objektiven Bedarf und anderen meßbaren oder sonstwie zu ermittelnden Voraussetzungen ab; von vielleicht ebenso großem Einfluß sind und bleiben vorerst psychologische, emotionelle Momente, die, oft durch scheinbar irrationale Faktoren unbewußt oder absichtlich ausgelöst, ein Fördernis oder öfter ein fast unüberwindliches Hindernis darstellen können, besonders wenn sie als Massenmeinung oder gar -psychose weiteste Kreise erfassen. Solche soziopsychologischen Momente mögen hier und da stärker oder schwächer ausgeprägt sein, jedoch müssen selbst extrem autoritäre Wirtschaftssysteme auf sie Rücksicht nehmen.

Da die Kernenergie für die breite Öffentlichkeit ein völliges Novum darstellt, dessen Funktion und Erscheinungsformen ihrer Denkweise und Sinnenwelt ganz und gar fremd sind, da ferner die erste Anwendung die einer apokalyptischen Vernichtung gewesen ist, trifft sie oft in besonders starkem Maße auf emotionell bedingte Widerstände. Es ist noch nicht lange her, seit man überhaupt begonnen hat, diesen Fragen systematisch nachzugehen, um die mit spontanen, unvorhergesehenen Reaktionen verbundenen Schwierigkeiten oder gar bilderstürmerischen Gefahren im Interesse der Allgemeinheit selbst zu beseitigen (WHO, 1958). In einer klaren Diagnose liegt ja meist schon ein Großteil der Heilung. Diesen Bemühungen kommt zugute, daß der Mensch, wahrscheinlich dank der Generationenfolge mit ihren immer wieder neu ablaufenden Anpassungs- und Gewöhnungsphasen, sich sogar auf rigorose Änderungen der Lebensbedingungen seit jeher recht schnell eingestellt hat.

In dem Spezialbericht der Weltgesundheitsorganisation (WHO, 1958) wird allerdings mit Recht konstatiert, daß die zeitliche Aufeinanderfolge einschneidender Veränderungen immer dichter wird. Wird die Frequenz schließlich zu rasch, so wird das Adaptationsvermögen überschritten und es kann zu starken psychischen Allgemeinreaktionen kommen. Selbst die erste industrielle Revolution des vorigen Jahrhunderts mit ihrem vergleichsweise noch langsamen Übergang von der Handarbeit zur Mechanisierung hat starke Reaktionen hervorgerufen. Diese können leicht pathologischen Charakter dann annehmen, wenn die Logik durch emotionelle und weltanschauliche Momente überlagert oder ganz verdrängt wird.

Die Kernenergie findet auch insofern eine ungünstigere Zeitkonstellation vor, als viele traditionelle Wertsysteme und Sozialstrukturen geschwächt oder verschwunden sind, die noch vor einer oder zwei Generationen einen automatisch stabilisierenden Faktor der Kultur- und Zivilisationsprinzipien bildeten.

Hinzu kommt, daß die ungeheure Ausweitung der Informationsmittel weitesten Kreisen ein gewisses Maß an oft zusammenhanglosen Pseudokenntnissen verschafft, die dann als Basis für eine subjektiv scheinbar festgegründete Urteilsbildung dienen. Da aber in der Presse „eine schlechte Neuigkeit eine gute Neuigkeit ist" (vgl. WHO, 1958, p. 22/23), ist diese Basis meist recht einseitig.

Diese Einseitigkeit belastet die Kernenergie ganz erheblich. Die Inbetriebnahme von Kernkraftwerken hat sich leider in aller Stille vollzogen, über ihr ordnungsgemäßes Arbeiten wird der Öffentlichkeit kaum eine Nachricht bekannt. Über irgendwelche Zwischenfälle dagegen wird stets eingehend berichtet, dazu in einer Form und mit Kommentaren, die an Sachkenntnis und Sachlichkeit alles zu wünschen übrig lassen.

Den oberflächlichen Informationen überlagert sich dann das Unvermögen, sich die gegenüber anderen Energieträgern ungeheure Energiekonzentration im Kernbrennstoff vorzustellen, ohne gleichzeitig damit vertraut zu sein, welchen Aufwandes es bedarf, um diese Energiemengen auslösen zu können.

In summa äußern sich alle diese Faktoren nur ausnahmsweise in einem euphorischen Fortschrittsglauben, in der Regel wird die Reaktion negativ sein. Welche psychohygienischen Maßnahmen geeignet sind, individuelle und populationspsychische Schäden zu verhindern, ist von der bereits zitierten Sachverständigengruppe der WHO in großen Zügen untersucht worden. Die Ergebnisse und Befunde, die nicht nur daraus und von Psychiatern stammen, sondern auch als spezifische Beobachtungen im Laufe der hinter uns liegenden, mehrjährigen Phase des Ausbaues von Kernkraftwerken gewonnen sind, sollen nachstehend in einigem Detail dargestellt werden.

Eine Schädigung der geistigen Leistungsfähigkeit und anomale psychische Reaktionen als Folge einer massiven Strahlenschädigung des Gehirns werden hier nicht berücksichtigt, da sie praktisch insofern kaum vorkommen, als Strahlendosen, die die Nervensubstanz signifikant schädigen, für den übrigen Körper bereits sicher tödlich sind (vgl. Abschn. G II b 2).

Die Frage der psychischen Reaktion des Einzelnen und größerer Bevölkerungskollektive gegenüber der Kernenergie und ihren Auswirkungen muß vor dem weltweiten soziologischen Hintergrund der Gegenwart (s. o.) gesehen werden, um einigermaßen verständlich zu werden. Es ist bekannt, daß derjenige, der in einer gewissen Lebensform verankert ist und sich mehr oder weniger mit ihr identifiziert, gegen neue Phänomene am wenigsten empfindlich ist. Dem steht aber eine generell zu beobachtende soziale Desorganisierung während der letzten Jahrzehnte gegenüber. Diese ist vorwiegend durch die immer rascher, gewissermaßen autokatalytisch ablaufende technisch-wirtschaftliche Entwicklung bedingt.

In bereits hochindustrialisierten Staaten haben sich Teile der Bevölkerung in gewissem Maße an diese Kontinuität der Veränderung gewöhnt; der überwiegende Anteil aber steht ihr, weil geistig minder elastisch und anpassungsfähig, hilflos gegenüber. So wie für die verschiedenen Individuen, so gelten diese Unterschiede auch für verschiedene Völkergruppen. Besonders gefährdet erscheinen unter diesem Gesichtspunkt die unterentwickelten Völker und Länder, die einerseits einen großen zivilisatorischen Rückstand in kürzester Zeit wettmachen wollen, damit aber zwangsläufig ihr Lebensmilieu und ihre Lebensauffassung vom oft noch archaischen Dämonenglauben zum Kernkraftwerk im Laufe von höchstens einer oder zwei Generationen umstellen sollen. Die Diskrepanz zwischen Angestrebtem und Erreichtem ist dort oft so kraß, daß sie zur völligen innerlichen Desorganisierung führt und große Gemeinschaften psychisch unfähig macht, gegebene Möglichkeiten zu nutzen. Der afrikanische Raum liefert gegenwärtig solche Beispiele, wenngleich es dort noch nicht um die Kernenergie geht.

Gleichartigen, wenn auch quantitativ geringeren Schwierigkeiten sehen sich aber auch die hochindustrialisierten Staaten bei der beginnenden Nutzung der Kernenergie gegenüber. In gewissem Umfang liegt das daran, daß sich wegen oder zuweilen unter dem Vorwand der potentiellen Gefahren des Gebrauches oder gar Mißbrauches dieser neuen Energie umfangreiche Gremien und Behörden in die Entwicklungsplanung eingeschaltet haben. Diese Körperschaften sind naturnotwendig viel unbeweglicher und unkoordinierter als der Einzelne. Ihre Aktivität äußert sich vor allem in Plänen, Kontrollen usw., dagegen selten in entscheidender Initiative. Vor allem aber wird viel zu wenig beachtet, daß auch solche Behörden und sonstigen Planungskorporationen als Individuen höherer Ordnung psychische Reaktionen ähnlich der eines Einzelmenschen zeigen können. Wenn durch zu optimistische Projekte übertriebene Hoffnungen geweckt worden sind, wirkt sich ihre teilweise Undurchführbarkeit enttäuschend und ernüchternd aus und führt oft zur Resignation.

Gerade die Kernenergie hat diese Erscheinungen deutlich gemacht. Nach den beiden Konferenzen in Genf über die friedliche Ausnutzung der Kernenergie in den Jahren 1955 bzw. 1958 schlug die Einstellung in fast allen Staaten, aber auch in den internationalen Gremien von rosenrotem Optimismus zu oft extremem Pessimismus um. Kühne Atompläne wurden revidiert und oft radikal zusammengestrichen. Dabei ist allerdings zu vermerken, daß zumindest die offizielle Motivierung weniger auf dem Gebiet des gesundheitlichen, biologischen als auf dem des angeblich zu großen wirtschaftlichen Risikos lag.

Zu diesen weitgehend auch für andere industrielle Probleme (z. B. Umstellung von Kohle auf Öl, Automatisierung, Raumflug usw.) geltenden Erscheinungen kommen einige für die Kernenergie spezifische hinzu, die weiter oben schon kurz angedeutet wurden.

Die Einstellung der Allgemeinheit zur Kernenergie wird entscheidend dafür bleiben, ob man rechtzeitig und nicht erst zur Zeit der Erschöpfung der konventionellen Energieträger (vgl. KI) davon ausreichenden Gebrauch machen wird oder nicht. Die darüber letzten Endes entscheidenden Kräfte der Wirtschaft und der Politik müssen darauf Rücksicht nehmen. Es liegt aber, um es vorwegzunehmen, auch weitgehend in ihren Händen, die öffentliche Meinung in Richtung einer sinnvollen Einstellung zu beeinflussen.

Allerdings ist es notwendig, daß dabei wissenschaftlich gebildete Kräfte, vor allem solche mitwirken, die mit der Kernenergie, der Strahlenbiologie, der Soziologie und der Psychologie bestens vertraut sind (A. CHAVANNE, 1958).

Die Reaktion der Öffentlichkeit wird heutzutage, worauf die Philosophie Heideggers schon vor Kenntnis der Kernenergie hinweist, stark vom Erlebnisphänomen der *Angst* beeinflußt. Dieser Begriff ist gegenüber dem der *Furcht*, der objektbezogen ist, insofern abzugrenzen, als die Angst einen undefinierten, nicht klar gegenstandsbezogenen Furchtzustand darstellt (J. THYSSEN, 1959).

Es sind nur ganz bestimmte Bevölkerungskategorien, die gegen einen solchen Angstzustand, der durch eine subjektiv unklare technische Bedrohung hervorgerufen wird, weitgehend gefeit sind. Man kann sie ohne Schwierigkeiten in drei Gruppen zusammenfassen, die wie folgt gekennzeichnet sind:

1. Weitgehende Stumpfheit und begrenztes Denkvermögen;
2. Umfassende Kenntnisse, Erfahrung und geschultes Kausaldenken;
3. Besondere weltanschauliche Grundhaltung (vor allem bei ostasiatischen und orientalischen Völkern zu finden).

Demgegenüber ist der zwischen den beiden ersten Gruppen liegende Zwischenbereich, also das breite Publikum mit meist oberflächlichem und einseitigem Wissen und Denken, psychisch besonders anfällig und gefährdet. Die vorstehende Aufteilung deutet aber bereits einen geeigneten Weg an, wie dieses Hindernis durch geeignete Aufklärung im Interesse der Kernenergienutzung abgeschwächt oder beseitigt werden kann. Weiter unten wird darauf zurückzukommen sein.

Es ist somit erklärlich, daß in weiten Kreisen vor allem des älteren Publikums aus dem mangels näherer Kenntnisse sehr unklaren Gefühl der Bedrohung durch die Atomkernenergie ein solcher unbewußter Angstzustand hervorgerufen wird, der zu emotionellen Abwehrreaktionen führt, auf die fast regelmäßig jeder Plan zur Installation eines Kernkraftwerkes stößt. Konkrete Beispiele dafür liegen aus England, der Bundesrepublik, Japan und anderen Ländern vor.

Beim Bekanntwerden der Errichtung eines Kernkraftwerkes in Bradwell in der Grafschaft Essex ging die Zahl der Einsprüche seitens der unterschiedlichsten Körperschaften und Verbände über hundert hinaus. Sie konnten aber nach und nach in durchaus sachlicher Weise behoben werden, wobei zugegebenermaßen auch die englische Mentalität eine Rolle spielte (L. v. ERICHSEN, 1959 II).

Die Pläne, das Kernforschungszentrum Karlsruhe zu errichten, versetzten die anliegenden Gemeinden für eine gewisse Zeit in Panikstimmung (H. EHLERS, 1957; E. BITZER, 1957), die durch sensationelle Pressenachrichten noch verstärkt wurde. Es würde zu weit führen, die oft absurden Einwände gegen den Reaktorbau zu zitieren. Aber wiederum machte sich die positivere Informierung durch sachliche Aussprachen mit Fachleuten bei der Mehrzahl der Beteiligten nach einiger Zeit bemerkbar. Dem ersten Schock folgte eine neutrale Phase, und heute ist das Kuriosum zu verzeichnen, daß gerade der Landkreis Karlsruhe mit besonderer Betonung der Erstmaligkeit das Atomsymbol in sein neues Wappen aufgenommen hat.

In anderen Staaten, so in der Schweiz, Schweden (H. LAUPSIEN, 1956) und Belgien (Pers. Inform. d. Verf.) blieben derartige ablehnende Reaktionen aus; dort hatten, neben einer gemäßigten Haltung der Tagespresse, auch andere Informationsmittel für eine rechtzeitige und immer wiederholte sachliche Aufklärung gesorgt (z. B. H. VERHAEGEN, 1956).

Um der Kernenergie zu einer nicht durch emotionelle Ressentiments behinderten Entwicklung zu verhelfen, sind demnach alle Wege einer anhaltenden und objektiven Informierung der Öffentlichkeit auf die Dauer geeignet. Sie sind auch moralisch vertretbar, so lange sie wirklich objektiv bleiben (Y. SOUSSELIER, 1961). Jede Bagatellisierung oder bewußte Falschdarstellung würde früher oder später doch erkannt und würde durch das neu entfachte Mißtrauen sogar die entgegengesetzte Wirkung haben. Eine solche Beunruhigung kann auch dann wieder nachträglich entstehen, wenn irgendwelchen der Kernenergie dienenden Einrichtungen der Nimbus der potentiellen kriegerischen Anwendbarkeit zugemessen wird (vgl. z. B. die langlebige Weltsensation des Themas „Uranzentrifugen" im Jahre 1960).

Am geringsten ist die gefühlsmäßige Abneigung gegen den Begriff der Atomkernenergie (im weitesten Sinne, einschließlich der Atombombe) in den besonders fortschrittsgläubigen Vereinigten Staaten. Dort haben Meinungsforschungsinstitute ermittelt, daß fast 70% der Befragten an eine Art von goldenem Atomzeitalter glaubten (L. R. FOSTER, 1956), zum Teil wahrscheinlich auf Grund der vorausgegangenen Mitteilungen über die euphorische Grundtendenz der 1. Genfer Konferenz über die friedliche Anwendung der Kernenergie (s. o.) des Jahres 1955. In den USA haben zudem fast alle an der Kernenergiewirtschaft interessierten großen Unternehmen und Verbände das Fernsehen, den Film und selbst die Science-Fiction-Literatur in den Dienst ihrer Sache gestellt. Als Parallele dazu ist etwa das auf dem deutschen Büchermarkt erschienene, sich an die Jugend wendende ausgezeichnete Buch „Unser Freund das Atom" (W. DISNEY, 1958) erwähnenswert.

Auch in manchen anderen Ländern geht man ähnliche Wege der „Psychotherapie der Atomangst" (WHO, 1958). Die Kernenergieanlagen von Calder Hall, ebenso die von Mol in Belgien, sind dem breiten Publikum zur Besichtigung freigegeben, wobei die Besucher leicht verständliche, aber sachlich einwandfreie Informationen erhalten (z. B. C.E.A.E.N., 1958). Die immer mehr zunehmende Besucherzahl, darunter bemerkenswert viele Schüler und Jugendliche, können sich ohne besondere Erschwernisse durch Augenschein davon überzeugen, daß es sich um wohlgeplante, übersichtliche und bequem zugängliche Werke handelt, denen wider Erwarten das Odium des Drohenden und Geheimnisvollen fehlt, und die gegenüber anderen Industrieanlagen den großen Vorzug besitzen, frei von Rauch und Schmutz zu sein.

Diese Prinzipien sind sicher sinn- und wertvoller als eine etwa durch extrem abgelegene und unzugängliche Installation von Kernkraftwerken demonstrierte, übertriebene Sicherheitsfürsorge, die sehr leicht als Bestätigung eines besonders hohen Risikos ausgelegt wird.

Dieser Abschnitt kann abschließend dahingehend zusammengefaßt werden, daß eine der Öffentlichkeit ohne deren innere Stellungnahme aufgezwungene Kernenergienutzung rein friedlichen Charakters Angst- und Panikgefühle auslöst, die sich in soziologischen und psychischen Abnormreaktionen äußern können und daher nicht tragbar sind. Eine vernünftige und stetige Aufklärung über die Eigenheiten der Kernenergie läßt diese allmählich nicht mehr als ein Spezialgebiet erscheinen, das ausschließlich mit besonderen Problemen und Gefahren behaftet ist, sondern sich in den größeren Bereich der allgemeinen Technik einfügen läßt. Ebenso wie bei der herkömmlichen Industrie, wird die Allgemeinheit dann auch den nicht völlig vermeidbaren — und sicher nicht sehr schwerwiegenden — Zwischenfällen gegenüber eine entsprechende Toleranz zeigen.

L. Wirtschaftliche Aspekte der Kernenergienutzung

Wenngleich vorher zu zeigen versucht wurde, daß eine Vielzahl sehr unterschiedlicher Faktoren die Notwendigkeit und Möglichkeit, die Kernenergie für friedliche Zwecke zu nutzen, entscheidend beeinflußt, so darf daneben die energie- und allgemeinwirtschaftliche Seite nicht außer acht gelassen werden.

Die Kernenergie nur um ihrer Neuartigkeit und um der Demonstration des technischen Fortschrittes willen *um jeden Preis* einzusetzen, wäre keinesfalls zu verantworten. Vielmehr darf der Gesamtnutzgrad dieser neuen Energiequelle nicht merklich schlechter sein als der anderer Energieträger, wenn sie nicht nur eine kostspielige technische Spielerei sein soll. Der Gesamtnutzgrad λ soll dabei definiert werden als

$$\lambda = \eta_T (1-E) \cdot Q, \qquad (14)$$

worin η_T den thermischen Wirkungsgrad, E den Eigenverbrauchsanteil und Q die Erzeugungskostenrelation

$$Q = \frac{\text{kWh-Preis, konventionell}}{\text{kWh-Preis, nuklear}} \qquad (15)$$

zwischen konventionell und nuklear erzeugter Energie bedeuten sollen.

λ hängt selbstverständlich von der Art der gelieferten Energie, von der zeitlichen Lastverteilung, örtlichen Gegebenheiten usw. ab; auch darf nicht übersehen werden, daß η_T, E und Q sich gegenseitig beeinflussen.

Wir haben daher nunmehr zu prüfen, für welche Zwecke die Kernenergie überhaupt sinnvoll eingesetzt werden kann, wo und wofür ein vordringlicher Bedarf besteht und wie er sich voraussichtlich zeitlich entwickeln wird; ebenso, welchen technischen und wirtschaftlichen Faktoren besondere Aufmerksamkeit zu schenken ist, um einen maximalen Nutzgrad zu erzielen. Die früher gemachten, vorwiegend qualitativen Erwägungen (vgl. B II b, J II und K I) finden dadurch ihre quantitative Ergänzung.

Dazu ist eine Analyse der gegenwärtigen Energiesituation, ihrer bisherigen Entwicklung und ihres zu erwartenden, künftigen Verlaufes unentbehrlich. Während für die beiden ersten recht gut übereinstimmendes Material ausgewertet werden kann, weisen die Prognosen, wie nicht anders zu erwarten, eine breite Streuung auf, in der sich oft die Grundeinstellung der Prognostiker wiederspiegelt.

I. Entwicklung und Aufschlüsselung der Weltenergieproduktion

Den zunehmenden Einsatz von Primärenergieträgern im Laufe der letzten hundert Jahre spiegelt die Abb. 37 wieder. Neben der

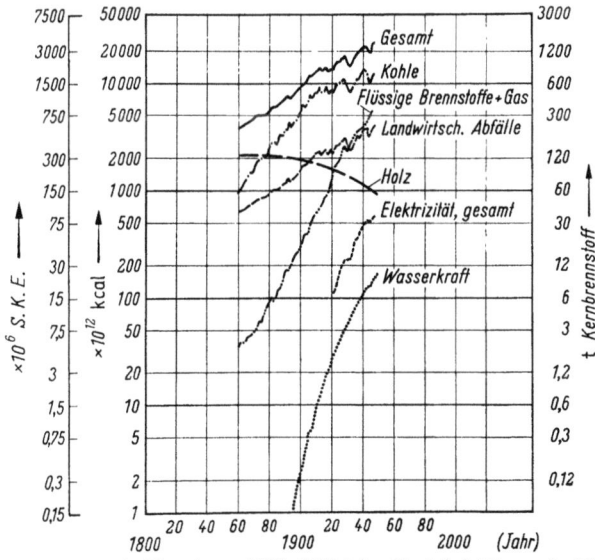

Abb. 37. Primärenergie-Einsatz von 1860—1950 (ohne Berücksichtigung des Wirkungsgrades), in Kalorien, Steinkohleneinheiten (SKE) und Kernbrennstoff-Äquivalenten. (Nach P. C. PUTNAM, 1953; ergänzt und ins metrische System umgerechnet)

allgemeinen, ansteigenden Tendenz kommt darin auch der Einfluß negativer Momente (Weltwirtschaftskrise 1930, Koreakrieg) zum Ausdruck. Die eingesetzte Energie ist in der Abbildung sowohl kalorisch als auch in Steinkohleneinheiten (SKE) wie in Kernbrennstoffäquivalenten wiedergegeben. Die Werte vernachlässigen den Wirkungsgrad bei der Umwandlung der Primärenergie in die vom Verbraucher benötigte Energieform. Da dieser immer weiter verbessert worden ist und noch wird, ergäbe eine Kurve für den Gesamtenergie*konsum* einen etwas steileren Anstieg.

Es ist offensichtlich sehr schwierig, aus dem bisherigen Verlauf der Kurven der Abb. 37 Schlüsse auf den Zukunftsbedarf zu ziehen, ohne daß dieser Extrapolation allzu große Ungenauigkeiten anhaften. Dafür kann man ergänzend die Entwicklungstendenz in einigen führenden Industrieländern heranziehen (Abb. 38). Die bereits hoch industrialisierten Vereinigten Staaten, Großbritannien und die Bundesrepublik weisen nach einer sichtlichen Zunahme im Energieverbrauch während der ersten Hälfte der fünfziger Jahre, einer Begleiterscheinung der beginnenden Hochkonjunktur, der starken Investierung und des zunehmenden Sozialprodukts, ein scheinbares Stagnieren in der zweiten Hälfte des letzten Dezenniums auf.

Die dem Verbrauch an Primärenergieträgern korrespondierende Leistung ist aber zweifellos auch in dieser Zeit weiter angestiegen, da der Anteil der mit höherem Wirkungsgrad verwertbaren Primärenergie (Erdöl, Erdgas usw.), wie die Abb. 38 ebenfalls zeigt, vor allem auf Kosten der Kohle allenthalben zugenommen hat; als mittlerer Wirkungsgrad bei der Verwertung der Primärenergieträger ist derzeit ein solcher von $29 \pm 4\%$ anzunehmen (R. HEDE, 1953).

Die Sowjetunion zeigt auf Grund ihres hohen Nachholbedarfes und ihrer Planwirtschaft eine davon abweichende Tendenz. Der Anstieg ist recht gleichmäßig und betrifft alle nutzbaren Primärenergieträger einschließlich der Kohlen. Man kann sicher annehmen, daß nach einer gewissen Anlaufzeit viele der derzeit technisch noch unterentwickelten Länder ein ähnliches Bild zeigen werden, wie es die Sowjetunion bietet; d. h. daß dort die Energieerzeugung über lange Zeit einen stetigen und recht steilen Anstieg aufweisen wird, bis er sich auf ähnliche Werte wie in den Industriestaaten einpendelt (z. B. Portugal: A. A. MANZANARES, 1958).

Neben der Entwicklung der Gesamtenergie gibt erst ihre Aufteilung in die verschiedenen primären Energieträger ein klareres Bild. Fast in der gesamten Welt büßt die Kohle ihre bisher dominierende Bedeutung ein, am wenigsten noch in denjenigen Ländern, die den Ausbau ihrer Energieerzeugung besonders forcieren (s. o.). Dieser Schwund geht zugunsten der fluiden Brennstoffe Erdöl und Erdgas. Meist übersehen, aber anteilsmäßig nicht zu vernachlässigen ist der Anteil der landwirtschaftlichen Abfälle (vgl. Abb. 37, S. 167), die in manchen Ländern eine bedeutende Rolle spielen, vor allem für Heizzwecke (Argentinien, Brasilien, Indien usw.); sie wurden mengenmäßig erst etwa 1930 vom Öl übertroffen. Demgegenüber wird der Anteil der Wasserkraft oft überschätzt. In

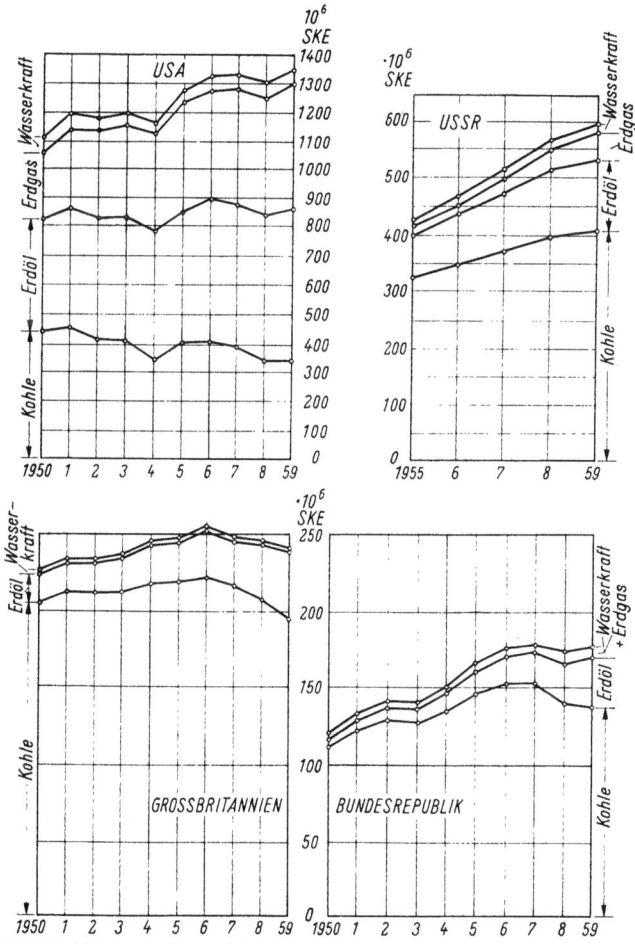

Abb. 38. Entwicklung und Aufschlüsselung des Energieverbrauches der USA, USSR, Großbritanniens und der Bundesrepublik im letzten Dezennium. (Nach Unterlagen der Shell, 1960)

allen Kurven der Abb. 37 u. 38 liefert sie einen fast konstanten, bescheidenen Beitrag. Daran läßt sich schon hier die recht sichere Prognose anknüpfen, daß auch künftig der Wasserkraftanteil sicherlich nicht wesentlich stärker werden wird (P. D. TEITELBAUM, 1958; W. HUFT, 1961), trotz des Ausbaues immer weiterer und größerer Anlagen (Niagara: 2190 MW; Bratsk an der Angara in Sibirien: 4500 MW, usw.). Die Hauptursache liegt darin, daß die gut zugänglichen und mit vertretbarem technischem Aufwand ausbaubaren Wasserkräfte bereits genutzt werden. Für Neuerschließungen werden diese Bedingungen immer ungünstiger und erfordern immer höhere Investierungskosten.

Unter Wasserkraftwerken sind hier nur die Speicher- und Laufkraftwerke zu verstehen; Gezeitenkraftwerke werden sie zweifellos später in gewissem Umfang ergänzen. Da ihre technische Verwirklichung aber noch in den Kinderschuhen steckt, so z. B. in Frankreich, sind irgendwelche quantitative Aussagen trotz des hohen Energiepotentials noch verfrüht.

Die Entwicklung des Primärenergie*einsatzes* stellt nur einen der vielen Faktoren dar, die einen Anhalt für die zukünftige energiewirtschaftliche Situation liefern und für die Rolle, die die Kernenergie darin spielen wird. Ebenso wesentlich ist die Struktur des Energie*bedarfes*, sowohl bezüglich der Art der benötigten Energie als auch der zeitlichen Veränderungen dieses Bedarfes. Als Ordnungsprinzip wird bei dieser Analyse die Reihenfolge der Energieformen, ausgehend vom Reaktor selbst, benutzt werden.

II. Aufschlüsselung des Energiebedarfes

a) Strahlungsenergie

Die im Kernreaktor primär entstehende Strahlungsenergie hat als neue Energieform in der technischen Nutzung das Versuchsstadium noch nicht überschritten; ihr Anwendungsbereich wird wahrscheinlich auch in Zukunft recht begrenzt bleiben, wenngleich chemotechnische Reaktoren für spezielle chemische Prozesse bereits diskutiert, gleichzeitig aber auch die Grenzen ihrer Anwendbarkeit gezeigt worden sind (R. F. R. COEKELBERGS, 1958; P. HARTECK, 1958; R. MIHAIL, 1958; W. RIEZLER, 1958; D. BERTRAM, 1960; A. SCHARMANN, 1960; H. KRAUCH, 1961; L. WIESNER, 1961).

Der Sterilisation von Lebensmitteln und anderen Produkten durch hohe Strahlendosen steht man nach anfänglichem Optimismus heute wieder recht skeptisch gegenüber; in den USA hat man entsprechende Projekte stark reduziert, da die stofflichen Veränderungen recht weitgehend, oft sogar schädlich sind, auch läßt sich eine Aktivierung durch n, γ- und γ, n-Prozesse nicht ganz vermeiden.

b) Wärmeenergie

Im Reaktor wird als erste konventionelle Energieform die Wärme erhalten (vgl. auch Tabelle 3, S. 7). Für Wärmeenergie gibt es eine Reihe von Großverbrauchergruppen, deren Bedarf je nach dem benötigten Temperaturbereich technisch verschiedene Ansprüche stellt und entsprechend unterteilt werden muß.

1. Hochtemperaturwärme ($> 1200°$)

Hierzu gehören folgende wichtigste Verbrauchergruppen:
— Eisen- und Stahlindustrie;
— Industrie der Nichteisenmetalle;
— Kokereien und Gaswerke (Unterfeuerung);
— Keramische und Glasindustrie;
— Zement- und Kalkindustrie.

Diese Industriezweige sind durch einen kontinuierlichen und weitgehend konstanten Energieverbrauch gekennzeichnet. Die konstruktive Entwicklung ihrer Anlagen ist auf fossile Brennstoffe eingestellt, und es sind noch keine Ansätze zu einer direkten Nutzbarkeit der Nuklearwärme in diesen Industriebranchen zu erkennen. Die größte Schwierigkeit liegt in der dafür notwendigen, räumlich engen Kopplung von Reaktor und Wärmeverbraucher sowie im Fehlen brauchbarer Wärmeübertragungsmittel, wofür auch geschmolzene Metalle vorerst ausscheiden.

2. Mitteltemperaturwärme (500—1000°)

Wärmeenergie dieses Temperaturbereiches findet vor allem in vielen Spezialprozessen der chemischen Industrie Anwendung, so für die Herstellung und Umwandlung von Synthesegasen, für katalytische Verfahren, Schwelereien, Crackprozesse usw.; der Energiebedarf ist zeitlich sehr konstant.

Auch hier erhebt sich als Hindernis der Mangel an geeigneten Medien für die Wärmeübertragung, vor allem von Flüssigkeiten oder kondensierbaren Dämpfen mit hohem Wärmeinhalt. Gase gestalten die Anwendung unwirtschaftlich, da ihr großes Volumen und ihre niedrige spezifische Wärme zu große und kostspielige Leitungsquerschnitte und Fördereinrichtungen erforderlich machen.

3. Niedertemperaturwärme (100—500°)

Der Wärmebedarf innerhalb der Temperaturspanne von 100 bis 500° ist ebenfalls sehr groß, allerdings zeitlich viel weniger konstant; das liegt vor allem daran, daß hier auch die nichtindustrielle Heizwärme einen beachtlichen Anteil konsumiert, der Bedarf daran aber im Laufe des Tages und der Jahreszeiten sehr starken Schwankungen unterliegt. Als wichtigste Verbrauchergruppen treten hier in Erscheinung:
— *Chemische und verwandte Industrie* (Heizdampf für Produktionseinrichtungen) mit stetigem Bedarf;
— *Großheizwerke* für nichtindustrielle Beheizung: Bedarf jahreszeitlich stark veränderlich mit überlagerten kurzen Schwankungsperioden.

Hierzu kommen voraussichtlich in zunehmendem Umfang:
— *Großwarmhausanlagen* mit zeitlich veränderlichem Wärmebedarf;
— *Süßwasserherstellungsanlagen* zur Erschließung arider Gebiete, gekennzeichnet durch weitgehende Konstanz des Wärmebedarfs.

Da der Temperaturbereich bis 500° es gestattet, als Wärmeübertragungsmedium Wasser in Form von Dampf oder Druckwasser (vgl. auch Abschn. G II a 1 u. 4) zu verwenden, und da die Technologie sich dabei lediglich konventioneller Einrichtungen zu bedienen braucht, liegt hier nicht nur ein potentielles Einsatzgebiet der Kernenergie, sondern sie hat auch schon praktischen Eingang gefunden. So finden wir das mit Kernenergie betriebene, ausschließlich für Haushaltsheizung bestimmte Heizkraftwerk ADAM in der Nähe von Västerås, Schweden, mit einer Wärmeleistung von 75 MW (I. WIVSTAD, 1958). Für spezielle Zwecke sind Diphenyl und Polyphenyle ebenfalls als Wärmeübertragungsmedien in Betracht zu ziehen. Sie haben zudem gegenüber Wasser den Vorteil niedriger Dampfdrucke und fehlender Korrosivität (vgl. auch B II a 3, spez. S. 34).

Noch größeres Interesse als die Haushaltsheizung findet im Hinblick auf den gleichmäßigen und somit kostengünstigen Bedarf die Erzeugung industriellen Heizdampfes, auf den z. B. in den USA etwa ein Viertel der gesamten industriellen Wärmeerzeugung entfällt (U. HOCHSTRASSER, 1959). Der Siedewasserreaktor von Halden, Norwegen, dient in erster Linie solchen Studien über die rationelle Erzeugung von Industriedampf (N. HIDLE, 1958). Seitens eines amerikanischen Firmenkonsortiums ist mittlerweile sogar — ohne finanzielle Hilfe seitens der USAEC — ein Reaktor zur Industriedampferzeugung auf den Markt gebracht worden, der es gestattet, die Tonne Dampf für etwa 7 DM zu produzieren (Atomic Markets, 1958).

c) Elektrische Energie für Direktverbrauch

In dieser Gruppe sollen lediglich diejenigen Stromverbraucher berücksichtigt werden, die die elektrische Energie als solche verbrauchen, also nicht erst nach Umwandlung in andere Energieformen:

— *Elektrochemische Werke*, gekennzeichnet durch kontinuierlichen und praktisch konstanten Verbrauch;
— *Elektro-Hochofen- und Stahlwerke* mit ebenfalls gleichmäßigem Bedarf;
— *Post und Elektronik* im weitesten Sinne mit kontinuierlichem Verbrauch und einer Bedarfssenke in den Nachtstunden;
— *Beleuchtung und nichtindustrielle Beheizung*, charakterisiert durch starke Tagesschwankungen des Bedarfes mit einer überlagerten jahreszeitlichen Variation.

Da die Erzeugung elektrischer Energie gegenwärtig und in der absehbaren Zukunft das Hauptverwendungsgebiet der Kernenergie darstellt, wird auf ihre Einsatzaussichten und -notwendigkeiten weiter unten näher eingegangen, nachdem die dafür zu berücksichtigenden technisch-wirtschaftlichen Faktoren untersucht worden sind.

d) Bewegungsenergie (Mechanische Energie)

1. Produktionswesen

— *Primärproduktion* (Bergbau, Landwirtschaft usw.);
— *Verarbeitende Industrie* (Maschinen- und Apparatebau, Gewerbebetriebe, chemische Industrie, Nebenbetriebe der Kernindustrie, Bauindustrie usw.).

Soweit diese Verbrauchergruppen feste Standorte besitzen, verwenden sie größtenteils elektrischen Strom zur Umwandlung in die benötigte mechanische Energie.

2. Transportwesen

— *Massentransport* (See- und Flußschiffe, Eisenbahnen einschl. Nahverkehrsmitteln);
— *Klein- und Mitteltransport* (Kraftfahrzeuge und Flugzeuge).

Da die Wasserfahrzeuge der ersten Gruppe ein individuelles Antriebsaggregat benötigen, bieten nur sehr große Einheiten von Seeschiffen (vgl. Abschn. J II a) der Kernenergie ein sinnvolles Anwendungsgebiet.

Auf dem Transportsektor sind außerdem schon Reaktorlokomotiven diskutiert worden (vgl. z. B. W. RIEZLER, 1958, p. 397 ff.); diese Möglichkeit dürfte jedoch technisch bereits heute überholt sein, da man überall von der Dampf- über die Diesellokomotive mehr und mehr vom Individualantrieb zur Streckenelektrifizierung, d. h. zur viel rationelleren zentralen Energieversorgung übergeht. Damit verlagert sich der Primärenergiebedarf auch hier auf das Gebiet der elektrischen Energie.

Für Kraftwagen und Luftfahrzeuge (vgl. Abschn. J II b) ist die unmittelbare Anwendung von Kernreaktoren in ihrer gegenwärtigen technischen Ausführbarkeit nicht diskutabel (z. B. C. A. REYNOLDS, 1956).

3. Allgemein zivilisatorischer Bedarf

In diese Rubrik fallen vor allem der Haushaltsbedarf und derjenige der öffentlichen Einrichtungen (Wasserversorgung, Klimatisierung, Haushaltsmaschinen usw.). Der Anteil am Gesamtstrombedarf ist beträchtlich, aber starken zeitlichen Fluktuationen unterworfen.

Aus der im vorstehenden Abschnitt vorgenommenen Aufschlüsselung der Art des Energiebedarfes, wie er durch die Verbraucherstruktur gegeben ist, ergibt sich zusammengefaßt folgendes Bild.

Eine Reihe von Konsumentenkategorien benötigt nach Art oder Zufuhr die Energie in einer Form, für die die heutigen Kernreaktoren noch nicht adäquat sind und es z. T. auch niemals sein werden. Andere wiederum sind dem Einsatz der Kernenergie durchaus zu erschließen bzw. schon erschlossen. Dabei kann man zwei Gruppen unterscheiden:

a) Selbsterzeuger der verbrauchten Energie (z. B. Schiffe);
b) Verbraucher von Fremdenergie (als Elektrizität oder Wärme).

Für die Verbrauchereinheiten der ersten Art bedeutet der Übergang zur Kernenergie eine recht einschneidende Umstellung. Im vorliegenden Beispiel der Seeschiffe sind es konstruktive Änderungen und eine vergleichsweise fast beliebige Vergrößerung des Aktionsradius; eventuell Beschränkung auf bestimmte Fahrtrouten, Häfen oder Hafenteile, gegebenenfalls eine obligatorische Strahlenquarantäne; teilweise Änderung der technischen Qualifikation der Besatzung usf. (P. DE LATIL, 1960).

Die Bezieher von Fremdenergie der zweiten Gruppe werden es dagegen technisch überhaupt nicht verspüren, ob ihr Bedarf primär aus konventionellen oder Kernenergiequellen gedeckt wird, da die ihnen angebotene Energieform qualitativ und quantitativ unverändert bleibt. In der Übergangszeit, wahrscheinlich auch für die Dauer, wird das Energieangebot gemischter Provenienz bleiben. So ist die Situation bereits heute in Großbritannien, wo ein stetig zunehmender Anteil der konsumierten Elektrizität von Kernkraftwerken in das Netz eingespeist wird.

Rein mengenmäßig fällt die Quote des Energieverbrauches durch die erste Gruppe nur wenig ins Gewicht. Als wesentlich bleibt daher die zweite zu untersuchen, die ihre Energie aus einem vom Verbraucher technisch unabhängigen Versorgungsnetz bezieht.

III. Voraussichtliche Entwicklung des Bedarfes an elektrischer Energie

Vorwegnehmend ist nochmals zu betonen, daß jede Prognose über die Zukunftsentwicklung des Energiebedarfes mit einem großen Unsicherheitsfaktor behaftet ist; die heutige Wirtschaft, Technik und Politik unterliegen zu vielen Parametern, Wechselbeziehungen und irrationalen Einflüssen, als daß die Voraussagen trotz ihrer meist feinen Differenzierung mehr als eine Richtung, eine allgemeine Tendenz bedeuten könnten (G. ROSE, 1960).

Produktionssteigerungen bestimmter Wirtschaftszweige z. B. können den Energiekonsum auch bei niedrigem Anteil am Industrieproduktionsindex hochschnellen lassen, wenn sie besonders energieintensiv arbeiten, wie etwa die Eisen- und Stahl- oder

Aluminiumerzeugung. Bei der Konsum- und Investitionsgüterindustrie mit ihrem wesentlich geringeren spezifischen Energieverbrauch liegen die Verhältnisse genau umgekehrt. Dazwischen sind alle nur denkbaren Übergänge zu finden.

Läßt man unvorhersehbare Ereignisse außer Betracht, so werden die Energieprognosen dirigistischer Staaten im Rahmen erzwungener Planerfüllungen einigermaßen verwirklicht werden. Sie können aber nicht als generell gültiger Maßstab benutzt werden, einmal da in der übrigen, vor allem der hoch industrialisierten Welt, die oben angeführten Imponderabilien der liberalen Grundhaltung stark wirksam sind, und da in jenen Ländern noch ein großer Nachholbedarf besteht (Foreign Publishing House Moscow, 1959; p. 99 ff.).

Über den zu erwartenden Energiebedarf *Europas* liegt eine sehr eingehende Studie seitens der OEEC vor (OEEC, 1956), deren wesentlichste Daten nachstehend diskutiert und mit denjenigen verglichen werden sollen, die sich inzwischen effektiv ergeben haben.

Auf der Grundlage des Ganges der Energieerzeugung zwischen 1920 und 1938 bzw. zwischen 1948 und 1954 ergibt sich für Europa das Bild der Tabelle 19.

Tabelle 19.
Vorausgesagter und effektiver Zuwachs der Energieerzeugung in Europa

Jahr	Energieerzeugungsindex		Jährlicher Anstieg in %		Jährl. Anstieg im Weltdurchschnitt (zum Vergleich)
	OEEC	effektiv	OEEC	effektiv	
1953	100	100	—	—	—
1960	151,5	120	6,1	2,7	5,5
1975	258,0	—	4,4	—	—

Zwischen der Voraussage und der tatsächlichen Entwicklung besteht eine beachtliche Diskrepanz, ebenso wie gegenüber der Zunahme im Weltdurchschnitt. In dem für Europa geltenden Durchschnittswert spiegelt sich die Abflachung bzw. Rezession des Energieverbrauches in England und in der Bundesrepublik, den größten Energiekonsumenten Europas (vgl. Abb. 38, S. 169), wieder.

Zum Vergleich seien in der Tabelle 20 drei weitere von maßgeblicher und sachkundiger Seite aufgestellte und nunmehr zum Teil für 1960 nachprüfbare Prognosen herangezogen. Nehmen wir als

Maß für die weitere Gültigkeit der Voraussagen die Bestätigung durch die tatsächliche Entwicklung während des ersten Schätzungsabschnittes, so haben die seitens der Erdölindustrie (a in Tabelle 20), gegebenen Prognosen den größten Wahrscheinlichkeitsgrad; der jährliche mittlere Zuwachs hat von 1955 bis 1960 entsprechend der Tabelle 19 (s. o.) 2,7% betragen gegenüber dem mittleren Extrapolationswert von 2,8%. Für den nächsten Abschnitt bis 1975 wird von demselben Experten ein mittlerer Zuwachs des Gesamtenergieverbrauches in Europa von nur noch 2,5% angenommen. Unter Beibehaltung dieses Wertes erhalten wir eine Verdoppelung des derzeitigen Gesamtverbrauches ceteris paribus im Jahre 1988. Über diesen Zeitpunkt hinausgehende Voraussagen würden nach L. H. Roddis nur noch „guesstimates" bedeuten (L. H. Roddis, 1959).

Tabelle 20. *Energiebedarfs-Prognosen für 1955—1975:* a) Erdölgesellschaften (OEEC, 1956); b) „Drei Atomweisen" (L. Armand, 1957); c) Fédération Internationale des Producteurs Autoconsommateurs Industriels d'Electricité (F. I. P. A. C. E., 1957)

Jahr	Energieerzeugungsindex			Mittlerer jährlicher Anstieg in %		
	a)	b)	c)	a)	b)	c)
1955	100	100	100	—	—	—
1960	max. 118 ∅ 115 min. 112	—	—	3,4 2,8 2,3	3,5	2
1965	—	—	—	—	3,5	2
1975	max. 180 ∅ 165 min. 150	183	149	3,0 2,5 2,0	2,6	2

Die Zunahme des hier zunächst untersuchten *Gesamtenergieverbrauches* gibt jedoch die Anstiegstendenz für den Verbrauch an *elektrischer Energie* nur völlig verzerrt und unzureichend wieder. Zum Vergleich ist in der Abb. 39 die Zunahme des Produktionsindex für den Gesamtbereich der Primärenergieträger in der EWG von 1950—1958 derjenigen für elektrische Energie gegenübergestellt. Dieser graphischen Übersicht haftet allerdings der Mangel an, daß für die Gesamtenergie nur die EWG-Länder erfaßt sind, für die elektrische Energie dagegen auch der gesamte westeuropäische Bereich der OEEC; die dadurch verursachten Abweichungen dürften aber zu vernachlässigen sein, da die Entwicklungstendenz in beiden Staatengruppen recht ähnlich ist.

Die Diskussion des Kurvenverlaufes bringt für beide europäische Staatengruppen einen stetigen Anstieg des Stromverbrauches mit annähernd gleicher Steigung. Die Steigung selbst entspricht einem

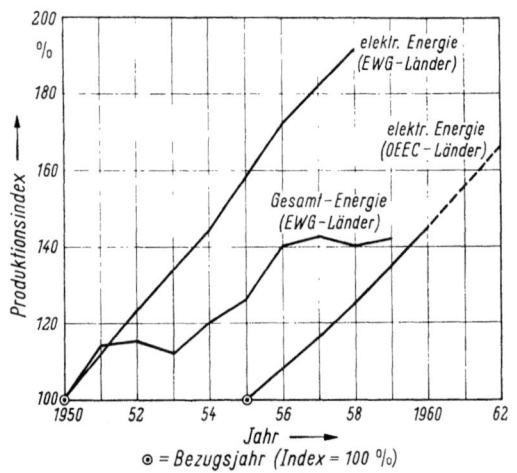

Abb. 39. Entwicklung des Energieerzeugungsindex für die Gesamtenergie und elektrische Energie in Europa. (Quellen: Jahrbuch, 1958; H. W. OBERLACK, 1958; ESSO, 1960)

jährlichen Konsumzuwachs an elektrischer Energie von etwa 10%. Das bestätigt von neuem die Erfahrungstatsache, daß der Stromverbrauch in den hochzivilisierten Industriestaaten sich durchschnittlich während jedes Dezenniums verdoppelt (Deutsche Verbundges., 1953). Die Gesetzmäßigkeit des Zuwachses für elektrische Energie muß andere Ursachen haben als diejenige, der der Konsum an Gesamtenergie unterliegt. Die dem letzteren entsprechende Kurve der Abb. 39 zeigt zwar insgesamt eine ebenfalls ansteigende Tendenz, läßt jedoch keine einigermaßen plausible Extrapolation zu (vgl. auch Abb. 37 u. 38, S. 167 u. 169, sowie Abschn. LI).

Aus dem Bereich des Ostblocks liegen entsprechende Daten für die Sowjetunion vor (Foreign Publishing House Moscow, 1959); dort ist seit dem letzten Jahrzehnt ein fast stetiger Zuwachs der Stromproduktion um jährlich rund 12% zu verzeichnen, der auch in Zukunft beibehalten werden soll. Diese Anstiegsrate entspricht etwa derjenigen der Bundesrepublik während der letzten Jahre. Die tieferen Gründe für das Dominieren der elektrischen Energie gegenüber den anderen Energieformen beruhen auf ihrer leichten Umformbarkeit in jede andere Energieart; sie kann ferner leicht über weite Strecken auch an abgelegene Stellen transportiert werden, und sie ist dem Endverbraucher auf technisch einfachste Weise zugänglich. Der Konsument kann ohne jede zeitliche Verzögerung über sie voll verfügen und sie ebenso wieder abschalten. Ein wichtiger Vorzug ist auch der, daß die elektrische Energie in stets gleicher Qualität, d. h. mit konstanter Spannung und Frequenz angeboten wird (P. AILLERET, 1961), und daß Leistung und Preis in einer günstigen Relation stehen. Hoch bewertet wird bei der immer mehr zunehmenden Besiedlungsdichte der Fortfall jeglicher Belästigung durch Abgase, Abwässer und Schlacken.

Diese Vorzüge der elektrischen Energie sind zum großen Teil auf die Existenz eines weit entwickelten Verbundsystems zurückzuführen, das weit über Landesgrenzen hinweg einen Lastausgleich und einen günstigen Lastfaktor für die angeschlossenen Elektrizitätswerke ermöglicht.

Für den Anstieg des Stromverbrauches ist schließlich auch die starke industrielle Zunahme stromintensiver Gewinnungs- und Aufarbeitungsverfahren verantwortlich zu machen. Dazu gehören vor allem die Gewinnung von Aluminium, Magnesium, die Chloralkalielektrolyse, die Carbidherstellung usw. Auch in der Eisen- und Stahlindustrie dringen Elektroöfen immer weiter vor, da in diesen keine Verunreinigungen aus dem eingebrachten Brennstoff das Erzeugnis verschlechtern. Zu den Produkten mit dem höchsten spezifischen Energieverbrauch gehören endlich das Schwerwasser und vor allem angereichertes Uran, also von der Kernenergie selbst

Tabelle 21. *Stromverbrauch für stromintensive Erzeugnisse*

Erzeugnis	Technischer Stromverbrauch zur Herstellung von 1 t des Erzeugnisses, kWh
Calciumcarbid	3500
Aluminium	22500
Schwerwasser	$125 \cdot 10^6$
Uran-235, 20% angereichert	$2 \cdot 10^{11}$

benutzte Betriebsstoffe. Einen Anhalt zum Stromverbrauch zur Herstellung einiger dieser Erzeugnisse gibt die Tabelle 21. Diese stromintensiven Produkte stellen quasi Elektrizitätsspeicher dar; ihr Transport zum Verarbeiter und Verbraucher ist gleichbedeutend mit einem Transport großer, konzentrierter Energiequantitäten ohne Inanspruchnahme der Verbundnetze.

IV. Verbundnetze und Lastausgleich

Die Stromversorgung über Verbundnetze schließt Kraftwerke verschiedener Leistung und Art einerseits mit Versorgungsgebieten unterschiedlicher Verbrauchscharakteristik andererseits zusammen. Damit werden zeitliche und örtliche Fluktuationen des Verbrauches recht weitgehend ausgeglichen; die Produktion der elektrischen Energie wird dank dem durch die zeitliche Glättung verbesserten Ausnutzungsfaktor der Anlagen erheblich verbilligt (S. HEESEMANN, 1956).

Der Verbundbetrieb hat es ermöglicht, auch minderwertige Primärenergieträger an Ort und Stelle durch Umwandlung in Strom nutzbar zu machen, so etwa grubenfeuchte Braunkohlen, aschenreiche Steinkohlen usw.; auch viele Wasserkraftwerke, die ihrem Wesen nach durchgehend produzieren müssen, konnten meist erst dank dem Verbundbetrieb installiert werden, dem sie zum Teil ihrerseits wieder als Pumpspeicherwerke von Nutzen sind. Dabei ist der Aufwand für das bisher aufgebaute europäische Verbundnetz im Vergleich zu den energiewirtschaftlichen Vorteilen sehr gering und beträgt nur etwa 2,5% des gesamten Anlagewertes der Stromversorgung (Deutsche Verbundges., 1953).

So kommt es, daß sowohl in Europa als auch in den Vereinigten Staaten, in der USSR und anderen wirtschaftlichen Großräumen die oft bis zur Grenze ihrer Kapazität belasteten Verbundleitungen mehr und mehr ausgebaut werden (UCPTE, 1955/56), um der oben angeführten Verdopplung des Stromverbrauches pro Jahrzehnt gewachsen zu bleiben. Die technische Entwicklung der Netze muß dabei ebenfalls weiter getrieben werden, um die wachsende Leistung überhaupt bewältigen zu können (P. AILLERET, 1961). Dazu werden die Übertragungsspannungen von 220 kV auf 380 kV gesteigert, in den USA geht man sogar bereits zu Freileitungen von

500 kV über. Um die kapazitiven Verluste zu reduzieren, beginnt man auch die Gleichspannungsübertragung praktisch einzuführen, so etwa zwischen England und Frankreich über ein Gleichstromkabel von 200 kV, über das 150000 kW während der unterschiedlichen Hauptlastzeiten zwischen Dungeness/England und Le Portal/Frankreich ausgetauscht werden können (VDI-Nachr., 1958).

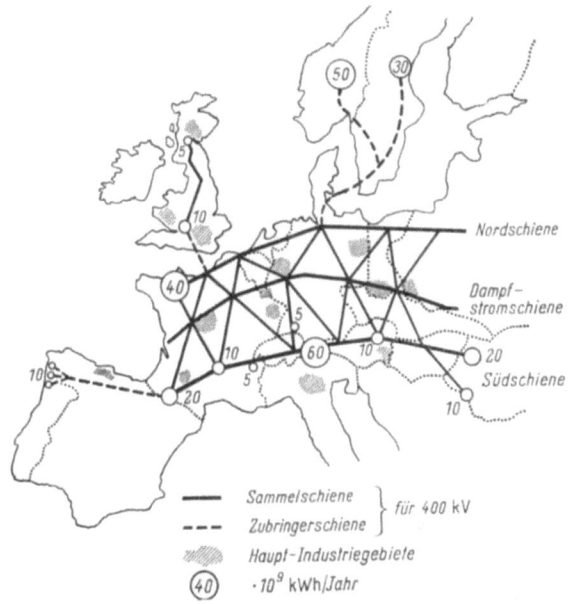

Abb. 40. Das Europa-Verbundnetz für elektrische Energie. (Nach H. ROSER, 1948)

In ganz Europa werden nach und nach Vorschläge verwirklicht, die bereits 1930 von O. OLIVEN der Weltkraftkonferenz vorgelegt (O. OLIVEN, 1930) und von H. ROSER in erweiterter Form mit Nachdruck vertreten worden sind (H. ROSER, 1948). Danach wird in absehbarer Zukunft eine Reihe von Hauptverbundlinien vorhanden sein, die die skandinavischen Wasserkräfte mit den Kohlenkraftwerken des europäischen Festlandes und Großbritanniens und den Wasserkraftwerken des alpinen und südlichen Europas verbinden. Das vorgeschlagene System ist in der Abb. 40 dargestellt. Es soll damit gleichzeitig gezeigt werden — um es hier vorwegzunehmen —, daß unter diesen Voraussetzungen das mancherorts kritische Standortproblem für Kernkraftwerke seine Bedeutung insofern verliert, als solche Anlagen grundsätzlich an Stellen des minimalen Sicherheitsrisikos installiert werden und von dort aus die allgemeine Stromversorgung beliefern können (vgl. z. B. G. F. KENNEDY, 1958; C. E. LINDSTRÖM, 1958; P. AILLERET, 1961; G. CAVALLINI, 1961).

V. Wirtschaftlichkeit der Kernenergie

Die Lebensbahn eines neuen Industriezweiges wird meist in drei Stufen unterteilt (J. V. DUNWORTH, 1960):
— Die erste Stufe umfaßt die grundlegende technische Lösung; die Anlage muß überhaupt einmal funktionieren.
— Die zweite Phase ist dadurch gekennzeichnet, daß eine hohe Zuverlässigkeit und ein annehmbarer Wirkungsgrad erreicht worden sind.
— Die dritte Stufe ist dann erreicht, wenn das neue Produktionsverfahren sich wenigstens zwei Jahre lang zuverlässig bewährt hat und im freien Wettbewerb wirtschaftlich konkurrenzfähig oder überlegen ist.

Es steht außer allem Zweifel, daß die Kernenergie die erste Entwicklungsphase seit langem überschritten hat. Zweifelhaft und sehr umstritten ist dagegen die Frage, ob sie sich bereits im Übergang zur dritten Stufe befindet oder, wenn nicht, ob und wann diese Phase wohl erreicht werden kann. Wie so oft bei wirtschaftlich grundlegend neuen Objekten prallen die Meinungen hart aufeinander, und bei der Ermittlung der Wirtschaftlichkeit ist nach Meinung von Experten der Kernkraftwerk-Entwicklung der Vereinigten Staaten der wichtigste Faktor der Mann, der die Berechnung der Stromgestehungskosten aufstellt (L. H. RODDIS, 1959).

Nichtsdestoweniger ist es wertvoll, wenigstens einen Überblick über die objektiv kostenbeeinflussenden Faktoren zu gewinnen sowie ihren Einfluß und ihre gegebenenfalls noch zu erwartenden Veränderungen zu untersuchen. Wir beschränken uns dabei auf die Erzeugungskosten, da die zusätzlichen Kosten bis zum Verbraucher für alle Stromerzeugungsarten im Verbundnetz als gleich anzusetzen sind. Die übliche Unterteilung in Kapital- und Betriebskosten wird beibehalten (JAEA. 1961).

a) Kapitalkosten und Kapitaldienst

Im Gegensatz zu konventionellen Kraftwerken mit ihrer durch den Bau zahlreicher Einheiten bekannten Kostenstruktur ist die Aufschlüsselung der Kapitalkosten für ein Kernkraftwerk sehr schwierig und nur mit einiger Willkür festzusetzen. So ist es selbst bei den Konstruktionskosten, die den Hauptteil der Kapitalkosten ausmachen, obwohl ihre Zusammensetzung zunächst einfach zu sein scheint. Ihnen können als zugehörige Kosten diejenigen für die Entwicklung und Forschung für den Prototyp ganz oder teilweise zugeschrieben werden. Werden die Entwicklungskosten von Dritten (etwa einer Atomenergiebehörde) getragen, so werden sie trotzdem voll oder teilweise oder auch gar nicht in Ansatz gebracht. Ähnliches gilt für neuentwickelte Spezialfertigungsmethoden, deren Verrechnung willkürlich ist, sobald sie auch für ganz andere Objekte genutzt werden können.

Je nach dem Standort und dem Zuständigkeitsbereich der Kernenergieanlage können die Sicherheitsauflagen und die damit verknüpften Investitionskosten stark variieren. Schließlich werden mit den Grundausstattungen der neuen Anlage, wie Schwerwasser oder erste Brennstoffladung, zuweilen die Kapitalkosten, in anderen Berechnungen die Betriebskosten belastet.

Weiterhin gibt es keine in allen Staaten allgemeingültigen Sätze für die Höhe des Kapitaldienstes. Bei staatlichen Energieversorgungssystemen mit staatlicher Finanzierung und langen Abschreibungsdauern (bis zu 40 Jahren) werden dafür zuweilen nur 4% angesetzt. Das entgegengesetzte Extrem des rein privatwirtschaftlichen Betriebes einer Anlage mit nur auf 5 Jahre angesetzter Lebensdauer führt dagegen bis zu Werten von etwa 20%. Solche Differenzen in den Annahmen lassen dann die Kostenberechnungen bis um eine volle Größenordnung streuen.

b) Betriebskosten

In die Betriebskosten eines Kernkraftwerkes gehen wiederum zahlreiche Variable ein, die die Erzeugungskosten, je nach dem gemachten Ansatz, stark verändern können. Zu den wichtigsten Parametern gehören die Kraftwerksgröße, der thermische Wirkungsgrad, Lastfaktor, die Ausbrandleistung des Kernbrennstoffes, Reparaturen, Versicherung und Steuern.

Davon kann die Kraftwerksgröße durchweg als innerhalb der Spanne von 100—500 MW elektrischer Leistung liegend angenommen werden, der Satz für voraussichtliche Reparaturen, Ersatzteile, Umbauten usw. wird schwieriger zu ermitteln sein. Dann verbleiben der Lastfaktor und die Ausbrandleistung von wesentlichem Einfluß auf die Gesamtkosten. Unter vernünftigen Annahmen für diese Faktoren gelingt es, die anfängliche Streuung recht gut einzuengen.

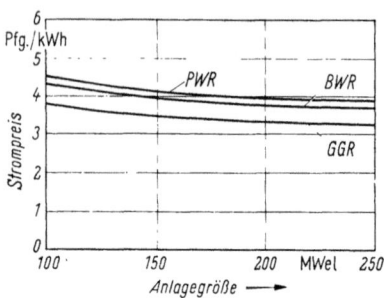

Abb. 41. Abhängigkeit der Stromerzeugungskosten von der Anlagegröße eines Kernkraftwerkes. GGR = Calder-Hall-Typ; BWR = Siedewasserreaktor; PWR = Druckwasserreaktor. (Nach Daten von G. F. KENNEDY, 1958)

Als Anhalt für das verschiedene Gewicht des Einflusses der vorgenannten Faktoren sollen die Abb. 41—44 dienen. Daraus ergibt sich zunächst, daß ceteris paribus die Stromerzeugungskosten nicht mehr wesentlich sinken, sobald eine Minimalgröße von 150—200 MW elektrischer Leistung je Kraftwerkseinheit überschritten wird (G. F. KENNEDY, 1958). Dem entsprechen auch die gegenwärtig in Betrieb gehenden oder geplanten Werke, die durchweg zumindest diese Leistung aufweisen. Sie ist etwa gleich der mittleren Größe von konventionellen Dampfkraftwerken, die in den USA derzeit bei 160—180 MW für Neuanlagen liegt (H. E. ROBERTS, 1958).

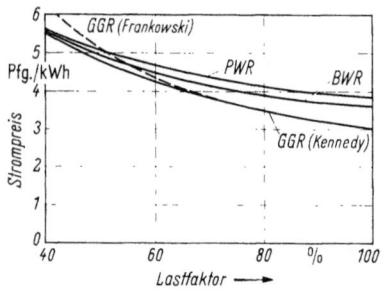

Abb. 42. Abhängigkeit der Stromerzeugungskosten vom Lastfaktor für verschiedene Kernkraftwerke wie in Abb. 41 mit 150 MWel Leistung. (Nach Daten von G. F. KENNEDY, 1958, bzw. W. FRANKOWSKI, 1958)

Die absolute Höhe der Stromerzeugungskosten in den Abb. 41 u. 42 ist vorerst mit einer gewissen Reserve zu betrachten, da sie sich auf die neuesten englischen Kernkraftwerke bezieht, deren Bau und Abrechnung noch lange nicht abgeschlossen sind.

Wesentlich stärker bemerkbar macht sich der Einfluß des *Lastfaktors*, der gegenwärtig in den meisten Kostenberechnungen recht optimistisch zu 80% angenommen wird. Hinsichtlich der Größe seines Einflusses auf die Stromerzeugungskosten wird die Übereinstimmung in den Untersuchungen der verschiedenen Stellen immer besser. So läßt nunmehr die Steigerung des Lastfaktors von 50 auf 100% selbst unter stark verschiedenen Annahmen (W. FRANKOWSKI, 1958; G. F. KENNEDY, 1958; W. JUNKERMANN, 1959) die Gestehungskosten um den gleichen Betrag von rund 2 Pfg./kWh sinken (vgl. Abb. 42 bzw. 44). Dabei ist noch zu berücksichtigen, daß für diese Rechnungen die durchaus verschiedenen Verhältnisse in England (staatliches Elektrizitätswerk in einem liberalen Wirtschaftssystem: G. F. KENNEDY, 1958), in der Bundesrepublik (Private Elektrizitätswirtschaft im liberalen Wirtschaftssystem: W. JUNKERMANN, 1959) und in Polen (staatliches Planwirtschaftssystem: W. FRANKOWSKI, 1958) zugrunde gelegt worden sind.

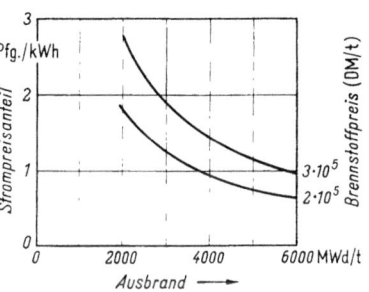

Abb. 43. Strompreisanteil der Brennstoffkosten in Abhängigkeit vom Ausbrand. (Nach W. JUNKERMANN, 1959)

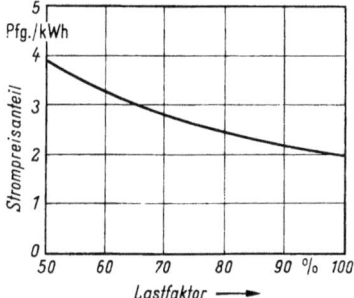

Abb. 44. Strompreisanteil der Anlagekosten in Abhängigkeit vom Lastfaktor. (Nach W. JUNKERMANN, 1959)

In ebenfalls starkem Maße werden die Stromerzeugungskosten durch den *Ausbrand* bestimmt (vgl. Abb. 43). Hierbei wird ein Wert von 5000 bis 6000 MWd/t Kernbrennstoff angestrebt, da, wie die Kurven dieser Abbildung zeigen, darüber hinaus keine wesentlichen Einsparungen mehr zu erwarten sind. Beeinträchtigt wird diese Entwicklung vorerst durch die verlockenden, hohen Gutschriften von 12 $/g für Bombenplutonium, was aus kernphysikalischen Gründen (vgl. Abschn. B u. F, 2. Absatz) einen Brennstoffwechsel schon nach rund 10% der vorgenannten Ausbrandzeit erforderlich macht. Es ist zu hoffen, daß dieses Moment möglichst bald überall in Fortfall kommt.

c) Gesamtgestehungskosten für Atomstrom

Die derzeitigen Gesamtgestehungskosten für die Stromerzeugung in Kernkraftwerken liegen unter sonst gleichen Voraussetzungen nach übereinstimmender Auffassung noch merklich über denjenigen von konventionellen Kraftwerken. Andererseits macht die technische Vervollkommnung mit dem Ziel wettbewerbsfähiger Kernenergie bemerkenswerte Fortschritte (H. H. GOTT, 1958; J. G. YEVICK, 1961). Die Verbesserungen betreffen die meisten Einzelheiten der Konstruktion, Baumethoden und der Betriebsweise. Sie im einzelnen darzustellen, würde Bände füllen (vgl. allein Genfer Berichte 1955 und 1958). Die damit verbundenen Kostensenkungen sind insofern mit entscheidend für die künftigen Verwendungsmöglichkeiten, als die Gestehungskosten in keinem groben Mißverhältnis zu denjenigen der klassischen Energieerzeugung stehen dürfen (vgl. Beginn Kap. L), wenn die Kernenergie nicht nur eingesetzt, sondern wirklich genutzt werden soll.

Tabelle 22. *Entwicklung der relativen Anlagekosten britischer Kernkraftwerke vom Calder-Hall-Typ und Vergleich mit den Kosten konventioneller Anlagen*

Kernkraftwerk	Leistung in MW(el)	Kosten in £/kW
Berkeley	275	160
Bradwell	300	159
Hinkley Point	500	133
Trawsfynydd	500	123
Dungeness	550	110
Sizewell	600	100
Oldbury	550	90—95
Modernes konventionelles Kraftwerk	500	50

So etwa sind die relativen Kapitalkosten für Kraftwerke des Calder-Hall-Typs in England immer weiter reduziert worden, wie die Tabelle 22 vor Augen führt (A. J. SALMON, 1959; BMAt, 1960).

Weitere Senkungen der Kapital-, Betriebs- und Brennstoffkosten lassen sich erreichen durch Erhöhung des Ausbrandes (M. HOANG XUAN HAN, 1958), Steigerung der Betriebstemperaturen unter Verwendung oxydischer oder carbidischer Brennstoffe (J. D. ARSENJEW, 1961), durch Erhöhung der Leistungsdichte, Verwendung von möglichst wenig exotischen Werkstoffen und ähnliche Maßnahmen, die durchaus im Bereich des technisch Möglichen liegen. Dazu gehört auch die Dampfüberhitzung, zu der praktische Ansätze bereits zu sehen sind (vgl. Abschn. B II a 3 u. 4).

Werden diese Faktoren berücksichtigt, und läßt man die eingangs erwähnten, stark subjektiv gefärbten, extremen Schätzungen außer Ansatz, so erhalten wir ein recht gut übereinstimmendes Bild der demnächst zu erwartenden Atomstromkosten, entsprechend der Tabelle 23.

Tabelle 23. *Stromerzeugungskosten in Kernkraftwerken.* a) K. COHEN, 1958; b) J. A. JUKES, 1958; c) H. E. VANN, 1959; d) W. JUNKERMANN, 1959

Kostenanteil usw.	a	b_1	b_2	c	d_1	d_2
Kapazität, MW (el)	200	—	—	180	100	180
Lastfaktor, %	70	—	—	80	68,5	68,5
Anl.-Kosten, 10^6 DM	240—280	—	—	—	150	150
Abschr.-Dauer, Jahre	—	—	—	—	15	15
Kapitaldienst %	14	13	20	14	8,5 (Zinsen)	8,5 (Zinsen)
Kap.-Dienst, Pfg/kWh	2,72—3,20	1,45—1,90	2,35—3,10	2,49	3,6	2,4
Brennstoff-Kosten, Pfg/kWh	1,20—1,60	1,50	1,65	1,47	2,2	1,3
Betrieb + Wartung, Pfg/kWh	0,28	0,25	0,25	0,42	0,6	0,4
Rohkosten, Pfg/kWh	4,20—5,08	3,20—3,65	4,25—5,00	4,38	6,4	4,1
Pu-Gutschrift, Pfg/kWh	—	0,30	0,30	—	—	—
Netto-Erzeugungskosten, Pfg/kWh	4,20—5,08	2,90—3,35	3,95—4,70	4,38	6,4	4,1

Ähnliche Ergebnisse von Kostenberechnungen für die Elektrizitätserzeugung in Kernkraftwerken wurden von der USAEC, Division of Reactor Development, mit 3,32—4,80 Pfg/kWh erhalten (USAEC, 1959), des weiteren 3,66—5,03 Pfg/kWh seitens eines bedeutenden deutschen Unternehmens (A. SETZWEIN, 1958 I). Hierbei ist beachtenswert, daß der Lastfaktor nur in einem Falle zu 80%, sonst wesentlich niedriger angesetzt wurde. Damit werden die Kostenberechnungen wirklichkeitsnahe.

Wir dürfen uns hier nicht auf den derzeitigen technischen Stand beschränken und dabei übersehen, daß auf fernere Sicht auch

188 Wirtschaftliche Aspekte der Kernenergienutzung

Brutreaktoren in das System der Kernenergieerzeugung einzubeziehen sind, um auch die potentiellen Spaltstoffvorräte aus U-232 und Th-232 durch Konversion nutzbar zu machen (vgl. Abschn. B II b, F II usw.). Analoge Berechnungen führen für diese in ihrer technisch derzeit am weitesten fortgeschrittenen Konstruktion des

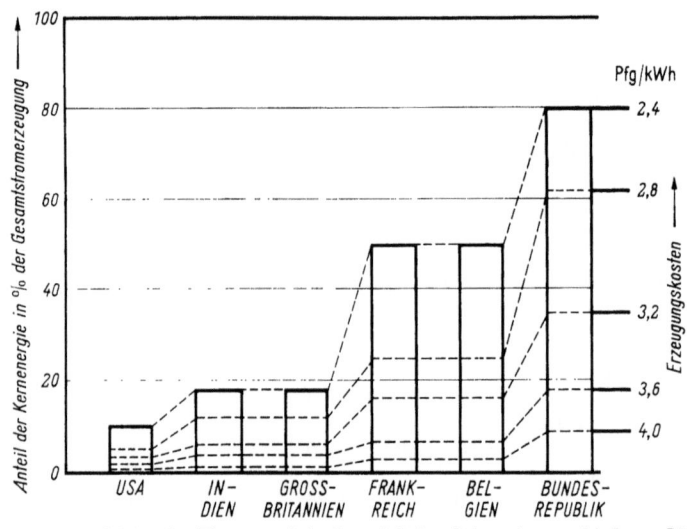

Abb. 45. Aussichten der Kernenergie in den nächsten Jahren in verschiedenen Ländern in Abhängigkeit von den Stromerzeugungskosten bei freiem Wettbewerb. (Nach K. M. MAYER, 1956)

PFFBR (Plutonium Fuelled Fast Breeder Reactor) zu Stromgestehungskosten von 3,4—3,8 Pfg/kWh (J. G. YEVICK, 1961).

Die vorstehend angeführten Werte für die Stromerzeugungskosten geben nunmehr eine Unterlage, die Aussichten der Kernenergie unter der Voraussetzung des freien Wettbewerbs zu beurteilen. Für einige Länder ist das Ergebnis in der Abb. 45 dargestellt. Daraus geht hervor, daß unter diesen Voraussetzungen bereits die Senkung der Gestehungskosten um einige Zehntel Pfg pro kWh in Westeuropa der Kernenergie einen beachtlichen Anteil an der Stromerzeugung sichern werden. In den USA dagegen, mit ihrer billigen Basis von fossilen Brennstoffen, müßten die Erzeugungskosten erheblich stärker vermindert werden, wenn nicht die Erschöpfung der noch vorhandenen Kohlen- und Ölvorräte rechtzeitig mit berücksichtigt wird.

In der überwiegenden Mehrzahl von Erwägungen über die vorteilhafteste Einsatzweise von Kernkraftwerken wird von der vorgefaßten Meinung ausgegangen, diese müßten als Grundlastwerke betrieben werden, wenn im großen Verbundsystem die mittleren Stromerzeugungskosten ein Minimum erreichen sollen. Die dafür notwendigen komplizierten Rechnungen unter Verwendung moderner, elektronischer Rechenanlagen haben aber gezeigt, daß das keineswegs der Fall ist (L. MACKLIN, 1958; J. C. DUCKWORTH, 1958). Bei sinkender Gesamtbelastung eines Verbundnetzes, in das von konventionellen und von Kernkraftwerken gemeinsam eingespeist wird, sind die Gestehungskosten dann am niedrigsten, wenn alle Kraftwerke mit Teillast fahren, wobei allerdings die Kernkraftwerke nur etwa halb so stark zu drosseln sind wie die Feuerungskraftwerke (L. MACKLIN, 1958).

In Gebieten mit großen Reserven an Wasserspeichern in Verbindung mit Wasserkraftwerken ist die Situation noch günstiger als bei der Kombination von Kern- mit Kohlen- oder Ölkraftwerken allein. Während der Zeiten mit Lastsenken kann trotzdem mit fast unverändert hohem Lastfaktor gefahren werden; die Überschußenergie wird in den Pumpspeicherwerken akkumuliert, um später wieder Lastspitzen zu decken (A. A. MANZANARES, 1958; u. a.).

Um solche spontan auftretenden Lastspitzen zusätzlich decken zu können, sind außerdem Anlagen mit Gasturbinen besonders gut geeignet. Ihre Investierungskosten sind relativ niedrig, so daß sie die Spitzenlast auch bei niedrigem eigenem Lastfaktor tragen können; andererseits erreichen sie binnen weniger als einer halben Stunde ihre volle Leistung.

So komplizierte Verbundsysteme sind rechnerisch noch außerordentlich schwierig zu erfassen, und es wird noch eines großen theoretischen Aufwandes bedürfen, um ihre Ausnutzung in Abhängigkeit von Laständerungen auf ein Optimum zu bringen.

Die vorstehend angeschnittenen Fragen und dargestellten Befunde ergeben, kurz zusammengefaßt, folgendes Bild. Auch unter günstigen Annahmen über die Kostenstruktur der Stromerzeugung liegen im Mittel die Kosten für die Kernenergie gegenwärtig noch wenigstens 10—30% höher als die für konventionell erzeugten Strom (J. V. DUNWORTH, 1960). In Gebieten mit bereits jetzt hohen Strompreisen ist der Atomstrom sicher schon heute wettbewerbsfähig.

Das bestehende und stetig weiter ausgebaute Verbundsystem der Elektrizitätswirtschaft erleichtert den zunehmenden Einsatz von Kernenergieanlagen dadurch, daß der Lastverlauf mehr und mehr geglättet wird und infolgedessen die Lastfaktoren mit dem Erfolg einer Kostensenkung erhöht werden können.

Außerdem lassen die beim Bau der ersten Prototyp-Kraftwerke gesammelten Erfahrungen die relativen Kapitalkosten für neue Werke immer mehr sinken. Sie brauchen dabei keineswegs auf die für konventionelle Anlagen geltenden Werte herunterzugehen, da sie ja diesen gegenüber den Vorteil niedrigerer Brennstoffkosten haben (H. RÖMER, 1961).

Selbst unter den Bedingungen freien Wettbewerbs ist voraussichtlich die Kernenergie innerhalb des nächsten halben Jahrzehnts in der Lage (Physikal. Blätter, 1961) und notwendig, den unaufhaltsam steigenden Bedarf an elektrischer Energie, vor allem durch Einreihen in die Verbundnetze der industriellen Großräume, in zunehmendem Maße zu decken.

VI. Atompläne

Länder oder Staatengruppen, die keinen mehr oder weniger fest umrissenen ,,Atomplan" besitzen, werden heutzutage meist als rückständig betrachtet. Solche Pläne sind teils im Detail festgelegt, zum Teil in die Form von unverbindlichen Voraussagen gebracht.

An der Spitze aller Staaten, die ein Kernenergieprogramm nicht erst theoretisch planen, sondern es bereits tatkräftig realisieren, steht *Großbritannien*. Das im Weißbuch von 1955 aufgestellte Atomprogramm (V.I.K., 1956 I u. II) wurde durch einen Zehnjahresplan revidiert, nach welchem bis 1967 wenigstens 6000 MW elektrischer Leistung in Kernkraftwerken installiert sein sollen. Nach dem bisherigen Verlauf ist anzunehmen, daß dieser Wert nicht nur erreicht, sondern eventuell noch überschritten wird.

Die installierte Leistung entspricht etwa der erwarteten Zunahme des Stromverbrauches im gleichen Zeitraum. Das bedeutet wiederum, daß neuerbaute Feuerungskraftwerke nur noch ausscheidende, veraltete Anlagen ersetzen werden, der Zuwachs dagegen praktisch ausschließlich zugunsten der Kernkraftwerke geht. Dadurch wird dem Umstand Rechnung getragen, daß Großbritannien als erstes großes Industrieland nicht mehr in der Lage ist, den steigenden Energiebedarf durch gesteigerte Förderung von fossilen Brennstoffen im eigenen Land zu decken.

Bemerkenswert ist die nüchterne Konsequenz, mit der dieses Faktum rechtzeitig erkannt und berücksichtigt wurde, und daß mit der Kernenergie ohne Zögern ein prinzipiell neuer Ausweg gefunden und verwirklicht wurde. Daß die Produktion von Plutonium als Rohmaterial von Atombomben eine dabei nicht unerwünschte Begleiterscheinung war, sei nur nebenher erwähnt.

In *Frankreich* befinden sich, primär aus Gründen wie dem zuletzt erwähnten, Kernenergieanlagen mittlerer Leistung bereits in Betrieb. Weitere sind im Bau, bis 1965 soll die installierte elektrische Leistung etwa 850 MW(el) betragen, während für 1975 mit rund 8000 MW(el) gerechnet wird (H. Baïssas, 1961).

Die *Vereinigten Staaten* werden gegen Ende des Jahres 1961 etwa 500—700 MW(el) an Kernkraftwerken in Betrieb haben, die bis 1965 auf rund 1500 MW(el) zunehmen sollen (W. G. Schützendübel, 1961). Man nimmt dort an, daß etwa zu diesem Zeitpunkt die Wettbewerbsfähigkeit der Kernenergie zumindest in den stromteuren östlichen Distrikten (H. E. Roberts, 1958) der US Federal Power Commission auf dem freien Energiemarkt erreicht sein wird (W. K. Davis, 1957). Das wird dann voraussichtlich ein rasches Anwachsen auf etwa 7500 MW(el) bis 1967 zur Folge haben, ein immerhin noch geringer Anteil von etwa 2—4%, wenn man ihn auf die Gesamtstromerzeugung der Vereinigten Staaten bezieht (W. Huft, 1961). Neben der Stromerzeugung wird allerdings außerdem eine zunehmende Produktion von Industriedampf aus Kernenergie erwartet (vgl. Abschn. LIIb).

In *Italien* werden gegenwärtig die ersten Kernkraftwerke gebaut, die Tendenz geht dahin, bis 1975 eine Kapazität von 6000 bis 6600 MW(el) zu erreichen (M. Bruni, 1959).

Japan hat gleichfalls ein detailliertes Kernenergieprogramm aufgestellt. Nach der für 1964 erwarteten Inbetriebnahme des ersten Kernkraftwerkes von Tokai Mura mit 160 MW(el) Leistung soll bis 1980 eine Gesamtinstallation von 7000—9500 MW(el) erreicht werden.

Kleinere, kapitalarme und energieextensive Länder verbleiben vorerst zurückhaltend, oft mit der zugegebenen und verständlichen Motivierung, erst die Entwicklung sehr wirtschaftlich arbeitender

Kernkraftwerke in den großen, leistungsfähigeren Industriestaaten abwarten zu wollen. So rechnet beispielsweise *Portugal* mit der ersten Anlage für 1965—1970 (J. S. SABINO D., 1958).

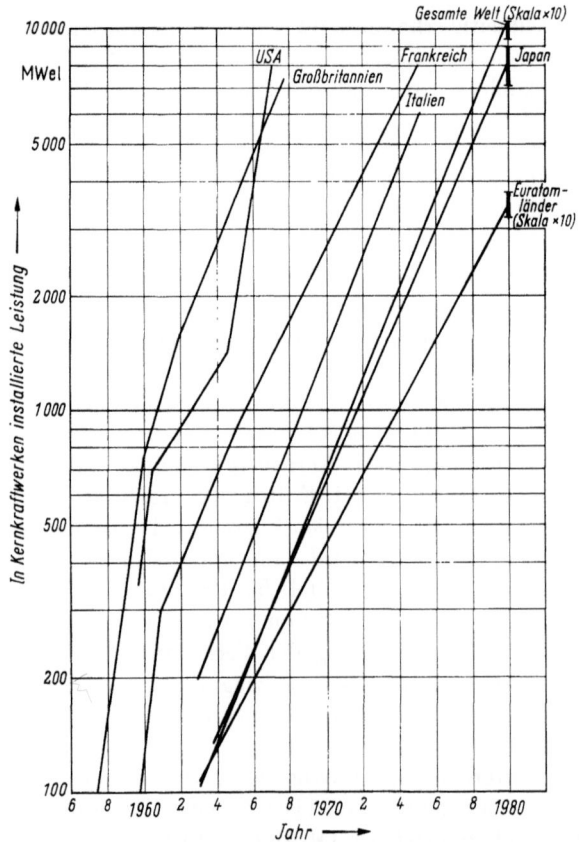

Abb. 46. Pläne und Schätzungen für die bis 1980 in Kernkraftwerken installierte Leistung in MW(el.)

Für die Staatengruppe der *Euratomländer* bestehen Pläne, bis zum Jahre 1980 etwa 250 Kernkraftwerke mit einer mittleren installierten elektrischen Leistung von 150 MW(el) zu errichten, entsprechend einer Gesamtkapazität von 37500 MW(el) (W. KLIEFOTH, 1960 I).

Innerhalb der Stromversorgung der *gesamten Erde* schließlich rechnet der Präsident von Euratom, ETIENNE HIRSCH, für 1980 mit einem Anteil von einem Viertel aus Kernkraftwerken. Unter Verwendung früher gemachter Extrapolationen und unter der Annahme einer weiterhin konstanten Verdoppelungsperiode des Stromverbrauches kommt man dafür zu einem Wert von 95—105000 MW(el) im Jahre 1980, in guter Übereinstimmung mit dem Mittelwert aus einer Gruppe industrieller Schätzwerte (W. K. DAVIS, 1957).

In der Abb. 46 sind die vorstehenden Angaben der besseren Übersichtlichkeit halber in Zuwachskurven dargestellt. Obwohl sie sich auf verschiedene Länder bzw. Staatengruppen beziehen und auf ganz unterschiedlichen Quellen beruhen, so sind doch die allgemeine Tendenz und die Kurvensteigung untereinander recht ähnlich. Ausnahmen bilden die USA und Euratom. In den USA mit ihren extrem liberalen Wirtschaftsprinzipien steigt die Zunahme erst vom Beginn der echten Wettbewerbsfähigkeit rapide an; die merklich bescheideneren und zögernderen Euratom-Pläne dagegen spiegeln die Schwierigkeiten wieder, die sich aus dem Inertialmoment eines komplizierten, übernationalen Gremiums noch immer ergeben, sofern es nicht nur um rein wissenschaftliche Fragen geht.

M. Nutzen und Gefahren der Kernenergie

In den vorstehenden Kapiteln sind die wesentlichsten Eigenheiten der Kernenergie, die sie von den bisher verwendeten und allgemein akzeptierten Energiequellen unterscheiden bzw. die sie mit ihnen gemeinsam hat, im einzelnen untersucht worden. Nach dieser Analyse bleibt nunmehr die Aufgabe, die Vorteile und Nachteile einer friedlichen Kernenergienutzung in die Waagschalen des Vergleiches zu legen und sine ira et studio festzustellen, ob, warum und unter welchen Bedingungen es nützlich ist, die neue Energiequelle der Menschheit in großem Maßstab zu erschließen.

Man kann sich dabei fragen, ob es nicht überhaupt schon ein Anachronismus ist, dazu jetzt noch Stellung zu nehmen. Es laufen ja bereits Kernkraftwerke und liefern Strom für die öffentliche Versorgung. Kernenergiegetriebene Schiffe sind in Dienst gestellt oder liegen auf Kiel. Eine Reihe von Staaten und Staatengruppen hat Atompläne für längere Zeiträume aufgestellt.

Bei der quantitativen Betrachtung ist aber doch zu sagen, daß das Ganze erst ein Anfang ist. Ein endgültiges Zurück wird es zwar sicher nicht mehr geben; es wäre das erstemal, daß der Mensch auf ein von ihm ergriffenes Werkzeug freiwillig wieder verzichtet. „Das erste steht uns frei, beim zweiten sind wir Knechte" (Goethe: Faust I). Wir haben nun abzuwägen, ob dieser erste Schritt ein Fortschritt ist oder ein erster Schritt auf einem gefährlichen Wege; ob der Weg vorsichtig tastend weiterbegangen werden oder im allgemeinen Interesse so rasch, wie es Sicherheit und allgemeinwirtschaftlicher Nutzen erlauben, ausgebaut werden soll.

I. Faktoren zugunsten der Kernenergienutzung

Entsprechend der stetig zunehmenden Erdbevölkerung (vgl. Abb. 36, S. 155) steigt der Energiebedarf, vor allem der für elektrische und Wärmeenergie, immer weiter an. Diese Zunahme geht nicht etwa linear, sondern vorerst exponentiell vor sich. Nur ein kleiner Anteil dieses Bedarfes wird aus sich stets erneuernden Energieträgern, die gegenwärtig nur durch die Wasserkraft und in untergeordnetem Maße durch Brennholz repräsentiert werden, gedeckt. Andere, sich nicht verbrauchende Primärenergiequellen (Sonneneinstrahlung, Wind und Gezeiten), sind derzeit der praktischen Nutzung in größerem Umfang nicht zugänglich.

Somit liegt der Schwerpunkt der Energieerzeugung gegenwärtig bei den fossilen Brennstoffen Kohle, Erdöl und Erdgas. Mögen deren Reserven, wenn man das Blickfeld auf einige Jahre oder selbst Jahrzehnte begrenzt, noch recht groß erscheinen, so werden spätestens gegen Ende dieses Jahrtausends doch bereits die ersten großen Lager erschöpft sein, so z. B. die Steinkohlenvorräte der Vereinigten Staaten. Die Verbrennung dieser fossilen Brennstoffe heißt aber, nicht von den Zinsen zu leben, sondern das Kapital selbst aufzuzehren, und zwar mit zunehmenden Abhebungen.

Auf der anderen Seite aber stellen die fossilen Brennstoffe zugleich wertvolle Rohstoffe dar, aus denen die moderne chemische Synthese fast alle nichtmetallischen Produkte herzustellen vermag, die aus unserer heutigen technischen Umgebung, der Kleidung, Medizin und selbst aus der Ernährungswirtschaft nicht mehr wegzudenken sind. Sogar in solche Gebiete, die bisher den Metallen vorbehalten schienen, dringen sie immer weiter ein. Bildlich gesprochen, lassen wir also die Kerze der fossilen Brennstoffvorräte an beiden Enden zugleich brennen.

Sowohl die *Energie-* als auch die *Rohstoff*versorgung müssen aber gesichert bleiben, wenn der gegenwärtige Lebensstandard zumindest nicht wesentlich gesenkt werden soll. Beschränkungen in dieser Hinsicht, verursacht durch Rohstoff- oder Energiemangel, würden sehr bald zur Radikalisierung der menschlichen Beziehungen und schließlich zu unabsehbaren, bei kriegerischem Einsatz der Kernenergie geradezu vernichtenden Umwälzungen und Auseinandersetzungen zwischen Besitzenden und Benachteiligten führen.

Für die Rohstoffversorgung sind nur geringe und unzureichende Ausweichmöglichkeiten zu erkennen. Der vegetabilische Zuwachs in den Tropengebieten ist zwar sehr groß und wird derzeit nur zum geringen Bruchteil ausgenutzt. Auch bei ihrer Erschließung hat man sich jedoch vor jedem Raubbau an der Vegetation sorgfältig zu hüten, der zu einer grundlegenden Klimaveränderung und zur Versteppung führen kann. Erfahrungen dieser Art liegen aus Nordamerika, dem westlichen Südamerika, Nordafrika und Mesopotamien, der jetzt verödeten Kulturwiege der Menschheit, zur Genüge vor.

Es sollte auf jeden Fall versucht werden, diese nicht erschlossenen Gebiete dem Anbau von Nahrungsmitteln zugänglich zu machen, um die Lebensmittelversorgung der wachsenden Erdbevölkerung zu sichern. Die *Ernährung* ist als zumindest gleichwertiger Faktor neben die Versorgung mit *Energie* und *Rohstoffen* zu stellen. Sie würde in Zukunft auch dadurch um so leichter sichergestellt werden, daß gegenwärtige Anbauflächen für Faserpflanzen, Kautschuk u. dgl., wenn synthetische Rohstoffe ihre bisherige Rolle übernehmen, auf die Erzeugung von Nahrungsmitteln umgestellt werden können.

Wie daraus ohne weiteres einzusehen, ist dieser Circulus vitiosus aus den Komponenten Nahrung—Rohstoff—Energie nur von der Energieseite her aufzubrechen. Hierfür bietet sich gerade noch rechtzeitig die friedliche Nutzung der Kernenergie als einziger quantitativ ausreichender Ausweg an. Alle anderen Möglichkeiten (Sonnenenergie, Gezeiten usw.) sind technisch noch nicht ausreichend erschlossen und durch topographische und klimatische Beschränkungen zu sehr eingeengt.

Nicht nur in ihren Grundprinzipien (vgl. Kap. B u. C), sondern auch in ihrer Energieträger-Basis (vgl. Abschn. B II a 3, Kap. E u. F) stellt die Energieerzeugung durch Kernspaltung gegenüber allen früheren Energiequellen ein völliges Novum dar. Es werden keine chemischen, sondern Kernbindungsenergien in Wärme umgewandelt, wobei die auf das Gewicht bezogene Energiemenge um mehr als 6 Größenordnungen höher liegt. Als Brennstoff dienen hier nicht mehr kohlenstoffhaltige Energieträger, also Rohstoffe im eingangs gemachten Sinne, sondern anorganische Stoffe, die vorher nicht einmal anderweitig größeres wirtschaftliches Interesse gefunden haben.

Zwar läßt sich in der ersten Aufbauphase eines Systems von Kernenergieanlagen mit thermischen Reaktoren (vgl. Abschn. B II a) nur ein Bruchteil der Uranvorräte ausnutzen; gleichzeitig jedoch ist bereits der Anfang zur zweiten Entwicklungsstufe gemacht, bei der in Brutreaktoren auch das Gros der potentiellen Kernbrennstoffe in nutzbares Spaltmaterial übergeführt werden kann (vgl. Abschn. B II b).

Nehmen wir einmal einen Verbrauch von 1000 t, ja selbst von 4000 t Spaltstoff je Jahr in der späteren Zukunft an, entsprechend 2,5 bzw. 10 Milliarden t von Steinkohle jährlich (vgl. dazu Abb. 37, S. 167), und eine nur 50%ige Ausnutzung des Vorrates an Uran + Thorium durch Konversion und Brutprozesse; dann decken allein die bis jetzt bekannten, abbauwürdigen Erzvorkommen in Höhe von etwa 30 Millionen Tonnen Metallinhalt (vgl. Abschn. E I u. II) den Gesamtenergiebedarf für die nächsten 15000 bzw. rund 4000 Jahre.

Es kommt noch eine zweite technische Möglichkeit hinzu, durch welche die unersetzlichen Vorräte an fossilen Kohlenstoffverbindungen dank der Kernenergie gestreckt werden können. In Ölschiefern, vor allem aber in Ölsanden (Athabascasande), liegt ein Öl mit so hohem Stockpunkt vor, daß es sich nicht ohne weiteres fördern läßt. Durch Zufuhr billiger Wärme, wahrscheinlich am einfachsten durch Untergrundexplosionen von Kernsprengkörpern, könnten später diese Rohstoffvorräte, deren Menge mehrfach größer ist als die der gegenwärtig bekannten Erdölreserven, der Ausbeutung erschlossen werden (W. KLIEFOTH, 1960 II; R. L. SCOTT, 1960). Auf solche Weise erzeugte Speicherwärme ist auch schon, ähnlich wie geothermische Wärme, zur Energieerzeugung vorgeschlagen worden (T. GINSBURG, 1960 u. 1961), jedoch sind darin noch viele Imponderabilien enthalten.

Die Domäne des Einsatzes der Kernenergie wird vorerst sicher die Erzeugung von Wärme und von Elektrizität sein (vgl. Kap. L). Beide Energieformen sind auf Kernenergiebasis ohne technische Schwierigkeiten in das energiewirtschaftliche Gefüge von Industriestaaten einzubauen, Elektrizitätswerke vor allem über große Verbundsysteme (vgl. Abschn. LIV). Teilindustrialisierten Staaten bietet die Kernenergie zusätzlich eine weitgehend transportunabhängige Energieversorgung abgelegener Landesteile (V. S. EMELJANOW, 1958; A. SETZWEIN, 1958 II).

Anzustreben ist auch die Anwendung in den derzeit unterentwickelten Ländern, wenngleich dort die im Abschn. KII u. MII gemachten Vorbehalte zu machen sind. Viele dieser Länder verfügen über Bodenschätze als potentielle Basis eines gesteigerten Volkseinkommens, jedoch meist abgelegen und ohne brauchbare Verkehrsverbindung. Dort ließen sich mit Vorteil vom Brennstofftransport unabhängige Kernenergieanlagen errichten, die zunächst der Förderung und möglichst weitgehenden Aufarbeitung der Bodenschätze dienen, im Interesse der Betriebskontinuität zunächst im Verbund mit Dieselmaschinen oder Gasturbinen. Aus solchen Industriekeimen pflegen sich dann recht bald vielseitige Industriegebiete zu entwickeln.

Weiterhin können und sollten dank der Unabhängigkeit von laufenden Brennstoffzufuhren abgelegene aride Gebiete durch Bewässerung unter Verwendung der Kernenergie der Besiedlung und Nahrungsproduktion erschlossen werden.

Die Erzeugung von Heizwärme aus Kernenergie kann nicht nur der industriellen Produktion und dem Heizungsbedarf bestehender Siedlungsgebiete dienen; sie kann außerdem als solche auch unwirtliche Zonen leichter bewohnbar machen.

Die beiden zuletzt genannten Anwendungen werden gegenüber der generellen Energieerzeugung zeitlich wahrscheinlich zunächst zurücktreten müssen.

Die hier skizzierten Hauptaufgaben der Kernenergie bringen implizite nützliche Nebenwirkungen mit sich. Die radioaktiven Isotope, die aus Spaltprodukten isoliert oder nebenher im Reaktor erzeugt werden können, haben der Forschung, der Heilkunde, der Technik und Landwirtschaft neue Methoden und Impulse gegeben, deren Wert sich nur schwer in materiellen Äquivalenten ausdrücken läßt. Neue Fertigungs- und Prüfverfahren kommen nicht nur der Entwicklung von Kernenergieanlagen, sondern auch der übrigen Technik zugute.

II. Nachteile und Gefahren der Kernenergie

Das für die Kernenergie spezifische Risiko liegt vor allem in der Handhabung, dem Transport und der Produktion von großen Mengen radioaktiver Stoffe begründet und von solchen, die versehentlich oder absichtlich divergente Kettenreaktionen, eventuell höchst explosiven Charakters, ergeben können.

Ziehen wir zunächst nur die erste Gruppe, die radioaktiven Spaltprodukte, in Betracht. Sobald größere Mengen davon außer Kontrolle geraten, kann daraus eine radioaktive Verseuchung der lebensnotwendigen Medien Luft, Wasser und Nahrung resultieren (vgl. Abschn. GIII). Die theoretische Analyse und die Betriebsergebnisse mehrerer Jahre haben aber gezeigt, daß eine weitreichende Schädigung von Katastrophencharakter extrem unwahrscheinlich ist (vgl. Kap. G, H u. J). Trotzdem besteht die Gefahr, daß manche Individuen Strahlenschädigungen davontragen werden, für die sich eventuell sogar kein Urheber nachweisen läßt. Auch in solchen Zweifelsfällen sollten großzügige Fürsorgemaßnahmen helfend eingreifen (vgl. auch G. Hertel, 1961).

In bezug auf die Veränderung der genetischen Gesamtstruktur der Menschheit durch Mutationen bestehen Bedenken, falls etwa laufend größere Aktivitätsmengen aus Kernkraftwerken der Umwelt zugeführt werden (vgl. Abschn. GIIb3). Sie können durch die Überlegung zerstreut werden, daß ein großer Spaltproduktausstoß, wenn überhaupt, nur äußerst selten vorkommen kann, und daß durch jede Atombomben-Versuchsexplosion viel mehr Radioaktivität verbreitet worden ist als die Summe zahlreicher schwerer Reaktorunfälle jemals ergeben würde.

Die sichere Verwahrung der radioaktiven Abfälle, ein anfänglich bedenkliches und heikles Problem, kann heute als einwandfrei gelöst angesehen werden (vgl. Kap. H).

Äußerst riskant erscheinen dagegen alle Projekte, die Kernenergie zum Antrieb von Flugzeugen zu verwenden. Hinter diesen

Plänen stehen meist militärische Ambitionen; für zivile Zwecke ist das Verhältnis zwischen Risiko und Nutzen nicht diskutabel.

Damit erhebt sich sofort eine weitere Frage von elementarer Bedeutung: Ist der Bau zahlreicher Kernkraftwerke überhaupt zu verantworten, wenn sie nebenher Plutonium liefern, einen Rohstoff zur Herstellung von Atombomben? Bei nüchterner Erwägung der Machtverhältnisse, der politischen Erfahrungen und der Tatsache, daß die mittlerweile aufgehäuften Vorräte an Kernwaffen die gesamte Menschheit mehrfach vollständig ausrotten können, erscheint es aussichtslos, die Herstellung oder gar den Mißbrauch von solchen Massenvernichtungsmitteln dadurch verhindern zu wollen, daß man einfach keine Kernkraftwerke baut. Dafür müssen, wenn überhaupt, andere Wege gefunden werden.

Im vorhergehenden Abschnitt ist, mit gewissem Vorbehalt, für die Kernenergieversorgung von verkehrstechnisch unerschlossenen, aber rohstoffreichen, unterentwickelten Gebieten plädiert worden. Dort ergibt sich zweifellos ein gewisses Risiko aus der Gesamtsituation (vgl. Abschn. K II). ,,To raise the productivity of a poor country is a difficult task and the hardest part of it is to give the initial impulse for an upward movement" (J. NEHRU, 1953). Die Bevölkerung solcher Gebiete ist gegenwärtig oft fremdenfeindlich, Kernenergieanlagen können dort aber nicht ohne sachkundiges, ausländisches Personal betrieben werden. Auch bringt eine überschnelle Entwicklung und Umstellung schwierige soziologische Probleme mit sich, die sich jedoch durch eine geschickte und behutsame Beeinflussung (vgl. Abschn. K II) allmählich beheben lassen dürften.

III. Schlußfolgerungen

Ohne den entschlossenen und umfangreichen Einsatz der Kernenergie im Lauf der kommenden Jahre und Jahrzehnte gehen mit Sicherheit schon die nächsten Generationen der Menschheit einem Zusammenbruch ihrer Energie- und Rohstoffversorgung entgegen. Zwar bringt auch die friedliche Nutzung dieser neuen Energiequelle gewisse Risiken und Gefahren mit sich. Der Nutzen erweist sich aber bei näherer Untersuchung als viel größer als der unter ungünstigsten Bedingungen angenommene Schaden, den man bei anderen Industriezweigen ohne weiteres akzeptieren würde.

Wir haben die Kernenergie als gegebenes Faktum hinzunehmen. Sie kann in beiderlei Sinne, als nützliche Energiequelle oder als Massenvernichtungsmittel verwendet werden.

Der Mensch als homo investigator, homo inventor, vor allem als homo sapiens (F. DESSAUER, 1958) sollte bestrebt sein, die Entropie seines Lebensmilieus über möglichst lange Zeiträume zu verringern und nicht zusätzlich zu vergrößern; zu beidem gibt ihm die Kernenergie die Macht. Verzichten wir auf Kernkraftwerke und andere nützliche Anwendungen, so kommt es unabwendbar zu Not, Hunger und Elend. Dann würde die entfesselte Kernenergie im apokalyptischen Kampf aller gegen alle, Besitzender gegen Habenichtse, einen Schlußstrich unter die menschliche Entwicklung, unter den menschlichen Fortschritt setzen.

Wir stehen also vor der gebieterischen Notwendigkeit, die Kernenergie für friedliche Zwecke so bald und so weitgehend wie nur möglich zu nutzen. Sie wird dann helfen, die Staaten und Völker zu gemeinsamen Leistungen im Interesse des Weiterbestehens der Menschheit zusammenzuführen. Die Ansätze dazu sind bereits vorhanden. Es heißt sie sorglich zu pflegen und zu fördern.

Schrifttum

Vorbemerkungen

Die Autorennamen sind nachstehend alphabetisch geordnet; bei Gleichheit ist die zeitliche Reihenfolge maßgebend.

Die Zitate im Text sind nach den Regeln des Springer-Verlags eingesetzt worden: Jedes Literaturzitat enthält den ersten Autorennamen mit dem Jahr der Veröffentlichung. Bei mehreren Arbeiten desselben Autors aus demselben Jahr sind diese durch römische Ziffern in der zeitlichen Reihenfolge des Erscheinens unterschieden.

Die Abkürzungen Genf. Konf. 1955 bzw. 1958 bedeuten die Berichte der Konferenzen zur friedlichen Anwendung der Kernenergie in Genf in den Jahren 1955 bzw. 1958.

AAMODT, N. G.: Underground Location of a Nuclear Reactor; Genf. Konf. **1958**, P/561.
ABSON, W., et al.: A Review of Reactor Neutron Flux Instrumentation; Genf. Konf. **1958**, P/56.
AFRICK, D. L., et al.: Radioactive Waste Treatment and Disposal; A Bibliography of Unclassified Literature; AEC-Rep. CF-57-8-118, Oct. **1957**.
AILLERET, P.: L'interconnection et le problème des très hautes tensions; un sage avertissement: éviter les tensions bâtardes; Europa Nucleare **IV**, Nr. 1, 19—20 (Febr. **1961**).
ALEXANDER, J. H., and M. F. GAZDIK: Recoil Properties of Fission Products; Phys. Rev. **120**, 874—886 (1960).
ANGHILERI, L. J.: Decontamination and Potabilization of the Waters of the River Plate Following Accidental Contamination by Fission Products; Genf. Konf. **1958**, P/2345.
ARENDT, P. R.: Reaktortechnik; Mosbach-Baden **1957**.
ARNOLD, D. S., P. W. HENLINE and R. H. SISSON: A Moving-Bed Reactor for the Production of Uranium-Tetrafluoride; Genf. Konf. **1958**, P/1015.
ARSENJEW, J. D., u. E. K. AVERIN: Zur Frage der Näherungsbestimmung des optimalen Kreisprozesses von Kernkraftwerken; Kernenergie **4,** 330 und **331** (1961).
Atomic Energy Office: Accident at Windscale No. 1 Pile on 10th October, **1957,** Presented to Parliament by the Prime Minister by Command of Her Majesty; November **1957**.
Atomic Markets: A Budget Estimate for the Martin Process Steam Reactor; Atomic Markets **1,** 18 (1958).

AUDSLEY, A., et al.: Recently Developed Processes for Extraction and Purification of Thorium; Genf. Konf. **1958**, P/1526.

AURAND, K.: Die Systematik der Strahlenschäden; in: Wissenschaftliche Grundlagen des Strahlenschutzes; S. 23 + 28; Karlsruhe **1957**.

BACH, N. A.: Arbeiten über Strahlenchemie; Berlin **1960**.

BAINBRIDGE, G. R., et al.: Health Safeguards in Nuclear Power Stations; Europa Nucleare **IV**, Nr. 1, 55—60 (Febr. 1961).

BAÏSSAS, N.: Le Programme Atomique Français; Europa Nucleare **IV**, Nr. 1, 36—40 (Febr. 1961) u. Nr. 2, 17—23 (April 1961).

BAKER, W. E.: Scale Model Tests for Evaluating Outer Containment Structures for Nuclear Reactors; Genf. Konf. **1958**, P/1028.

BALENT, R., and R. J. GIMERA: Marine Propulsion with the Organic Reactor; Soc. Naval Arch., Marine Eng., North. Calif. Sect., Meeting June 9th, **1960**.

BALL, J. G.: Reactor Fuels and Materials; Nucl. Power **3**, 477—482 (1958).

BAMMERT, K.: Kernheizkraftwerke mit Gasturbinen für verschiedene Arbeitsmittel; Atomkernenergie **6**, 185—199 (1961).

BANKS, W. F.: The Future of Gas-Cooled Reactors; Nucleonics **17**, 96—102 (Sept. **1959**).

BARRON, E. S. G., et al.: Studies on the Mechanism of Action of Ionizing Radiation; I. Inhibition of Enzymes by X-Rays; J. Gen. Physiol. **32**, 593—601 (1949).

BARTZ, F.: Die wirtschaftliche Bedeutung der Seefischerei Nordeuropas; Bd. X, H. 9, in: Handbuch der Seefischerei Nordeuropas; Stuttgart **1958**.

BARTZ, M. H.: Performance of Materials During Six Years Service in the Material Testing Reactor; Genf. Konf. **1958**, P/1878.

BASSARD, R. W., and R. D. DELAUER: Nuclear Rocket Propulsion; New York **1958**.

BATES, J. L.: Thermal Conductivity of UO_2 Improves at High Temperatures; Nucleonics **19**, 83—86 (June 1961).

BECK, C. K., et al.: Reactor Safety, Hazards Evaluation and Inspection; Genf. Konf. **1958**, P/2407.

BECK, H. R., et al.: Leitfaden des Strahlenschutzes; Stuttgart **1959**.

BECKER, E. W., et al.: Die Trenndüse; Z. Naturforsch. **10 A**, 565—572 (1955).
— Das Trenndüsenverfahren II; Z. Naturforsch. **12 A**, 609—621 (1957).
— Separation of the Uranium Isotopes by the Nozzle Process; Genf. Konf. **1958**, P/1002.

BECKJORD, E. S.: Dynamic Analysis Aspects of Boiling Reactor Stability; GE-Report-1468, 35-39 **(1958)**.

BENEDICT, M., and T. H. PIGFORD: Nuclear Chemical Engineering; New York **1957**.

BENZIGER, T. M., and R. K. ROHWER: Graphite-Matrix Fuel Bodies; Nucleonics **19**, 80—85 (May 1961).

BENZLER, H.: Wärmetechnische Probleme des gasgekühlten Reaktors (I); Atompraxis **7**, 135—141 (1961).

BERTRAM, D.: Kernstrahlenchemie organischer Flüssigkeiten; Isotopentechnik **1**, 18—20 u. 50—56 (1960).

BIGGS, B. B.: A Shielded Container for Transporting Radioactive Spent Fuels; AEC-Rep. TID-6395, **1960**.
BILOUS, O.: Study of the Economics of a Plant for the Separation of Uranium Isotopes by Gaseous Diffusion; Genf. Konf. **1958**, P/1264.
BINFORD, F. T., and T. H. BENNETT: A Method for the Disposal of Volatile Fission Products from an Accident in the Oak Ridge Research Reactor; AEC-Rep. ORNL-2086; **1957**.
BITZER, E.: Sind Atomreaktoren nette Nachbarn? Frankf. Allg. Ztg., 24. 10. **1957**.
BLÄSSER, G.: Die Bremsung von Neutronen in heterogenen Anordnungen; Nukleonik **2**, 141—144 (1960).
BLANCO, R. E., and J. T. ROBERTS: Removal of Fission Products from High-level Radioactive Waste Solutions; AEC-REP: CF-59-1-32, März **1959**.
BLEY, W. N.: Radiation Effects on Engineering Properties of Polyphenyls as Reactor Coolants: An In-Pile Loop Experiment; AEC-Rep. NAA-SR-2470, **1958**.
BLIZARD, E. P.: The Shielding of Nuclear Reactors; Genf. Konf. **1958**, P/2162.
BLOKINTSHEW, D. J., and N. A. NIKOLAJEW: The First Atomic Power Station of the USSR and the Prospects of Atomic Power Development; Genf. Konf. **1955**, P/615.
BMAt: Strahlenwirkung auf menschliche Erbanlagen; Schriftenreihe des Bundesministers für Atomfragen; Strahlenschutz-Heft 3; Bad Godesberg, **1957**.
— Lockheed-Atomzentrale; Atom- und Wasser-Inform. **1959** I, Nr. 4 (3. 6. 1959).
— Atomkraftwerke für Indien; Atom und Wasser-Inform. **1959** II, Nr. 245 (21. 12. 1959).
— Wirtschaftlichkeit von Kernkraftwerken in Großbritannien; Atom und Wasser-Inform. **1960**, Nr. 226 (24. 11. 1960).
BÖHLER, G.: Beseitigung radioaktiver Abfälle (Bericht über die Monaco-Konferenz, 16.—21. 11. 1958); Atomkernenergie **5**, 144—147 (1960).
BOGOROV, V. G., and E. M. KREPS: Concerning the Possibility of Disposing of Radioactive Wastes in Ocean Trenches; Genf. Konf. **1958**, P/2058.
BOLSHAKOW, K. A., et al.: Pilot Plant for Decontamination of Laboratory Liquid Wastes; Genf. Konf. **1958**, P/2025.
BONI, F., and P. S. OTTEN: FERMI and HALLAM Steam Generators; Nucleonics **19**, 58—61 (June 1961).
BOWEN, J. H., u. E. F. O. MASTERS: Steuerung und Instrumentierung von Reaktoren; Braunschweig 1961.
BOWLES, P., et al.: Sea Disposal of Low Activity Effluent; Genf. Konf. **1958**, P/296.
BRITTAN, R. O., and J. C. HEAP: Reactor Containment. Genf. Konf. **1958**, P/437.
BRODSKY, M., and P. PAGNY: Progress in the Fabrication of Uranium: The Double Fluoride Cycle; Genf. Konf. **1958**, P/1260.
BROWN, G., et al.: Safety Aspects of the Calder Hall Reactor in Theory and Experiment; Geneva Conf. **1958**, P/267.

BROWN, R. E., et al.: Experience in the Disposal of Radioactive Wastes to the Ground; Genf. Konf. **1958**, P/1767.
BRUCE, F. R., J. M. FLETCHER and H. H. HYMAN: Progress in Nuclear Energy; Process Chemistry, Vol. III; Oxford **1961**.
BRUNI, M., u. A. DALLA: Die Bedeutung der Stromerzeugung aus Kernenergie für den künftigen Energiebedarf Italiens; Atomwirtsch. **4,** 368—373 (1959).

CACCIARI, A., et al.: Preparation of Pure Uranium Fuel at CNRN; Genf. Konf. **1958,** P/1399.
CALKINS, G. D.: Brennstoffelemente für organisch moderierte Reaktoren; Atomkernenergie **6,** 200—206 (1961).
CAMERON, J. R.: Elastic Scattering of Alpha-Particles by Oxygen; Phys. Rev. **90,** 839—844 (1953).
CAP, F.: Physik und Technik der Atomreaktoren; Wien, **1957**.
CARLBOM, L., et al.: On the Design and Containment of Nuclear Power Stations Located in Rock; Genf. Konf. **1958**, P/172.
CARTWRIGHT, H., J. TATLOCK and R. R. MATTHEWS: The Dounreay Fast Reactor — Basic Problems in Design; Genf. Konf. **1958,** P/274.
CAVALLINI, G.: Economia elettronucleare e interconnessione coordinata; Europa Nucleare IV, Nr. 2, 11—14 (1961, April).
CAWLEY, M. E.: Reactor Fuel Handling Problems; Atompraxis **7,** 131—135 (1961).
C. E. A. E. N. (Centre d'Etudes pour les Applications de l'Energie Nucléaire): Note d'introduction à la visite des laboratoires du Centre d'Etude pour les Applications de l'Energie Nucléaire à Mol; **1958**.
CECCHI, M.: La protezione dalle radiazioni; Europa Nucleare III, Nr. 6, 28—31 (Nov./Dez. 1960).
CHABOSEAU, J., et P. LAFERRIERE: Etude thermodynamique de G-2 et G-3; Bull. d'Inform. Scient. et Techniques, No. 20, **1958**, p. 10—27.
CHAMBERLAIN, A. C., et al.: The Behaviour of I-131, Sr-89 and Sr-90 in Certain Agricultural Food Chains; Genf. Konf. **1955**, P/393.
CHARLESBY, A.: Atomic Radiation and Polymers; Oxford, **1960**.
CHAVANNE, A.: Perspective cavalière sur la Conférence Atomique de Genève, 1958; Industries Atomiques **2,** No. 9/10, 57—61 (1958).
CLARE, H. C.: Water Quality Problem in the Columbia River Basin; Proc. Am. Soc. Civ. Engrs. **85,** 1—34 (1959).
CLEMENTE, C. D., et al.: The Effects of Ionizing X Irradiation on the Adult and Immature Mammalian Brain; Genf. Konf. **1958,** P/891.
COEKELBERGS, R. F.R., et al.: Investigation of a Nuclear Fuel Making it Possible to Use the Kinetic Energy of Fission Products for Chemical Synthesis; Genf. Konf. **1958**, P/1895.
COHEN, K.: Current Power and Nuclear Developments and Their Outlook; Energy Resources Conf., Denver, Col., Oct. **1958**.
COLICHMAN, E. L., and R. H. J. GERCKE: Radiation Stability of Polyphenyls; Nucleonics **14,** 50—54 (Jul. 1956).
COTTRELL, A. H.: Effect of Nuclear Radiation on Engineering Materials; Meeting of the Institution of Mechanical Engineers, Report 14/59 (25/XI/59, London); **1959**.

Cowser, K. E., et al.: The Treatment of Large-Volume, Low-Level Waste by the Lime-Soda Softening Process; Genf. Konf. **1958,** P/2354.
— and P. L. Parker: Soil Disposal of Radioactive Wastes at ORNL: Criteria and Techniques of Site Selection and Monitoring; Health Physics **1,** 152—163 (1958).
— and R. J. Morton: Radioactive Containment Contamination Removal and Waste Water: Evaluation of Performance; Proc. Am. Soc. Civ. Eng. **85,** May **1959,** 55—76.
Culbreath, M. C.: Radioactive Contaminant Removal from Waste Water: Engineering Design Features; Proc. Am. Soc. Civ. Eng. **85,** May 1959, 41—53.

Dahl, O.: Preliminary Study of an Experimental Pressurized Heavy Water Reactor; Genf. Konf. **1955,** P/879.
Daldrup, H.: N. S. ,,Savannah" — das erste Atomhandelsschiff; Atomwirtsch. **4,** 468—471 (1959).
Dautray, R., and J. C. Leny: An Investigation of the Regulation of a Power Producing Atomic Plant; Genf. Konf. **1958,** P/1195.
Davis, W. K., et al.: Power Reactors; Nucleonics **15,** 90—93, Sept. 1957.
Dawson, J. K., et al.: Some Chemical Problems of Homogeneous Aqueous Reactors; Genf. Konf. **1958,** P/46.
DeBruyn, J., and K. W. Pearce: Radioactive Sludge Handling; AEC-Rep. Aere-M-746 (Sept. **1960**).
Decrop, J., et al.: Improvements in the Purification of Uranium Compounds and in the Production of Uranium Metal at the Bouchet Factory; Genf. Konf. **1958,** P/1252.
DeJonghe, P., et al.: Treatment of Radioactive Effluents at the Mol Laboratories; Genf. Konf. **1958,** P/1676.
DeLaguna, W., et al.: Disposal of High Level Radioactive Liquid Wastes in Terrestrial Pits — A Sequel; Genf. Konf. **1958,** P/2351.
— What is Safe Waste Disposal? Bull. Atomic Scientists **15,** 35—43 (1959).
DeLatil, P.: Les Navires Atomiques et l'Euratom; Europa Nucleare **III,** Nr. 5, 27—30 (Sept./Oct. 1960).
Deloux, M., and M. Laurent: Control of the EDF-1 Nuclear Power Plant; Genf. Konf. **1958,** P/1200.
DeMarrais, G. A., and N. F. Islitzer: Diffusion Climatology of the National Reactor Testing Station; AEC-Rep. IDO-12015. Apr. **1960**.
Dessauer, F.: Streit um die Technik; 2. Aufl.; Frankfurt a. M. **1958**.
Deutsche Verbundgesellschaft: Der Verbundbetrieb in der deutschen Stromversorgung; Heidelberg **1953**.
Dietrich, J. R.: Experimental Determination of the Self-Regulation and Safety of Water-Moderated Reactors; Genf. Konf. **1955,** P/481.
— and W. H. Zinn: Solid Fuel Reactors; New York **1958**.
Disney, W., u. H. Haber: Unser Freund das Atom; München **1958**.
Diven, B. C., et al.: Distribution of Fission Neutron Numbers; Phys. Rev. **108,** 783—789 (1957).
— et al.: Multiplicities of Fission Neutrons; Phys. Rev. **101,** 1012 bis 1015 (1956).

DLOUHÝ, Z.: Die Messung des Neutronenalters in Graphit mit der Impulsmethode; Kernenergie 4, 301—306 (1961).
DMITRIEV, A. B.: Boron Ionization Chambers for Work in Nuclear Reactors; Genf. Konf. 1958, P/2084.
DOLEZHAL, N. A., et al.: Uranium-Graphite Reactor with Superheated High Pressure Steam; Genf. Konf. 1958, P/2139.
— and A. K. KRASIN: Five Years of Nuclear Power; J. Nucl. Energy, A 13, 189—193 (1961).
DOLGOV, V. V., et al.: Untersuchung über die Anfahroperationen eines Kernkraftwerkes mit Uran-Graphit-Reaktor für Dampfüberhitzung; Kernenergie 4, 220—224 (1961).
DOLLE, L.: Stahlforschung und Kerntechnik; Atomwirtsch. 4, 252—254 u. 338—392 (1959).
DOMISH, R. F., et al.: Calcination of High Level Atomic Wastes as a Step in Ultimate Disposal; AEC-Rep. BNL 535 (T-136), (1958).
DONNELL, A. P., et al.: Enrico Fermi Atomic Power Plant; Genf. Konf. 1958, P/1850.
DRESNER, L.: Resonance Absorption in Nuclear Reactors; Oxford 1960.
DUBININ, N. P.: Mechanism of Radiation Effect on Heredity and the Problem of Radiosensitivity; Genf. Konf. 1958, P/2074.
DUCKWORTH, J. C., and E. H. JONES: Economic Aspects of the United Kingdom Nuclear Power Programme; Genf. Konf. 1958, P/1446.
DUHAMEL et al.: Problème du rejet des residus radioactifs liquides au C. E. A.; Traitements abvertissants à des rejets en rivière; Genf. Konf. 1958, P/1175.
DUNSTER, H. J.: The Disposal of Radioactive Liquid Wastes into Coastal Waters; Genf. Konf. 1958, P/297.
DUNWORTH, J. V.: Development of Nuclear Power — Present Technical Status; IAEA-Bulletin, Nov. 1960, 13—16.

EHLERS, H.: Zuerst Sicherheit — dann Atomreaktorbau; als Manuskript gedruckt, Karlsruhe 1957.
EMELJANOW, V. S., et al.: The Future of Atomic Energy in the USSR; Genf. Konf. 1958, P/2027.
ENGLANDER, M.: Qualités et défauts de l'uranium métal en tant que combustible nucléaire; Industries Atomiques 2, No. 9/10, 85—97 (1958).
ERICHSEN, L. V.: Die Lagerung radioaktiver Abfallstoffe in ariden Gebieten; Atomkernenergie 4, 112—115 (1959 I).
— Site Selection for Nuclear Power Plants under European Conditions; Council of Europe, Report 1959 II.
ERRERA, M.: The Effect of Radiation on Nucleocytoplasmic Relations in Living Cells; Genf. Konf. 1958, P/1695.
ERŠLER, B. V., et al.: Zur Stabilisierungstheorie des homogenen Siedewasserreaktors; Kernenergie 4, 216—219 (1961).
ERTAUD, A., et G. DEROME: Chargement et déchargement; Bull. d'Inform. Scient. et Techn., No. 20, 69—88 (1958).
ESCHNAUER, H.: „Abgereichertes" Uran sucht einen Markt; VDI-Nachr., Nr. 11, 1961, p. 13.

Euratom: 1. Internationaler Kongreß für Rechts- und Verwaltungsfragen des Gesundheitsschutzes bei der friedlichen Verwendung der Atomkernenergie; Brüssel, 5.—8. 9. **1960**.
Euratom: Vierter Gesamtbericht über die Tätigkeit der Gemeinschaft (April 1960—März 1961); Brüssel, 18. Mai 1961).
EVANS, J. E.: Disposal of Active Wastes at Sea; AEC — Techn. Inform. Service, Rep. DP-5, p. 8—9; **1957**.
EVANS, R. D.: The Atomic Nucleus; New York **1955**.
FABER, P.: Chemie und Kernchemie in der Reaktortechnik; Atomwirtsch. **4**, 282—284 (1957).
FARMER, F. R.: Safety Criteria in Atomic Energy; Genf. Konf. **1955**, P/453.
FARMER, F. R., et al.: Safety Considerations for Gas-Cooled Thermal Reactors of the Calder Hall Type; Genf. Konf. **1958**, P/2331.
FEINE, U., u. O. HUG: Die pathologische Anatomie der akuten Strahlenschäden; in: Wissenschaftliche Grundlagen des Strahlenschutzes; p. 84 bis 106; Karlsruhe **1957**.
F.I.P.A.C.E.: Einige Gedanken zum Bericht von L. ARMAND, F. ETZEL und F. GIORDANI über Ziele und Aufgaben von Euratom; Herausg. v. d. Vereinigung Industr. Kraftwirtschaft, Essen **1957**.
— Das Echo der Schrift: Einige Gedanken zum Bericht über Ziele und Aufgaben von Euratom; Herausg. v. d. Vereinigung Industr. Kraftwirtschaft, Essen **1958**.
FITZER, E., et al.: Gas- und flüssigkeitsundurchlässige Graphite für den Reaktorbau; Atomkernenergie **6**, 137—151 (1961).
FLÜGGE, S., u. G. v. DROSTE: Energetische Betrachtungen zu der Entstehung des Bariums bei der Neutronenbestrahlung von Uran; Z. Physik. Chem. **B42**, 274—280 (1939).
Foreign Languages Publishing House: USSR, Today and Tomorrow — Facts, Figures, Pictures; Moskau **1959**.
FOSTER, L. R.: Public Relations for the Atomic Industry; Atomic Industr. Forum, Sympos. New York, **1956**.
FOSTER, R. F., and J. J. DAVIS: The Accumulation of Radioactive Substances and Aquatic Forms; Genf. Konf. **1955**, P/280.
FRANK, G. M., et al.: Some Problems of Biological Analysis of Radiobiological Effects; Genf. Konf. **1958**, P/2237.
FRANKOWSKI, W., and T. WOJCIK: Conditions of the Economic Operation of Nuclear Power Stations in Poland; Genf. Konf. **1958**, P/1940.
FREUND, G. A.: The Case for Organic Coolant-Moderators for Power Reactors; Nucleonics **14**, 62—64 (Aug. **1956**).
FRISCH, O. R.: Physical Evidence for the Division of Heavy Nuclei under Neutron Bombardment; Nature **143**, 276 (1939).

GALSON, A. E., et al.: Hydraulic Aspects of Boiling Water Reactor Stability; GE Report-1468, 28—34 **(1958)**.
GARDNER, A. W., et al.: The Water Content of the Organic Phase; Trans. Faraday Soc. **48**, 997—1004 (1952).
GELIN, R., et al.: Refining of Uranium Concentrate and Production of Uranium Oxide and Metal; Genf. Konf. **1958**, P/179.

GELLER, L., and R. EPSTEIN: A General Method for Evaluating Containment Shielding under Normal and Emergency Conditions; Genf. Konf. 1958, P/435.

GÉRARD, F.: La chimie; Industries Atomiques 2, No. 9/10, 125—132 (1958).

GERCKE, R. H. J.: OMRE Research and Development Program; USAEC Report TID-7553, 1958.

GERJUOY, E., and S. STEIN: Rotational Excitation by Slow Electrons; Phys. Rev. 97, 1671—1679 (1955).

GHALIB, S. A., and J. R. M. SOUTHWOOD: The Berkeley Power Station: Genf. Konf. 1958, P/264.

GINSBURG, TH.: Die friedliche Verwendung von Nuklearbomben, I—III; Neue Zürcher Ztg., Fernausg., Beiblatt Technik (3. 11. 1960).

— Die friedliche Anwendung von Nuklearbomben im Bauingenieurwesen, I—IV; Neue Zürcher Ztg., Fernausg., Beiblatt Technik (29. 6. 1961).

GLASSTONE, S., and H. C. EDLUND: The Elements of Nuclear Reactor Theory; New York 1955.

— Sourcebook on Atomic Energy; New York 1958.

GLUECKAUF, E., et al.: The Partition Data and Their Interpretation; Trans. Faraday Soc. 47, 437—449 (1951).

— and T. V. HEALY: Long Term Aspect of Fission Product Disposal; Genf. Konf. 1955, P/398.

Gmelin-Institut: Referat Atomkernenergie-Dokumentation beim Gmelin-Institut, Frankfurt a. M.: Bericht AED-BRD-C-08-1; Reihe C, Heft 08-1: Thorium; 20. Dez. 1960 (ca. 1500 Zitate).

GODWIN, R. P., and D. L. WORF: Design Consideration in Nuclear Merchant Ships; Genf. Konf. 1958, P/1023.

GOELLER, H. E.: Bibliography — Nuclear Reactor Fuel Processing; AEC-Rep. CF-57-3-153, März 1957.

GOMBERG, H. J.: A Quantitative Approach to Evaluation of Risk in Locating a Reactor on a Given Site; Genf. Konf. 1958, P/436.

GORIZONTOW, P.: Pathophysiological Aspect of the Pathogenesis of Acute Radiation Sickness; Genf. Konf. 1958, P/2316.

GORMAN, A. E.: Environmental Aspects of the Atomic Energy Industry; Genf. Konf. 1955, P/283.

GOTT, H. H., et al.: Power Reactors — Advances Reported from Many Countries; Nuclear Power 3, 471—476 (1958).

GRACIE, J. D., and J. J. DROHER: A Study of Sodium Fires; AEC-Rep. NAA-SR-4383, Oct. 1960.

GRAHN, D.: The Genetic Factor in Acute and Chronic Radiation Toxicity; Genf. Konf. 1958, P/906.

GRASSMANN, P.: Physikalische Grundlagen der Chemie-Ingenieur-Technik; p. 652 ff.; Frankfurt/M. 1961.

GRAUL, E. H.: Sicherheits- und Schutzprobleme bei Reaktorprojekten; Atompraxis 1, 9—16 (1955).

GRAY, L. H., et al.: The Influence of Oxygen and Peroxides on the Response of Mammalian Cells and Tissues to Ionizing Radiations; Genf. Konf. 1958, P/293.

GRIFFITHS, P., et al.: Radiological Monitoring of a Nuclear Release; Genf. Konf. **1955**, P/483.

GUTH, E., and E. INÖNÜ: Group-Theoretical Treatment of Time- and Energy-Dependent Multiple Scattering, with Application to the Slowing Down of Neutrons; Rep. ORNL-3010, Nov. **1960**.

HAHN, O., u. F. STRASSMANN: Über den Nachweis und das Verhalten der bei der Bestrahlung des Urans mittels Neutronen entstehenden Erdalkalimetalle; Naturwiss. **27**, 11—15 **(1939 I)**.

— — Nachweis der Entstehung radioaktiver Bariumisotope aus Uran und Thorium durch Neutronenbestrahlung; Nachweis weiterer aktiver Bruchstücke bei der Uranspaltung; Naturwiss. **27**, 89—95 **(1939 II)**.

— — Über die Bruchstücke beim Zerplatzen des Urans; Naturwiss. **27**, 163—164 **(1939 III)**.

— Einige Besonderheiten der bei der Kernspaltung des Urans und Thors entstehenden künstlichen Atomarten; Annal. Phys. /5/ **36**, 368—372 **(1939 IV)**.

— Weitere Spaltprodukte aus der Bestrahlung des Urans mit Neutronen; Naturwiss. **27**, 529—534 **(1939 V)**.

HALAS, D. R. DE: Radiolytic and Pyrolytic Decomposition of Organic Reactor Coolants; Genf. Konf. **1958**, P/611.

HALBAN, H. V., et al.: Liberation of Neutrons in the Nuclear Explosion of Uranium; Nature **143**, 470—471 (1939).

HAMMOND, R. P.: Decontamination of Radioactive Waste Air; AEC-Rep. AEC-D-2711, Oct. **1949**.

HANLE, W.: Strahlenarten und deren Ursprung; in: Wissensch. Grundlagen des Strahlenschutzes; p. 35—40; Karlsruhe **1957**.

HANSON, W. C., and H. A. KORNBERG: Radioactivity in Terrestrial Animals Near an Atomic Energy Site; Genf. Konf. **1955**, P/281.

HARRER, J. M., et al.: The Engineering Design of a Prototype Boiling Water Reactor Power Plant; Genf. Konf. **1955**, P/497.

HARTECK, P., and S. DONDES: Radiation Chemistry of Gases; Genf. Konf. **1958**, P/1769.

HEAD, M. A., and E. R. OWEN: System Analysis Aspects of Boiling Water Reactor Stability; GE-Report-1468, 16—27 **(1958)**.

HEDE, R.: Input-Output Relations in the Eight Great National Energy Systems and in the World — With Estimates of the Efficiency of Use; in: Energy in the Future; New York **1953**.

HEESEMANN, S.: Zusammenarbeit innerhalb der westeuropäischen Elektrizitätswirtschaft; Energiewirtsch. Tagesfragen **6**, 91—92, H. 49/50 **(1956)**.

HERBERT, R.: Atomic Energy in India's Development; Europa Nucleare **IV**, Nr. 2, 32—33 (April 1961).

HERTEL, G.: Versicherungsmedizinische Probleme der langfristigen Strahlenschädigung; Atompraxis **7**, 216—220 (1961).

HERTZ, G.: Lehrbuch der Kernphysik; Bd. II: Physik der Atomkerne; Hanau/M., 1961.

HIDLE, N., and O. DAHL: The Halden Boiling Heavy Water Reactor; Genf. Konf. **1958**, P/559.

HIGGINS, J. R., et al.: The Excer Process: An Aqueous Method for Production of Pure Uranium Tetrafluoride from Crude Uranium Sources; Genf. Konf. **1958,** P/506.
HILAL, O., et al.: The Separation of Thorium and the Rare Earths Group from Moderate Monazite Concentrates; Part I; Genf. Konf. 1958, P/1487.
HILL, R. W.: Elastic Scattering of α-Particles by Carbon; Phys. Rev. **90,** 845—848 (1953).
HILLIER, M. J.: Thermal Stresses in Reactor Shells due to Thermal Neutron Irradiation; J. Nucl. Energy 8, 187—196 **(1959).**
HOANG XUAN HAN, M.: Remplacement du combustible par zone d'irradiation graduée; Industries Atomiques **2,** No. 9/10, 69—79 (1958).
HOCHSTRASSER, U.: Bericht über ,,Process-Heat"-Reaktoren; Bull. Nr. 7 d. Schweiz. Ver. f. Atomenergie, Oktober **1959.**
HODGMAN, CH. D., et al.: Handbook of Chemistry and Physics; p. 546—547; Cleveland, Ohio, **1958.**
HOFFMANN, K. W.: Verzögerte Neutronen bei der Kernspaltung; Naturwiss. **48,** 36—39 (1961).
HOLLAND, I. Z.: Radiation from Clouds of Reactor Debris; Genf. Konf. **1955,** P/572.
HOOVER, E. M.: The Location of Economic Activity; New York **1948.**
HORSLEY, G. W.: Mass-Transport and Corrosion of Iron-Based Alloys in Liquid Metals; J. Nucl. Energy B **1,** 84—91 (1959).
HOWELLS, G. R., et al.: The Chemical Processing of Irradiated Fuels from Thermal Reactors; in: Process Chemistry, Vol. III; Oxford **1961.**
HUFT, W.: Energiebilanz der USA; VDI-Nachr. **1961,** Nr. 14, p. 9.
HUGHES, J. H., and R. B. SCHWARTZ: Neutron Cross Sections; BNL-Report BNL 325, S. 28 **(1958).**
HUMPHREYS JR., J. R.: Sodium Air Reactions as They Pertain to Reactor Safety and Containment; Genf. Konf. **1958,** P/1893.
HURST, R., et al.: Progress in Nuclear Energy; Technology, Engineering and Safety, Vol. II; Oxford **1960.**
HURWITZ JR., H.: Safeguard Considerations for Nuclear Power Plants; Nucleonics **12,** 57—61 (March 1954).

IAEA: Nuclear Power for Underdeveloped Areas; IAEA-Bull. **1,** No. 2, 2—5 **(1959 I).**
— Power Programmes Review: Nuclear Power for India; IAEA-Bull. **1,** No. 3, 13—17 **(1959 II).**
— Disposal of Radioactive Waste; IAEA-Bull. **2,** No. 1, 2—5 **(1960 I).**
— Radioactive Waste Disposal into the Sea; IAEA-Bull. **2,** No. 3, 14—16 **(1960 II).**
— Safe Handling of Radioisotopes; Wien **1958.**
— Methods of Estimating Nuclear Power Costs; IAEA-Bulletin **3,** No. 3, 9—11 (July 1961).
ISKENDERIAN, H. P., et al.: Heavy Water Reactors for Industrial Power, Including Boiling Water Reactors; Genf. Konf. **1955,** P/495.
ISRAËL, H.: Zur Vergleichbarkeit von Radioaktivitäts-Messungen; Atomkernenergie **6,** 218—222 (1961).

JAEGER, TH.: Beseitigung radioaktiver Abfallstoffe; Atomkernenergie **3**, 273—277 (1958).
— Technischer Strahlenschutz; München **1959**.
JÄGERSBERGER, J.: Hochlegierte Stähle in Kernenergieanlagen; Atomwirtschaft **6**, 154—157 (1961).
Jahrb. d. Deutsch. Bergbaues: Internationale Monatszahlen; Essen **1958**.
Japan Hydrograph. Office: Oceanographical Researches on the Waste Disposal off the Coast of Tokei Mura; Genf. Konf. **1958**, P/1355.
JENKINS, I. L., and H. A. C. MACKAY: Salting-Out by a Second Nitrate; Trans. Faraday Soc. **50**, 107—119 (1954).
JENNE, O.: Ingenieurtechnische Gesichtspunkte der Projektierung der Reprocessing-Anlage Eurochemic; Chem.-Ing.-Technik **33**, 139—145 (1961).
JESSE, W. P., and J. SADAUSKIS: Ionization in Pure Gases and the Average Energy to Make an Ion Pair for α and β Radiation Particles; Phys. Rev. **97**, 1668—1670 (1955).
JOHNSON, J. C.: Nuclear Fuel for the World Power Program; Genf. Konf. **1955**, P/470.
JUKES, J. A.: Les Problemes Economiques de l'Energie Nucléaire; Europe Nucléaire **1**, 76—82 (1958).
JUNG, K.: Kleine Erdbebenkunde; Berlin **1953**.
JUNKERMANN, W., u. H. BENZLER: Der gasgekühlte graphitmoderierte 100 MW-Reaktor als Vorschlag für das deutsche Reaktorgropramm; Atom u. Strom, Sonderh. Versuchsreaktoren, Nov. **1959**, 13—19.

KÄCKENHOFF, G.: Im Spannungsfeld neuer Wirtschaftsräume; VDI-Nachr. **13**, Nr. 12, 1 **(1959)**.
KAHN, B., et al.: Analysis for Radionuclides in Aqueous Wastes from an Atomic Plant; Sympos. on Radioactivity in Industr. Water, Spec. Techn. Publicat. No. 235, **1958** (Am. Soc. for Testing Materials), 38—47.
— and S. A. REYNOLDS: Determination of Radionuclides in Low Concentrations in Water; J. Amer. Water Works Assoc. **50**, 613—620 (1958).
KALOS, M. H., and E. S. TRUBETZKOY: Fast Neutrons Cross Sections of Thorium-232, Protactinium-233, Uranium-233, Beryllium, Sodium and Iron; AEC-Rep. NDA-2134-2, Sep. **1960**.
KAPLAN, G. E., and T. A. USPENSKAYA: Investigations on Alkaline Methods for Monazite and Zircon Processing; Genf. Konf. **1958**, P/2154.
KATCOFF, S.: Fission Product Yields from Neutron-Induced Fission; Nucleonics **18**, 201—208 (Nov. 1960).
KAUFMANN, B. P.: Chromosome Aberrations Induced in Animal Cells by Ionizating Radiation; in: Radiation Biology, Vol. I; 627—712; New York **1954**.
KAY, J. M., and A. A. FULTON: Combined Use of Nuclear Power and Pumped Storage Hydro-Stations; Genf. Konf. **1958**, P/1448.
KENNEDY, G. F., and S. J. COWHERD: Economic Operation of Nuclear Reactors on an Electric Supply System; Genf. Konf. **1958**, P/1447.
KERN, E., u. A. SCHATZ: Diffusion von radioaktiven Stoffen durch Festkörper mit körniger Struktur; Nukleonik **3**, 61—76 (1961).
KERRIDGE, D. H.: The Solubility of Metals in Liquid Metals; J. Nucl. Energy **B 1**, 215—220 (1961).

KETCHUM, B. H., and V. T. BOWEN: Biological Factors Determining the Distribution of Radioisotopes in the Sea; Genf. Konf. 1958, P/402.

KIESSKALT, S.: Das Fließbild der Atomtechnik in verfahrenstechnischer Sicht; Atomwirtsch. 1, 306—313 (1956).

KINTNER, E. E.: Die Wiege der Atomschiffe: Die Entstehung des NAUTILUS-Reaktorprototyps; Atomwirtsch. 4, 463—467 (1959).

KIRILLOW, P. L., et al.: The Design and Development of Pumps for Sodium and Sodium-Potassium Alloys; J. Nucl. Energy **B 1**, 249—254 (1961).

KLARR, H., u. R. BAUER: Die OEEC-Konvention über die Haftung gegenüber Dritten auf dem Gebiete der Kernenergie; Atomwirtschaft **5**, 502 bis 505 (1960).

KLIEFOTH, W.: Atomrundschau; Atomkernenergie **3**, 407—409 (1958).

— Atomrundschau; Atomkernenergie **5**, 232—236 **(1960 I)**.

— Über Möglichkeiten der Ausnutzung unterirdischer Kernexplosionen für wissenschaftliche und technische Zwecke; Atomkernenergie **5**, 384—386 **(1960 II)**.

KOHRT, H. U.: Gasreinigung in kerntechnischen Anlagen; Chem.-Ing.-Techn. **33**, 135—138 (1961).

KOMAROWSKI, A. N.: Neue Aspekte für die Anlage und Konstruktion von Kernreaktoren; Kernenergie **4**, 122—129 (1961 I).

— Shielding Materials for Nuclear Reactors; Oxford 1961 (1961 II).

KORNBLITH jr., L., et al.: Vallecitos Boiling Water Reactor; Report Nucl. Congr. Chicago, March 18, **1958**.

KRAUCH, H.: Chemie-Kernreaktoren — eine Übersicht; Atomwirtschaft **6**, 261—265 (1961).

KUPER, I. B. H., and F. P. COWAN: Exposure Criteria for Estimating the Consequence of a Catastrophe in a Nuclear Plant; Genf. Konf. **1958**, P/430.

LABEYRIE, J.: Strahlenschutz am Reaktor; in: Wissenschaftl. Grundlagen des Strahlenschutzes; p. 361 ff.; Karlsruhe **1957**.

LANGENDORFF, H.: Zur Frage der Strahlengefährdung des Menschen; Atomkernenergie **6**, 260—264 (1961).

LASKORIN, B. N., et al.: Extraktion des Urans aus Lösungen und Trüben; Kernenergie **4**, 205—212 (1961).

LAUPSIEN, H.: Public Relations in der Atomwirtschaft; Atomwirtsch. **1**, 404—406 (1956).

LEA, D. E.: Actions of Radiation on Living Cells, Cambridge **1955**.

LEIPUNSKIJ, O. I.: Radioactive Hazard Resulting from the Explosion of a „Clean" Hydrogen Bomb and of a Conventional Fission Bomb; J. Nucl. Energy **II 9**, 28—40 (1959); nach: Atomnaja Energija **3**, 530 (1957).

LENIHAN, J. M. A.: Atomic Energy and Its Applications; London **1954**.

LEONARD jr., B. P.: Hazards Associated with Fission Product Release; Genf. Konf. **1958**, P/428.

LIASHENKO, V. S., and S. S. IBRAGIMOW: The Effect of Neutron Irradiation on the Structure and Properties of Low-Carbon Alloy Steels; J. Nucl. Energy **B 1**, 242—244 (1961).

LIEBERMAN, J. A.: Treatment and Disposal of Fuel Reprocessing Waste; Nucleonics **16**, 82—89 (Febr. 1958).

LIND, C. E., et al.: Nuclear and Conventional Thermal Power in a Typical Hydroelectric System; Genf. Konf. **1958**, P/134.
LIVANOW, M. N., and D. A. BIRYUKOW: Changes in the Nervous System by Ionizing Radiation; Genf. Konf. **1958**, P/2315.
LONGWELL, C. R. et al.: Outlines of Physical Geology; Washington **1941**.
LOVE, S. K., and W. F. WHITE: The Problem of Water Quality in the Development of Nuclear Energy; Am. Inst. Chem. Engineers, New York 36, N. Y.
LYON, W. S., and S. A. REYNOLDS: Radioactive Species Induced in Reactor Cooling Water; Nucleonics **13**, 60—62 (Oct. 1955).

MAASS, H., and G. SCHUBERT: Early Biochemical Reactions after X Irradiation; Genf. Konf. **1958**, P/994.
MACCARTHY jr., W. I. et al.: Studies of Nuclear Accidents in Fast Power Reactors; Genf. Konf. **1958**, P/2665.
MAGNUSSON, T.: Principles for Dealing with Safety and Location o Atomic Energy Plants in Sweden; Genf. Konf. **1958**, P/173.
MANDEL, H., and N. EWBANK: Critical Constants of Diphenyl and the Terphenyls; AEC-Rep. NAA-SR-5129, Dec. **1960**.
MANOWITZ, B., and R. H. BRETTON: Progress on Waste Concentration Studies; AEC-Rep. BNL-90, Oct. **1950**.
MANZANARES, A. A., and F. J. GONÇALVES: The Problem of Electric Energy in Portugal; Genf. Konf. **1958**, P/1822.
MARGERISON, T.: The AGR, Bright Hope of the „Atomic Energy Authority"; Europa Nucleare **IV**, Nr. 1, 45—48 (Febr. 1961).
MARLEY, W. B., and W. F. FRY: Radiological Hazards from an Escape of Fission Products and the Implications in Power Reactor Location; Geneva Conf. **1955**, P/395.
MARQUARDT, H.: Die Toleranzdosis vom genetischen Standpunkt gesehen; in: Wissenschaftl. Grundlagen des Strahlenschutzes; 217—235; Karlsruhe **1957** I.
— Strahlengenetik; in: Wissenschaftl. Grundlagen des Strahlenschutzes; 129—148; Karlsruhe **1957** II.
MARTIN, B., and D. W. OCKENDEN: The Solvent Extraction of Plutonium and Americium by Tri-n-octylphosphine Oxyde; UKAEA-Rep. PGR-165, **1960**.
MATTEINI, C.: Nuclear Plant Safety Hazards; Nuclear Europe **1**, Nr. 2, 19—27 **(1958)**.
— Why SENN Chose GE Reactor; Nucleonics **17**, 95—99 (May **1959**).
MATZ, G.: Brennelemente für Hochtemperatur-Reaktoren; Atomwirtsch. **4**, 384—387 (1959).
MAUSTELLER, J. W., and R. J. CAMPANA: Activity Distribution from Simulated Pressurized Water Reactor Leaks; Genf. Konf. **1958**, P/433.
MAWSON, C. A.: Report on Waste Disposal System at the Chalk River Plant of Atomic Energy of Canada Limited; AECL No. 344, Chalk River, Ontario **1956**.
MCCLURE, G. W.: Specific Primary Ionization of H_2, Ne, He and A by High Energy Electrons; Phys. Rev. **90**, 796—803 **(1953)**.

McCullogh, C. R., et al.: The Safety of Nuclear Reactors; Genf. Konf. 1955, P/853.

McKay, H. A. C., and A. R. Mathieson: The Partition of Uranyl Nitrate Between Water and Organic Solvents; Trans. Faraday Soc. 47, 428—436 (1951).

Medin, A. L.: Reactor Water Processing; How It is Done in APPR; Nucleonics 15, 72—81 (Dec. 1957).

Meitner, L., and O. Frisch: Disintegration of Uranium by Neutrons: A New Type of Nuclear Reactions; Nature 143, 239—240 (1939).

Mialki, W.: Kernverfahrenstechnik; Berlin 1958 I.

— Die Natriumkühlung von Kernreaktoren; Atomkernenergie 3, 321—328 **(1958 II)**.

Mihail, R., and J. Herscovici: Acceleration of Radical Reactions with Ionizing Radiation: Synthesis of Hydrocyanic Acid from Methane and Ammonia; Genf. Konf. 1958, P/1422.

Millar, R. N.: Hunterston Power Station; Genf. Konf. 1958, P/74.

Minor, J. E.: Irradiation Effects in Cladding Materials; AEC-Rep. HW-64688, Apr./May **1960**.

Moeller, D. W., et al.: Radionuclides in Reactor Cooling Water; J. Sanit. Eng. Div., Proceed. Am. Soc. Civ. Eng. 85, 11—45 (1959).

Moore, R. V., et al.: Advances in the Design of Gas-Cooled Graphite-Moderated Power Reactors; Genf. Konf. 1958, P/312.

Morgan, G. W.: Decontamination and Disposal of Radioactive Wastes; AEC-Rep. TID-388, March **1951**.

Morgan, K. Z., et al.: Maximum Permissible Concentration of Radioisotope in Air and Water for Short Period Exposure; Genf. Konf. 1955, P/2165.

Morse, P. M.: Excitation of Molecular Rotation-Vibration by Electron Impact; Phys. Rev. 90, 51—55 (1953).

Münzinger, F.: Atomkraft; 2. Auflage: Berlin **1957**.

Muller, H. J.: The Manner of Production of Mutations by Radiation; in: Radiation Biology, Vol. I, 475—626. New York **1954 I**.

— The Nature of the Genetic Effects Produced by Radiation; in: Radiation Biology, Vol. I, 351—474; New York, **1954 II**.

Murray, R. L.: Introduction to Nuclear Engineering; New York **1955**.

Nakaidzumi, M.: Maximum Permissible Exposure Standards; Genf. Konf. 1955, Vol. XIII, 198.

Nat. Acad. Science: The Biological Effects of Atomic Radiation, Summary Reports; Washington **1956**.

Nat. Bureau of Stand.: Handbook 52: Maximum Permissible Amounts of Radioisotopes in the Human Body and Maximum Permissible Concentrations in Air and Water; Washington **1953**.

Nat. Acad. Science/Nat. Res. Counc.: Public. No. 537: The Effect of Atomic Radiation on Oceanography and Fisheries; Washington **1957**.

Nehru, J.: The First Five Year Plan of the National Development Council; p. 15; New Delhi, Jan. **1953**.

NESTEROV, V. G., u. G. N. SMIRENKIN: Der Spaltquerschnitt von Pu-240 für Neutronen mit Energien von 0,04—4,0 MeV; Kernenergie **4,** 137—140 (1961).
NETSCHERT, B. C., and S. H. SCHURR: Atomic Energy Applications with Reference to Underdeveloped Countries; London **1957**.
NICHOLLS, C. M., and R. SPENCER: Chemical Processing of Nuclear Fuels; Trans. Inst. Chem. Eng. **35,** 388—389 (1957).
NIESE, S., et al.: Extraktive Aufarbeitung bestrahlter Kernbrennstoffe; Berlin **1960**.
NIXON, V. D.: Dresden Nuclear Power Station; Rocky Mountain Electrical League, Denver, Col., Report Apr. 14, **1958**.
Norton Comp.: A Handbook on Boron Carbide, Elemental Boron and Other Stable, Boron-Rich Materials; Worcester, **1955**.
NOSOV, V. J.: Wirksamkeit eines Absorberstabsystems im reflektierten Reaktor; Kernenergie **4,** 320—326 (1961).
Nuclear News: Purpose, Scope and Other Details of Organic Cooled Reactor Study; Nucl. News 1, No. 5, 1—5 (1959).
Nuclear Power: World Reactor Chart; Nr. 1 (Jan. **1961**).
Nucl. Report: Nucl. **14,** 35, 103—104, 119 (June **1956**).
Nucl. Report: Geneva 1958/Reactor Projects/Sodium Cooled; Nucleonis **16,** 74—75 (Sept. 1958).
Nucl. Report: SL-1 Explosion Kills 3; Cause and Significance Still Unclear; Nucleonics **19,** 17—23 (Febr. 1961).
Nucl. Spec. Report: Nuclear Merchant Ships; Nucleonics **15,** 78—87, hier 84 (Nov. 1957).

OBERLACK, H. W.: Die Elektrizitätswirtschaft der Bundesrepublik im Rahmen der zukünftigen Stromversorgung Westeuropas; Pläne für 1955—1975; Elektrizitätswirtschaft **57,** 438—443 (1958).
ODUM, E. P.: Consideration of the Total Environment in Power Reactor Waste Disposal; Genf. Konf. **1955**, P/480.
OEEC: Europas Energiebedarf, sein Anwachsen, seine Deckung; Bonn**1956**.
OETJEN, G. W.: Aufgaben der Kernverfahrenstechnik; in: Berichte der Physikertagung Hamburg; Mosbach, **1955**.
OFTEDAL, P.: The Prediction of Mutation Patterns after Exposure to Chronic Irradiation; Genf. Konf. **1958**, P/588.
ORLICEK, A. F.: Die Aufarbeitung bestrahlten Kernbrennstoffes; Chem.-Ing.-Techn. **33,** 129—134 (1961).
OSTEROTH, D.: Moderne Synthesen auf der Basis von Erdöl und Erdgas; Umschau **1961,** 209—211.

PACK, D. H., and C. R. HOSLER: A Meteorological Study of Potential Atmospheric Contamination from Multiple Nuclear Site; Genf. Konf. **1958**, P/426.
PARKER, H. M.: Radiation Exposure from Environmental Hazards; Genf. Konf. **1955**, P/279.
PEARL, R., and L. J. REED: The Growth of Human Population; in: Studies in Human Biology; Baltimore **1924**.

PEARSON, A., et al.: Control of Canadian Nuclear Reactors; Genf. Konf. **1958**, P/213.
PERLOW, G. J., and A. F. STEHNEY: Delayed Neutrons from 15.5-sec Br-88; Physic. Rev. **107**, 776 (1957).
PERRIN, N.: Les réacteurs; Industries Atomiques **2**, No. 9/10, 119—124 (1958).
PHILBERT, B.: Beseitigung radioaktiver Abfallsubstanzen; Atomkernenergie **1**, 396—400 (1956).
Physikal. Blätter: USA-Strompreise; Physikal. Bl. **17**, Gelbe Blätter S. 110, **1961**.
PILKEY, O. H.: Design of Underground Storage Tanks for Radioactive Wastes; Genf. Konf. **1958**, P/389. Außerdem: The Storage of High-Level Radioactive Wastes Design and Operating Experience in the United Staates; P/389, Rev. 1.
POHLAND, E.: Die Aufbereitungsanlage der Eurochemic; Planung und erste Vorarbeiten; Atomwirtschaft **5**, 110—111 (1960).
— u. T. J. BARENDREGT: Die Aufarbeitung bestrahlter Kernbrennstoffe in der Eurochemic-Anlage; Atomwirtschaft **6**, 149—153 (1961).
PRADES, J.: Automatische Betriebsführung von Atomkraftwerken mit Digitalrechner; Atomwirtschaft **6**, 157—162 (1961).
PRIBYTKOV, P. V.: Grundsätze einer Klassifikation der industriell verwertbaren Uranerze; Kernenergie **4**, 309—316 (1961).
PRICE, B. T., et al.: Radiation Shielding; p. 5—6; New York **1957**.
PUTNAM, P. C.: Energy in the Future; New York **1953**.

REDISKE, J. R., and F. P. HUNGATE: The Absorption of Fission Products by Plants; Genf. Konf. **1955**, P/278.
REVELLE, R., and M. B. SCHAEFER: Oceanic Research Needed for Safe Disposal of Radioactive Wastes at Sea; Genf. Konf. **1958**, P/2431.
REYNOLDS, C. A.: Bemerkungen zum Antrieb von Flugzeugen durch Atomenergie; Atomkernenergie **1**, 351—352 (1956).
RIEZLER, W., u. W. WALCHER: Kerntechnik; Stuttgart **1958**.
ROBERTS, H. E.: Trends in Power Generation — Lessons for Nuclear Engineers; Nucleonics **16**, 76—79 (Jul. 1958).
ROBERTSON, J. A. L.: Understanding UO_2 Fuel Elements; Atompraxis **7**, 121—126 (1961).
RODDIS jr., L. H.: Das Ratespiel um die Atomstromkosten; Atomwirtsch. **4**, 261—263 (1959).
RODE, I.: Neuere Untersuchungen über die Wirkungsdauer der im Blute bestrahlter Tiere entstehenden Leukotoxine; Strahlentherapie **81**, 103—107 (1950).
RODGER, W. A.: The Handling of Radioactive Wastes — Past, Present and Future; Nat. Industr. Conf. Board, New York City, **1955**.
RÖMER, H.: Die Wirtschaftlichkeit des CANDU-Reaktors; Atomkernenergie **6**, 212—214 (1961).
ROSE, G.: Sinn und Wert von Energieprognosen; Frankf. Allg. Ztg. Nr. 9, p. 13 (12. 1. **1960**).
ROSENTHAL, H. L.: Accumulation of Radiostrontium and Calcium; Genf. Konf. **1958**, P/2176.

ROSER, H.: Das Europanetz; Großraum-Verbundwirtschaft, ein Beitrag zur Europäischen Energieplanung; p. 19—26; Essen **1948**.

ROUX, M., and M. BIENVENU: The Chinon Nuclear Power Plant; Genf. Konf. **1958**, P/1135.

Royal Nederl. Acad. Science: International Aspects of Radioactive Contamination in Western Europe and the Necessity of International Control Arising from It; Genf. Konf. **1958**, P/2425.

RUDLOFF, A.: Schutz gegen die Gammastrahlung des radioaktiven Fall-out bei Atombombenexplosionen; Atompraxis **4**, 444—448, (1958).

RUSSELL, W. L., and L. B. RUSSELL: Radiation-Induced Genetic Damage in Mice; Genf. Konf. **1958**, P/897.

SABINO, J. D. S., et al.: Atomic Power and the Portuguese Power Production System; Genf. Konf. **1958**, P/2416.

SALIN, E.: Die neue Etappe der industriellen Revolution; in: Zur Ökonomik und Technik der Atomzeit; p. 151 ff.; Tübingen **1956**.

SALMON, A. J.: Die zukünftige Entwicklung von Leistungsreaktoren; Naturwissensch. **46**, 521—529 (1959).

SASAKI, R.: Biological Cycles of Fission Products in Agriculture in Japan; Genf. Konf. **1955**, P/1066.

SCHALLER, V.: Der mit organischer Substanz moderierte und gekühlte Reaktor (OMR); Atom u. Strom, Sonderausg. Nov. **1959**, 36—49.

SCHARMANN, A.: Anwendung intensiver Strahlenquellen in der Industrie und besonders im Hinblick auf chemische Prozesse; Atomkernenergie **5**, 26—27 (1960).

SCHEFFER, F., u. F. LUDWIEG: Untersuchungen über die Aufnahme von Strontium-90 und Cäsium-137 aus dem Boden; Naturwiss. **48**, 395—397 (1961).

SCHINDEWOLF, U.: Physikalische Kernchemie; Braunschweig **1959**.

SCHLUDI, H. N.: Die approximative Berechnung des optimalen Abstandes von Uranstabgittern; Atompraxis **7**, 142—146 (1961).

SCHMERMUND, H. J.: Klinisches Bild der Strahlenschäden; in: Wissenschaftl. Grundlagen des Strahlenschutzes; Karlsruhe **1957**.

SCHMIDT, K. R.: Nutzenergie aus Atomkernen; Berlin **1960**.

SCHMIDT, R. A., and J. W. WEIL: Experimental Aspects of Boiling Reactor Stability; GE-Report-1468, 13—15 **(1958)**.

SCHÜTZENDÜBEL, W. G.: Zentrale Planung von Kernkraftwerken in Amerika; VDI-Nachrichten, Nr. 21 v. 24. 5. 1961, S. 6.

SCHULTEN, R.: Leistungsreaktoren; Atomwirtsch. **3**, 423—426 **(1958)**.

SCHULZ, W. W., et al.: The Flurex Process: A Wet Chemical Method for the Production of Uranium Fluoride Salts; Genf. Konf. **1958**, P/534.

SCHUMACHER, F.: Die Uranlagerstätten der Welt; Umschau **1957**, 723—725 u. 749—751.

— Die Uran- und Thoriumlagerstätten Brasiliens; Tschermaks miner. u. petrogr. Mitt., 3. Folge, **6**, 438—446 **(1958)**.

SCHWARZBACH, M.: Erdbebenchronik für das Rheinland 1950—1951; Decheniana **105/106**, 49—50 (1951/52).

Scott, R. L., and S. F. Lanier: Peaceful Uses of Nuclear Explosions — A Literature Search; AEC-Rep. TID-3522, Nov. 1960.

Seedhouse, K. G., et al.: Removal of Fission Products from Solution with a Precipitator-Column Treatment; UKAEA-Rep. AERE-ES-R-2220, 1958.

Setzwein, A.: Der Einfluß des Kühlsystems auf die Wirtschaftlichkeit von Kernreaktoren; Atomwirtsch. 3, 6—10 (1958 I).

— Wirtschaftlichkeitsfragen der Atomenergie; Atomwirtschaft 3, 426—429 (1958 II).

Shank, E. M.: Trip Report — Eurochemic Company Assistance — Hanford Atomic Products Operation Spent Fuel Processing Technology; AEC-Rep. CF-58-11-51, June 1959.

Shell (Deutsche Shell AG): Struktur und Entwicklung des Weltenergieverbrauches; 2. Auflage; Hamburg 1960.

Shinohara, K., et al.: Radiation Effects on Polymers; Genf. Konf. 1958, P/1346.

Shortall, J. W.: Atomkernenergieantrieb für Flugzeuge; Atomkernenergie 3, 397—401 u. 450—454 (1958).

Shoupp, W. E., et al.: The Yankee Atomic Electric Plant; Genf. Konf. 1958, P/1038.

Siegbahn, K.: Beta- and Gamma-Ray Spectroscopy; Amsterdam 1955.

Simpson, J. W., et al.: Description of the Pressurized Water Reactor (PWR) Power Plant at Shippingport, Pa; Genf. Konf. 1955, P/815.

— u. H. G. Rickover: Shippingport Atomic Power Station (PWR); Genf. Konf. 1958, P/2462.

Sitzlack, G., u. E. v. Skramlik: Strahlensyndrom und vegetatives Nervensystem; Kernenergie 4, 349—383 (1961).

Skvortsov, S. A.: Water-Water Power Reactors in the Soviet Union; Genf. Konf. 1958, P/2184.

Smales, A. A., and L. Airey: Removal of α-Activity from Effluent; UKAEA-Rep. AERE-C-R-289, Dec. 1948.

Smirnow-Averin, A. P., et al.: Untersuchung verbrauchter Brennstoffelemente des Ersten Atomkraftwerkes; Kernenergie 4, 248—249 (1961).

Smith, R. J.: The Overall-Control of Nuclear Power Stations of the Gas-Cooled Thermal Reactor Type; Genf. Konf. 1958, P/85.

Sousselier, Y., et D. Gallon: Demain, l'atome; Presses Documentaires, Paris 7e, 1961.

Starfelt, N., and N. L. Svantesson: Internal and External Bremsstrahlung in Connection with the Beta Decay of S-35; Phys. Rev. 97, 708—714 (1955).

Stauber, E.: Standortwahl und größter anzunehmender Unfall bei Reaktoranlagen; Atomkernenergie 6, 165—170 (1961).

Steiner, F. D.: Die Versteppung der Kontinente, I. u. II; VDI-Nachr. 18. 1. 1961, p. 5—6 und 25. 1. 1961, p. 5—6.

Stephenson, R.: Introduction to Nuclear Engineering; New York 1954.

Stratton, W. R., et al.: Analysis of Prompt Excursions in Simple Systems and Idealized Fast Reactors; Genf. Konf. 1958, P/431.

Struxness, E. G., and I. O. Blomeke: Multipurpose Processing and Ultimate Disposal of Radioactive Wastes; Genf. Konf. 1958, P/1075.

STUART, G., and W. H. HARKER: Non-Linear Aspects of Boiling Reactor Stability; GE-Report-1468, 40—42 **(1958)**.
SYRETT, J. J.: Reaktortheorie; Braunschweig **1960**.

TACHON, J.: Etude neutronique d'une pile à neutrons thermiques au Plutonium: „Proserpine". Correlations entre neutrons dans une réaction en chaine; CEA (France); Rapport CEA-1547 **(1960)**.
TAYLOR, D.: Instrumentenausrüstung für Kernreaktoren; Atomwirtschaft **2**, 308—316 (1957).
TEITELBAUM, P. D.: Nuclear Energy and US Fuel Economy 1955—1980; London, **1958**.
THAYER, H. E.: The Newest United States Uranium Processing Plant; Genf. Konf. **1958**, P/602.
THOMPSON, R. C., et al.: Validity of Maximum Permissible Standards for Internal Exposure; Genf. Konf. **1955**, P/245.
THYSSEN, J.: Philosphische Probleme am Anfang des Atomzeitalters; Vortrag, Universität Bonn, **1959**.
TINYAKOV, G. G., and M. A. ARSENIEVA: Cytogenetic Effect of Ionizing Radiation on Nuclei of Germ Cells of Monkeys; Genf. Konf. **1958**, P/2476.
TOPPING, C. H.: Reactor-Site Selection; Chem. Eng. Progr. Symp. Ser. **52**, No. 19, 1—8 (1957).
TRILLING, C. A.: Operating Experience With the OMRE; USAEC-Rep. TID 7553 **(1958)**.
— The OMRE-Test of the Organic Moderator-Coolant Concept; Genf. Konf **1958**, P/421.
— et al.: A Study of the Polyphenyls for Use as Moderators and Coolants in Nuclear Power Reactors; Genf. Konf. **1958**, P/1779.

UCPTE (Union pour la Coordination de la Production et du Transport d'Electricité): Jahresbericht **1955/56**.
ULKEN, D.: Symposium der IAEA über nukleare Schiffsantriebe; Atomkernenergie **6**, 171—172 (1961).
UNO-Wirtsch.-Komm. f. Europa: Zwischenstaatlicher Energieaustausch in Europa; Genf **1952**.
USAEC: Meteorology and Atomic Energy; AECU-3066. Washington **1955**.
USAEC: AEC Summary and Evaluation Report of Four Power Reactor Design Studies; AEC-Rep. TID-8504 (Aug. **1959**).

VAN BEKKUM, D. W.: The Disturbance of Oxidative Phosphorylation and the Breakdown of ATP in Spleen Tissue after Irradiation; Biochem. Biophys. Acta **16**, 437—447 (1955).
VANN, H. E.: Economy Aspects of BWR; Amer. Inst. Electr. Eng. Sympos.; Seattle, Wash.; June **1959**.
VAUGHAN, R. D., and E. ANDERSON: Bradwell Nuclear Power Station; Genf. Konf. **1958**, P/263.
VDEW: Atomenergie / Wege zur friedlichen Anwendung; p. 64; Frankfurt am Main **1956**.
VDI-Nachr.: Strom durch den Kanal; VDI-Nachr. **1958**, Nr. 26; p. 2.

VERHAEGEN, H. — Banque de Bruxelles: Energie Nucléaire—Aspects Financières; Brüssel **1956**.

V.I.K. (Verein. Industr. Kraftwirtsch.): Ein Atomenergieprogramm: Weißbuch der Britischen Regierung (Übersetzg. a. d. Englischen); V.I.K.-Berichte, Nr. 37; Essen, Jan. **1956 I**.

V.I.K. (Verein. Industr. Kraftwirtsch.): Erster Jahresbericht der Britischen Behörde für Atomenergie (Übersetzg. a. d. Englischen); V.I.K.-Berichte, Nr. 38; Essen, Febr. **1956 II**.

VORESS, H. E., et al.: Radioactive Waste Processing and Disposal: A Bibliography of Selected Report Literature (698 Zitate!); AEC-Rep. TID-3311; June **1958**.

VORONIN, J. M., et al.: Mechanische Eigenschaften und Mikrostruktur von einigen Konstruktionswerkstoffen nach Neutronenbestrahlung; Kernenergie **4**, 129—132 (1961).

VOZNESENSKIJ, S. A.: Über den Gebrauch der Flotation bei der Aufbereitung aktiver Abwässer; Kernenergie **4**, 316—320 (1961).

WAKEFIELD, E. H.: Nuclear Reactors for Industry and Universities; Pittsburgh, Penna., **1954**.

WALTON, G. N.: Nuclear Fission; Quarterly Rev. **15**, 71—98 (1961).

WEIL, J. W.: Survey of Boiling Water Reactor Stability; GE-Report-1468, 4—12 **(1958)**.

WEISNER, E. F., and W. E. PERKINS: Application of Organic Moderated Reactors to Central Station Power Plants; Genf. Konf. **1958**, P/606.

WENDT, G.: La Energía Nuclear y su Utilización para Fines Pacíficos; Unesco, **1955**.

WHELCHEL, C. C., and C. H. ROBBINS: Pressure Suppression Containment for Nuclear Power Plants; ASM-Publications, Nr. 59-A-215 **(1959)**.

WHO (World Health Organiz.): Mental Health Aspects of the Peaceful Uses of Atomic Energy; Techn. Report Nr. 151; Genf **1958**.

WIESENACK, G.: Meßmethoden für die radioaktive Bestimmung in der Luft, im Wasser, in der Flora und Fauna; in: H. 9, Strahlenschutz; Herausgegeb. v. BMAt; Braunschweig **1958**.

WIESNER, L.: Der organische Reaktor als chemonuklearer Versuchsreaktor; Atomwirtschaft **6**, 269—272 (1961).

WINEMAN, R. J., et al.: Second Annual Report: Coolant Reclamation; USAEC-Rep. AT (11-1)-705, Monsanto No. 6001 (14. April 1961).

WINTERBERG, F.: Über einen gasgekühlten Kernreaktor von hohem thermischem Wirkungsgrad; Atomkernenergie **4**, 2—6 (1959).

WIVSTAD, I., and C. MILEIKOWSKY: ADAM — A 75 MW Nuclear Energy Plant for House Heating Purposes; Genf. Konf. **1958**, P/136.

WOLMAN, A., and A. E. GORMAN: The Management and Disposal of Radioactive Wastes; Genf. Konf. **1955**, P/310.

WOOTON, W. R., et al.: Steam Cycles for Gas-Cooled Reactors; Genf. Konf. **1958**, P/273.

World React. Chart: World Reactor Chart of Power Stations and Prototypes; Nuclear Power, Jan. **1961**.

WRIGHT, T. D., and J. MONAHAN: Optimum Conditions for the Use of Vermiculite in the Decontamination of Radioactive Effluent; UKAEA-Rep. AERE-E-R-2707; Oct. **1958**.

YELLOWLEES, J. M., and P. R. J. FRENCH: Kinetics and Control of the Berkeley Reactors; Genf. Konf. **1958,** P/55.

YEVICK, J. G., and A. AMOROSI: From Fermi to PFFBR ... Capital Costs Reduced for Fast Breeders; Nucleonics **19,** 64—69 (Febr. **1961**).

ZIMMERMANN, H. W.: Zur Ökonomik und Technik der Atomzeit; Tübingen **1957**.

Sachverzeichnis

Abbremsung 6, 15
Abfälle 8
—, landwirtschaftliche, als Primärenergieträger 167, 168
—, radioaktive 8, 125, 127 ff., 132, 133, 198
— —, Abtrennung 127
— —, Anreicherung 127
— —, Beseitigung 133
— —, Deponierung 133, 137 ff.
— —, Gruppeneinteilung 128
— —, Isolierung 127
— —, Tanklagerung von 134, 135
— —, Transport 127, 132 ff.
— —, Versenken im Meer 136, 137
— —, Verwahrung 127, 133, 137, 138, 198
— —, Wiederverwertung 133, 137
Abfallbeseitigung 125, 127, 133 ff.
Abgase 179
Abkühlung 84
— ausgebrauchter Brennstoffelemente 65, 84, 129
Abnormmutationen 102
Abschirmung 42, 51, 65, 84, 87, 117, 133
Abschreibung 183
Absorption 15, 92
— von Gammastrahlung 92, 117
Absorptionsgesetz, exponentielles 92
Absorptionskoeffizient 92, 94
Absorptionsquerschnitt 9, 13, 15
— von Terphenyl für thermische Neutronen 32
Absorptionsweg 92
Abwasser 104, 128, 179
—, Radioaktivität im 104
Adsorption 131, 135, 136
Aerosol 118

Aktivität, maximal zulässige 105, 106, 108, 109, 120 ff., 121
Aktivitätsmeßeinrichtungen 117, 122
—, automatische 117
Alkalimetalle 29
—, Umsetzung mit Graphit 29, 53
Alphastrahlung 39, 91, 94 ff.
—, Ionisierungsdichte der 95
—, Reichweite der 94
Alphateilchen 91
Aluminium 26, 176, 179
— als Hülsenmaterial 26
—, Korrosion durch Wasser 34
Anfahren des Reaktors 64, 74
Anlagekosten 183, 186
Annihilation 92, 93
Anordnung, kritische 45, 72, 84, 88, 89, 91, 133, 147
Anreicherung von Uran 80 ff.
— — — durch Diffusion 80 ff.
— — —, elektromagnetische 80
— — — in Gaszentrifugen 82
— — — nach dem Trenndüsenverfahren 82
Antarktis 138, 150
APS-Reaktor 40
Argentinien 169
Argon 38, 42
—, Neutronenaktivierung von 38, 104
Argon-41 104
Argonne 85
Atacamawüste 137
Athabasca 78, 196
Atombombe 16, 23, 103, 109, 114, 116, 124, 148, 164, 185, 187, 191, 198, 199
—, Untergrundexplosion 196
Atomic Energy Authority Act 111

Sachverzeichnis

Atomkern 1
Atommüll 132
Atompläne 162, 190 ff., 193
Aufarbeitung 83
— ausgebrauchter Kernbrennstoffe 83 ff.
— — —, mechanische 84
— — —, physikalisch-chemische 85
Aufbereitung von Uranerzen 80
Aufbereitungsanlage für ausgebrauchte Kernbrennstoffe 85
Ausbrand 19, 48, 61, 83, 86, 183, 184 ff., 186
— im Siedewasserreaktor 48
Autunit 78

Bärensee, Großer 78
Bariumuranphosphat 78
Belgien 164
Bergbau 173
Berkeley 142, 186
Beryllium 21, 26, 30
—, Giftigkeit von 30
Berylliumoxyd 21, 30
Betastrahler 93, 115
—, Dosisleistung von 93
Betastrahlung 28, 84, 91, 93 ff.
—, Ionisierungsdichte der 93
— von Na-24 37
—, Reaktorleistung aus der 7, 84
—, Reichweite der 94
Betateilchen 7, 93
Betaumwandlung 7, 74
Betazerfall 7, 74
—, Neutrinoanteil 7
Beton 42, 60, 117
Betriebsanomalien 64
—, scheinbare 64
Betriebskosten 183, 186, 187
Betriebstemperatur 25, 26
—, mittlere 25
— für oxydischen Kernbrennstoff 27
Bewässerung 155, 156, 197
Bewegungsenergie, Bedarfsgruppen für 173
Bindungsenergie des Neutrons 5
Biologische Strahlenwirkung 90
— —, Grundlagen der 90

Biologischer Schild 42, 51, 65, 93, 104, 141
— —, Dichte 42
Blei als Kühlmittel 34
Blind River 78
Blut 120
Body burden 122
Boiling Water Reactor 45 ff.
Bone seeker 120
Bor 39
Bor-10 12
Boral 39
Borax 114
Borcarbid 39
Borstahl 39, 89
Bradwell 42, 163, 186
Brannerit 78
Brasilien 78, 82, 169
Breeder 57 ff.
Bremskern 13
Bremsstrahlung 93
Bremssubstanz 16, 28
Bremsung 13
—, mittlere logarithmische 13
Bremsverhältnis 13, 14
Bremswirkung 50
Brennholz 167, 194
Brennstoff 25
—, fossiler 148, 156, 157, 188, 191, 194
—, Strahlenschäden im 26
Brennstoffaufarbeitung 8, 83 ff.
Brennstoffaufteilung 17
—, gitterartige 17
—, heterogene 17
—, homogene 17
Brennstoffelemente 22, 23, 24, 25, 40, 46, 63, 65, 70, 71, 74, 82
—, Abkühlung der 65, 84
—, Aufarbeitung der 83 ff.
—, Auswechselung der 43, 65, 74
—, defekte 43, 63, 65, 128
—, Entlademaschinen für 43
—, Hülsen der 25, 26
—, keramische 41, 80
—, konstruktive Gestaltung der 27
—, oxydische 80, 82
—, Temperaturkontrolle in den 63

Sachverzeichnis

Brennstoffelemente aus Th-232 + U-235 53
—, Überhitzung der 75
Brennstoffkosten 186, 187, 190
Brennstoffzyklus 89, 128
Brutfaktor 60
Brutprozeß 57, 196
Brutreaktor 57 ff., 83, 90, 188, 196
—, schneller 58, 59, 60
—, schnell-thermischer 60
— als Spaltstoffgenerator 60
—, Spaltstoffinventar im 61
—, thermischer 58
Brutstoff 58, 60, 82, 83, 128
Build-up-Faktor 92
Bundesrepublik 163, 168, 169
BWR-Reaktor 45 ff., 65

Cadmium 39, 89
—, Schmelzpunkt 39
—, Siedepunkt 39
Cadmium-113 12
Caesium-137 88, 107, 129
—, Abscheidung von 130, 131
—, Nutzung von 130 ff.
Calcium 107
Calder Hall 158, 165
Calder-Hall-Reaktor 26, 39 ff., 142, 158, 186
—, Sicherheitsgrad 42, 44
—, Wirkungsgrad 44, 45
Canada 108, 134
Carnotit 78
Chalk River 134
Chemische Industrie 171, 172, 173
—, Energiebedarf der 171, 172, 173
Chile 124, 137
Chloralkalielektrolyse 179
Chromosom 99
Chromosomenstruktur 99
Colorado Plateau 78
Comptoneffekt 92
CP-1 17

Dampf 23, 52, 172
—, überhitzter 52, 55, 186
Davidit 78
Dekontamination 127, 128

Desorganisierung, soziale 161
Deuterium 31
Diffusion 25, 116, 136
—, Aktivitätsausbreitung durch 116, 136, 144
— durch Festkörper 25
Diffusionsverfahren zur Uranisotopentrennung 80 ff.
Diffusionszeit 18, 136
Diphenyl 32, 50
— als Heizmedium 172
Direkttreffer 99
Dosis 92, 93, 96, 97, 98, 99
—, kritische 99
Dosisleistung 92, 93, 98, 99, 144
—, Maßeinheiten der 92, 93
Dounreay 59, 70
Druckbehälter 40, 49, 64
Druckkessel 48, 50, 68, 69
Druckwasserreaktor 48 ff., 65
—, Betriebsdruck im 49
Dual Cycle System 46
Dungeness 181, 186

EBR I 71, 72
Edelgase als Kühlmittel 21, 27, 37, 41
Edelstahl 48, 49, 53, 134
Eigenverbrauchsanteil 166
Einfangquerschnitt 6
Einfangsreaktion 6, 57
Eisbrecher 148
Eisenindustrie 158, 171, 173, 175, 179
Elektrochemische Industrie 173, 179
— —, Strombedarf der 173, 179
Elektron 92, 93
Elution 137
Energie, elektrische 173, 177, 178
— —, Bedarfsgruppen für 173
— —, Entwicklung des Bedarfes für 175, 177, 178
Energie, mechanische, Bedarfsgruppen für 173
Energiebedarf 170, 174, 176, 194
—, Aufschlüsselung 170, 174
—, voraussichtliche Entwicklung 175, 176, 177

Sachverzeichnis

Energiebetrag der Spaltung 3
Energiedichte 8, 59
— im Reaktor 8, 59
Energiekonzentration im Kernbrennstoff 160
Energieleitung 99
Energieproduktion 167
— der Welt 167
— — —, Aufschlüsselung der 167
— — —, Entwicklung der 167
Energieverbrauch 167, 175
— der Welt 167
Energieversorgung 155, 197, 199
Enrico-Fermi-Reaktor 60
Entaktivierung 110, 128
— von Wasser 110
Entwicklungskosten 183
Entwicklungsländer 153, 161, 168, 197, 199
Erbschaden 97, 100
Erbsubstanz 90
Erdalkalien 120
Erdbeben 42, 45, 141 ff.
—, Zentren von 141, 142, 143
Erdbevölkerung 155, 194
—, Wachstum der 155, 194
Erden, seltene 83, 120
Erdgas 156, 157, 168, 194
Erdöl 152, 156, 157, 168, 188, 194
Erosion 137
Erzeugungskosten 166, 182, 183, 184 ff., 189
Euratom 111, 129, 140, 192
—, Atompläne von 129
—, Gründungsvertrag der 111
Europa 108, 124, 125, 176, 177, 180, 181, 188
Europium-151 12
Europium-153 12
Explosion 113, 117, 119, 196
—, Schädigung durch 113
—, Wahrscheinlichkeit einer 113
Extraktion 86
—, Selektivität der 86
Extraktionsmittel 86, 87

Fallout 108, 109, 110, 116, 123, 145
Ferghana 78

Fermentgift 95
Fettgewebe 120
Filter 104
Fischerei 124
Florida 78, 82
Flugzeuge mit Kernantrieb 147, 150, 158, 198
Frachtschiffe mit Kernantrieb 149
Frankreich 181, 191
Frühschaden 98
Fusionsenergie 2

Gadolinium 39
Gadolinium-155 12
Gadolinium-157 12
Gammaaktivität, Zeitabhängigkeit der 116
Gammabestrahlung, Wirkung auf den Menschen 99
Gammaemission 7, 28
Gammaquant 6, 7, 92
Gammaquelle 85
Gammastrahler 115
Gammastrahlung 28, 39, 42, 56, 59, 64, 66, 84, 88, 91 ff., 94, 116
—, Absorption von 92, 117
— von Argon-41 104
— —, Halbwertszeit der 104
— von Na-24 37
—, Reaktorleistung aus der 7, 84
Garigliano 142
Gasturbine 45, 189, 197
Gaszentrifuge 82, 164
Geburtenbeschränkung 156
Gefährdung, psychische 163
Gefährdungsdosis 99
Gegenstromextraktion 87
Gehirn 161
Gen 101
Genetischer Schaden 99
Geometrie, kritische 16
Gesamtenergieverbrauch 177
Gesamtkosten 184, 186 ff.
Gesamtnutzgrad 166
Gewebe 97
Gezeitenkraftwerk 170, 194
GGR-Reaktor 39
Gitteraufbau 17, 40

Gitterzelle 17
Gleichgewichtsaktivität 54
Gleichspannungsübertragung 181
Golderze, uranhaltige 78, 79
Granit, Urangehalt von 78, 79
Graphit 17, 21, 28, 52, 53
—, Umsetzung mit Alkalimetallen 29, 35, 53
—, Umsetzung mit Kohlendioxyd 29
—, Umsetzung mit Luft 29
—, Umsetzung mit Natrium 29, 35
—, Umsetzung mit Wasser 29
—, Wärmebeständigkeit von 28
Grönland 138, 150
Großbritannien 123, 163, 168, 169, 175, 181, 186, 190ff.
Grundlastwerk 189
Grundwasser 135

Hafnium 12, 39
Halbwertszeit 4, 9
— verzögerter Neutronen 4
Halden 49, 172
Hanford 135, 136
Heizdampf 49
Heizkraftwerk 49, 158, 172
Heizwärme 155, 172, 197
—, industrielle 172
Helium 37, 42, 53
Herford 142
Hinkley Point 42, 142, 186
Hochtemperaturreaktor 27, 37, 41
— von BBC/Krupp 38
— von Winfrith 37
Hochtemperaturwärme 171
—, Bedarfsgruppen für 171
Hochwasser 107
Holz als Primärenergieträger 167
HTGCR-Reaktor 42
Humoralsystem 97
—, Regulationskapazität des 97

Idaho 72, 79, 114, 151
Illit 131
Indien 82, 169
Induktionspumpe 54
Industrie, Wärmebedarf 171

Inkorporierung 96, 106ff., 114, 119ff., 122, 123, 126
—, nachträgliche 123ff.
Instabilität 47
Instrumentierung 63ff., 71
— von Kernreaktoren 63ff., 71
Inversion 146
Investitionskosten 180, 183
Ionenaustauscher 84
Ionisationskammer 64
Ionisierungsdichte 93, 95
— der Alphastrahlung 95
— der Betastrahlung 93
Isotope, radioaktive 197
Isotopentrennanlage 40, 81
Italien 142, 191

Japan 142, 163, 191
Joachimstal 78
Jod 107, 120, 122, 123, 124
—, Speicherung von 107, 120, 124
Jod-135 10, 74

Kalium 29
—, Umsetzung mit Graphit 29
Kalium-40 102
Kalkstickstoff 158
Kapitalkosten 183, 186, 187
Karbid 158, 179
Karlsruhe 164
Kaskade 81
Keimzellen 100
Kern, stabiler 7
Kernbindungsenergie 4, 5, 196
Kernbrennstoff 5, 6, 9, 16, 17, 21, 22, 24, 77, 83ff.
—, angereicherter 27, 32, 72
—, Aufarbeitung von ausgebrauchtem 83ff.
—, — — — —, Nebenprodukte der 88
—, Aufbereitungsanlage für ausgebrauchten 85
—, Aufbewahrung von ausgebrauchtem 84
—, carbidischer 27, 186
—, Energiekonzentration im 160
—, keramischer 41, 80, 186
—, metallischer 25, 80

Kernbrennstoff, oxydischer 25, 26, 80, 186
— —, Leistungsreaktoren mit 27
—, potentieller 61, 82, 188, 196
—, Regenerierung von 127
—, Rohmaterialien für 77
—, Stahlhülsen für 27
—, — —, Neutronenabsorption in den 27
—, Strahlenschäden im 26
—, Zusammensetzung von ausgebrauchtem 85, 86
Kernbruchstücke 3
Kernenergie, soziologische Aspekte der 152
Kernenergie, Wirtschaftlichkeit der 139, 166 ff.
Kernenergieanlagen, ortsbewegliche 147 ff.
Kernkonzentration 13
Kernkraftwerk 2, 62, 65, 111, 112, 115, 117, 138, 152, 163, 198
—, Baukosten 152
—, Funktionsstufen im 62
—, ortsbewegliches 147, 150
—, Personalbedarf im 158
—, transportables 150
Kernspaltung 2, 3, 5, 14
—, Energielieferung durch Teilprozesse der 7
Kernwaffen 199
Kernwaffenplutonium 61, 83, 185, 187, 199
Kettenreaktion 1, 3, 14, 15, 57, 73, 83, 88, 114, 198
—, divergente 16
—, konstante 16
Klimaänderung 156, 195
Knochen 120
Knochensucher 120
Kobalt-60 69
Kohle 152, 157, 158, 167, 180, 188, 194, 196
Kohlendioxyd 21, 40
— als Kühlmittel 21, 37
—, Neutroneneinfangsquerschnitt von 37
—, Reaktion mit Graphit 29, 37

Kohlendioxyd, Wärmekapazität von 37
Kohlenoxyd 29, 37, 41
Kohlenstoff-14 102
Kohlenstoffstahl 40, 50, 64
Kohlenwasserstoffe 21, 32, 50
— als Kühlmittel 21, 32
— als Moderator 21
Koks 158
Konstruktionskosten 183
Konstruktionsmaterial 9
Kontamination 43, 63, 74
Kontrollstab 20, 21, 74
Kontrollstation 63
Konversion 46, 188, 196
Konversionsfaktor 19, 24, 48, 61, 85
Konversionsstoff 21, 24
—, Th-232 als 21, 24, 58, 59, 61, 82, 188
—, U-238 als 24, 82
Konzentration 16, 88
—, kritische 88
—, untere kritische 16
Korrosion 27, 32, 49, 52, 67, 74, 133, 137
— durch Hydridbildung 27
— durch Kühlmittel 33
— durch Natrium 36
— durch Natriumhydroxyd 36
— durch Natriumoxyd 36
— durch Nitridbildung 27
— durch Oxydbildung 27
— durch Wasser 34
Kraftwagen, Kernantrieb von 150, 158, 174
Kraftwerk, konventionelles 62, 184, 186
Kritische Anordnung 45, 72, 84, 88, 89, 91, 133, 147
Kritische Konzentration 88
Kritische Masse 17, 72, 88, 133
Kritischer Zustand 18
Krypton-89 118
Kühlkreislauf 48
—, primärer 48
Kühlmittel 17, 21, 23, 33 ff., 63, 75, 128
—, Aktivität im 63, 128
—, Blei als 34

Kühlmittel, Edelgase als 21, 27, 37
—, flüssige 33
—, flüssiges Natrium als 34 ff., 53 ff.
—, gasförmige 33, 37
—, geschmolzene Metalle als 21, 34
—, Helium als 37
—, Kohlendioxyd als 21, 37
—, Kohlenwasserstoffe als 21
—, Luft als 17, 23, 37
—, Neutronenabsorption durch 33
—, Quecksilber als 34
—, Salzschmelzen als 21
—, spezifische Wärme von 33
—, Strahlungsbeständigkeit der 33
—, Temperaturbeständigkeit der 33
—, Terphenyle als 34
—, Wärmeübergangszahlen 33
—, Wasser als 21, 33
—, Wismut als 34
Kühlwasser 43
Kupferuranglimmer 78

Landfahrzeuge mit Kernantrieb 150, 158
Landwirtschaft 167, 168, 173
Lastausgleich 179, 180 ff.
Lastfaktor 156, 179, 183, 184, 189, 190
Lastspitze 189
Lastverteilung 166, 190
Latenzzeit 97
Laufkraftwerk 170
Lebenserwartung, verkürzte 113
Lebensstandard 153, 195
Leber 120
Leckfaktor 15, 23
Leckverluste 16
Leistung 16, 20
—, konstante 16
—, thermische 18
Leistungsdichte 59, 147
Leistungsoszillation 47
Leistungsreaktor 14, 16, 28, 34, 66
Leistungsregelung 10, 38, 47
—, inhärente 47
Leistungsverlauf 20
Letaldosis 99
—, mittlere 99

Letalmutation 102
Leukämie 103
Liberale Wirtschaft 185
Lösungsmittel 86
Lösungsmittelextraktion 86
Luft 17, 63, 118, 119
—, Aktivitätskontrolle in der 63
— als Kühlmittel 17, 23, 37
—, Reaktion mit Graphit 29
Luftfahrzeuge mit Kernantrieb 147, 150, 158, 174, 198
Lunge 120, 121

Madagaskar 78, 83
Magische Zahlen 4
Magnesium 26, 179
—, Korrosion durch Wasser 34
— als Werkstoff 26
Marcoule 85
Maßeinheiten 92, 93
— der Dosisleistung 92, 93
— der Strahlendosis 92, 93
Masse, kritische 17, 72, 88, 133
Massendifferenz 82
Massenpsychose 159
Massenverhältnis 82
Massenzahl 5, 6
Materialermüdung durch Bestrahlung 28
Maxwellverteilung 13
— thermischer Neutronen 13
Mechanische Energie, Bedarfsgruppen für 173
Menge, kritische 16, 88
Milz 120
Mineralstoffzyklus 123
Mischspaltstoff 24
Mitteltemperaturwärme 171
Moderator 15, 17, 21, 28, 40, 128
—, Atomkonzentration im 28
—, Graphit als 17
Moderatorkühlung 46
Moderatorsubstanzen 14, 16, 22
—, Bremsverhältnis verschiedener 14
Mol (Belgien) 165
Moleküle, anomale Schwingungszustände der 95

Monazit 82, 83
Montana 79
Montmorillonit 131
Multiplikationsfaktor 14, 16, 17
—, effektiver 14, 15, 17
Muskulatur 120
Mutation 100, 101, 198
—, charakterliche 100
—, psychische 100
—, strahleninduzierte 100, 101
Mutationsrate 100
—, spontane 102

Nachrichtenwesen, Energiebedarf 173
Nachwärme 49, 65
Nahrungsmittel 107, 122, 124, 156, 195
—, radioaktive Verseuchung der 107, 122, 124
Nahrungszyklus 125, 136
Natrium 29
—, Absorptionsquerschnitt für thermische Neutronen 37
—, induzierte Radioaktivität 36, 54
—, Korrosionen durch 36
— als Kühlmittel 34, 52 ff., 59
—, Lösungsvermögen für Reaktorwerkstoffe 35
—, Umsetzung mit Graphit 29, 53
—, Umsetzung mit Wasser 36
—, Wärmeübergangszahlen 35, 36
Natrium-24 37
—, Halbwertszeit von 37
Natriumhydroxyd 36
—, Korrosionen durch 36
Natriumkühlung, zweistufige 55
Natriumoxyd 36, 54
—, Korrosionen durch 36, 54
Natriumuranat 80
Nautilus 49, 148
Neon 38
Neutrino 7
—, Wechselwirkung 7
Neutrinoemission 7
Neutron 3, 6, 7
—, Bindungsenergie 5
—, Energie 5

Neutronen, epithermische 6
—, Generationsfolge der prompten 18
—, kinetische Energie der prompten 7
—, kinetische Energie der verzögerten 7
—, langsame 5, 6, 15
—, prompte 4, 12, 19, 60
— —, Energie von 12
—, schnelle 5, 6, 16, 59, 67
—, thermische 5, 6, 15
— —, Diffusionszeit von 18
— —, Maxwell-Geschwindigkeitsverteilung von 13
— —, mittlere Geschwindigkeit von 13
—, verzögerte 4, 18, 19, 20
— —, Energie von 12
— —, mittlere Relaxation von 18
Neutronenabsorber 9, 89
—, starke 9, 89
Neutronenabsorption 9, 26, 91
— durch Nicht-Spaltstoffe 9
— — —, Charakteristika der 12
Neutronenbindungsenergie 4
Neutronenbremsung 12
Neutronenenergie 13
Neutronenfluß 14, 18, 63
Neutronenflußmesser 63
Neutronenökonomie 8, 9
Neutronenstrahler 4
Neutronenstrahlung 28, 66, 88, 90
Neutronenverstärker, Reaktor als 71
Niederschlag 119, 122
Niedertemperaturwärme 172, 173
—, Bedarfsgruppen für 172
Niederwasser 107
Nieren 120
Notabschaltung 38, 63, 64, 72, 75
Nutzfaktor, thermischer 15, 20

Oak Ridge 81, 88, 135
Öffentliche Meinung 163
— —, Beeinflussung der 162
Ölsand 196
Ölschiefer 78, 79, 196
—, Urangehalt der 78, 79

Oldbury 142, 186
Organ 97, 120
—, kritisches 120
—, Strahlenschädigung des 97, 120
Organisch moderierter Reaktor 50 ff.
Organische Flüssigkeiten 31 ff.
— — als Moderatoren 31 ff.
Organismus 97, 120, 124

Paarbildung 92
Palladium 131
Paraffinkohlenwasserstoffe 32
—, Strahlenempfindlichkeit der 32
Pechblende 78, 79, 80
Pegmetite, uranführende 78
Pellets, keramische 26
Perú 124
PFFBR 188
Phasenumwandlung 25, 26, 53, 71
— von Plutonium 26
— von Uran 25, 53, 71
Phosphate, uranführende 78, 79
Phosphorigsäureester 86
Phosphorsäureester 86
Photoeffekt 92
Photonen 91, 93
—, Durchdringungsvermögen von 91
Planwirtschaft 168, 185
Plutonium 23, 24, 48, 83, 84, 85, 87, 88, 89, 95, 114, 129, 191
—, Abtrennung 129
—, Alphastrahlung von 95
—, metallisches 26
— —, Phasenumwandlung von 26
Plutonium-239 4, 5, 6, 19, 21, 58, 61, 83, 85, 87, 133
—, Anreicherung mit 24
—, Bildung durch Resonanzabsorption 19
Plutonium-240 5, 61, 83, 84, 87
Plutonium-241 4, 5, 6, 57, 87
Plutoniumgutschrift 185, 187
Plutoniumionen 86
—, Komplexbildung der 86
Plutoniumnitrat 87
Plutoniumreaktoren 24, 61, 87
—, thermische 24, 61
Poços de Caldas 78

Polyphenyl 32, 50
—, Absorptionsquerschnitt für thermische Neutronen 32
—, Dampfdruck von 32
— als Heizmedium 172
—, Siedepunkt von 32
—, Viskosität von 32
Portugal 192
Positron 92, 93
Power excursion 114
Primärdampf 46
Primärenergie 157, 167, 168, 194
Primärkreislauf 51, 52, 54, 65
—, induzierte Radioaktivität im 54
Primärschaden, biologischer 96, 97
Produktionsindex 175
Prüfmethoden 41, 68, 69
—, zerstörungsfreie 69, 70
Psychische Reaktionen 159 ff., 163
Pumpspeicherwerk 180, 189

Quantenstrahlung 91
Quecksilber 34, 54
— als Kühlmittel 34

Rad 93
Radikale 95
—, zellfremde 95
Radioaktivität, induzierte 36, 54
Radioaktivität, natürliche 108, 110
— —, im Wasser 108, 110
Radioaktivitätskontrolle 43, 63
Radiolyse 30
Radium 77, 120
Radium-226, 102
Radium Hill 78
Raketen 1, 138
RBW 93
Reaktivität 18, 19, 74, 75, 141
—, aussteuerbare 19
—, Temperaturkoeffizient der 75
Reaktivitätsreserve 18, 19, 20, 83
Reaktor 8, 14, 114
—, Anfahren 64, 74
— BORAX 114
—, chemotechnischer 170
— CP-1 17
— EBR I 71, 72

Sachverzeichnis

Reaktor, heterogener 17, 34
—, homogener 22
—, Instrumentierung 63 ff.
—, natriumgekühlter 65
—, Neutronenökonomie 8
— als Neutronenverstärker 71
— NRX 68
—, organisch moderierter 50 ff., 149
— —, Aufbau des 21
— —, Konstruktionsstoffe des 21
— —, als Schiffsantrieb 149
—, ortsbeweglicher 147
— PFFBR 188
— SUPO 114
—, thermischer 14 ff., 16, 59, 61, 196
— —, natriumgekühlter 52 ff.
—, überkritischer 51
—, unendlich ausgedehnter 15
—, Vergiftung durch Spaltprodukte 74
Reaktorenaufbau 22
Reaktorendurchgang 75, 114
Reaktorkern 23, 63, 64
Reaktorkontrolle 16, 20, 21
Reaktorleistung 10, 14, 84
—, Instabilitäten der 47
—, Oszillationen der 47
—, Regelung der 10, 38
—, Selbstregelung der 47
—, Steuerung der 10, 21, 38
—, Strahlungsanteil an der 7, 84
Reaktorperiode 4, 19, 24
Reaktorregelung 18, 20, 38
Reaktorsicherheit 8, 23, 30, 42, 65, 68
Reaktorsteuerung 18, 20, 38
Reaktortypen 39 ff., 139
—, technisch angewendete 39 ff.
Reaktorunfall 65, 66 ff., 76, 106, 112 ff., 114, 126, 160, 165
—, Gefahrenzone bei einem 115
—, Wahrscheinlichkeit für einen 76, 126, 198
Reaktorvergiftung 39
Reflektor 22, 40
Regelmaterialien 38
Regelstab 20, 21, 74
Regelsystem, humoral-nervales 97

Regelung 10, 18, 38
— der Reaktorleistung 10,18, 38
Regenerierung 127
Reichweite der Alphastrahlung 94
— der Betastrahlung 94
Relative biologische Wirksamkeit (RBW) 93
rem 93
rep 93
Resonanzabsorption 6, 12, 15
Resonanzbereich 17
Resonanzenergie 6
Resonanzentkommwahrscheinlichkeit 15, 17
Resonanzmaximum 6
Resonanzstellen 6
Resorption 122
— durch die Haut 122
Rhodium 131
Risoe, Kernforschungsanlage 68
Röntgen (r) 93
Röntgenstrahlung 92
Rohstoffe 153, 157, 194, 195
Rohstoffversorgung 157, 195, 199
Rubidium-89 118, 122
Rückkühlwerke 43, 105
Rückstoßkern 7
Ruthenium 131

Salpetersäure 86
Sattdampf 46
Sattelkurve 9
Sauerstoff, Aktivierung zu N-16 33
Schädigung, genetische 97
—, somatische 97
Schiffsantrieb, nuklearer 52, 124, 174, 193
—, —, Wirtschaftlichkeit 149
Schild, biologischer 42, 43, 51, 65, 93, 104, 141
—, thermischer 43
Schilddrüse 120
Schneeberg 78
Schnellabschaltung 38, 63, 64, 72, 75
Schnellbrüter 58, 60, 65
Schnellspaltfaktor 15
Schutzgehäuse 114, 141, 151
Schutzraum 117

Schweden 164, 172
Schweiz 164
Schwerwasser 21, 31, 45, 46, 49, 128, 179
—, Verluste an 46
Schwingungszustände, anomale 95
Seawolf 54, 68
Sedimentation 145
Seetang, Jodspeicherung durch 124
Sekundärdampf 46
Sekundärkreislauf 52
Selbstabsorption 84, 105
Selbsterhitzung 84, 87, 130, 131
Selbstregelung 47
Selbsttemperung 29
— durch Wignerenergie 29
Seltene Erden 83, 120
Shinkolobwe 78
Shippingport 49
Sicherheit 16, 68, 73, 138 ff.
—, inhärente 73
Sicherheitsanforderungen 23, 140
Sicherheitsbehälter 65, 68, 70, 141
—, natürliche 66
Sicherheitsbericht 140 ff., 143
—, Fragebogen zum 143
—, geologische Daten zum 141
—, hydrologische Daten zum 141
—, meteorologische Daten zum 141, 143
—, seismologische Daten zum 141
Sicherheitsradius 65
Siedewasserreaktor 45 ff., 65
Sizewell 186
Sonnenenergie 194, 195
Sowjetunion 168, 169, 178, 180
soziale Desorganisierung 161
Sozialprodukt, Verteilung auf der Erde 154
Sozialstruktur und Kernenergie 152
Soziologie und Kernenergie 152
Soziopsychologie und Kernenergie
Spätschaden 98 [159
Spaltneutronenausbeute 15
—, thermische 15
Spaltprodukte 4, 7, 8, 19, 24, 26, 41, 47, 65, 69, 70, 71, 75, 84, 85, 87, 106, 115, 116, 117, 134, 151, 197

Spaltprodukte, Beseitigung der 129, 133 ff.
—, Betazerfall der 7, 94
—, Diffusion von 25
—, flüchtige 86, 118
—, gasförmige 86, 118
—, kinetische Energie der 7
—, langlebige Strahler in 84
—, Massenhäufigkeit der 10 ff.
—, Massenverteilung der 8
—, Nachwärme 49
—, Neutronenabsorption durch 19
—, Reaktorvergiftung durch 74
—, relative Häufigkeit der 8
— als Rohstoff 132
—, Selbsterhitzung der 84, 87, 130, 131
—, Verwertung der 130, 131, 132
—, Wärmeleistung der 130
—, Zeitabhängigkeit der Gammaaktivität der 116
Spaltprozeß 5, 15, 57, 64
Spaltstoff 6, 15, 21, 46, 57, 61, 87, 128, 133
—, Einfang thermischer Neutronen durch 15
—, Konzentration im Kernbrennstoff 17
—, Mindestkonzentration von 16
—, Mindestmenge von 17
—, Transport von 133
—, zukünftiger Verbrauch an 129, 196
Spaltstoffbilanz 57
Spaltstoffgenerator, Brutreaktor als 60
Spaltstoffinventar 61
Spaltung 5, 15, 57
—, Energiebilanz der 8
—, Massenverteilungsspektrum bei der 8
—, schnelle 5
Spaltungskatalysator, Neutronen als 3
Spaltungsneutronen 3, 4, 19
—, schnelle 15, 17
—, sekundäre 3, 4
Spaltungsrate 14
—, stationäre 16

Spaltungswahrscheinlichkeit 5
Spannungsbruch 67
Spannungskorrosion 67
Speicherkraftwerk 170, 180, 189
Speicherung 120
—, selektive 120
Speicherwärme 196
Speisewasser 63
—, Aktivitätskontrolle im 63
Spikes 67
Stahlindustrie 158, 171, 173, 175, 179
Standort 8, 38, 110, 115, 138 ff., 143, 182
—, wirtschaftlich optimaler 139
Startunfall 75
Steinkohleneinheiten 167
Steinkohlenteer 32
Sterilisation von Lebensmitteln 170
Steuerung 10
— der Reaktorleistung 10
Stickstoff-16 33
Strahlenauswirkung, biologische 95, 99
Strahlenbelastung 101
—, natürliche 101, 102
Strahlendosis 92, 93, 96, 97, 98, 100, 101, 102, 116, 117
—, tödliche 97, 99, 115
Straleneinwirkung 103 ff., 118
—, äußere 105 ff., 114 ff., 119
—, Disproportionierung der 118
—, innere 119 ff.
—, Ursachen der 103 ff.
Strahlenkrankheit 99
Strahlenquellen 88
Strahlenresistenz 32, 87
— von Extraktionsmitteln 87
— von Kohlenwasserstoffen 32
Strahlenschaden, biologischer 97, 123, 198
— —, Genese des 98
— —, latenter 98
— —, primärer 97
— —, Symptome des 122
Strahlenschädigung, Schema der 126
Strahlenschutz 42, 103, 117 ff.
Strahlenwirkung 95, 116
—, primäre biologische 95

Strahlung, biologische Wirkung radioaktiver 90
—, kosmische 102
Strahlungsabsorption 99
—, biologische Auswirkung einer 99
Strahlungsenergie 170
Strahlungsschädigung 25, 26, 67, 97
—, biologische 97
— —, Ablauf der 97
— der Brennelementhülsen 26
— des Kernbrennstoffes 26
— der Paraffinkohlenwasserstoffe 32
— der Werkstoffe 67
Streuprozesse 13, 92
—, elastische 13
Streuquerschnitt 13
Strontium 88, 107, 129, 130 ff.
Strontium-89 88, 118, 122
Strontium-90 88, 130 ff.
—, Abscheidung von 130
—, Nutzung von 129, 130, 131
— — — als Dauerwärmequelle 131
Süßwasserherstellung 172
SUPO 114

Tellur-135 74
Temperaturfühler 63, 71
Temperaturkontrolle 71
Terphenyl 32, 50, 51, 56
—, Absorptionsquerschnitt für thermische Neutronen 32
—, Brennbarkeit von 51
—, Schmierwirkung 51
—. Strahlenempfindlichkeit 32
— Temperaturbeständigkeit von 32
—, Viskosität von 32
Thermischer Schild 43
Thermoelemente 43, 63, 64, 71
Thorianit 78, 83
Thorium 53, 77, 82 ff., 196
Thorium-232 5, 15, 19, 21, 58, 59, 61, 188
— als Konversionsstoff 21, 24, 58, 59, 61, 82, 188
—, Resonanzbereich von 17
—, Spaltbarkeit 6
Thoriumerze 82 ff., 152
Thoriumoxyd 83

Tokai Mura 191
Toleranzdosis 98, 101, 102
Toleranzgrenze, genetische 100, 101.
Toluol 56 [102
Torbernit 78
Translokation 99
Transportwesen, Energiebedarf 174
Trawsfynydd 186
Trefferschaden 96, 99
—, genetischer 99
Trenndüsenverfahren 82
Trennfaktor 81, 82
Trimmer 20
Trinkwasser 122, 198
—, radioaktive Verseuchung von 122
Turbulenz, Aktivitätsausbreitung durch 116
Tuyamunit 78

Überhitzung 43, 63, 75
— von Dampf 45, 186
Überschußenergie 6
Überschußreaktivität 20, 74
unterentwickelte Länder 153, 161, 168, 197, 199
Untergrundexplosion 196
Unterkühlung 74, 75
Unterkühlungsunfall 74, 75
Unterseeboot 148, 149
Uran 3, 17, 77, 85, 95, 196
—, abgereichertes 81, 82
—, Alphastrahlung von 95
—, angereichertes 24, 30, 46, 53, 61, 80 ff., 88, 179
— als Brutstoff 82
—, Extraktion mit Lösungsmittel 86
—, Gehalt von Erzen an 79
—, Lagerstätten 77
—, metallisches 25, 40, 53, 71
—, natürliches 17, 24, 40, 45, 49, 52, 61
—, Phasenumwandlung von 25, 53
—, Rückgewinnung von 129
—, Vorkommen 77 ff.
—, Vorräte an 79
Uran-233 4, 5, 6, 19, 21, 58, 59, 114, 133
—, Anreicherung mit 24, 53
—, Bildung durch Resonanzabsorption 19

Uran-233 als Spaltstoff 21
Uran-234 5
Uran-235 4, 5, 6, 21, 53, 58, 61, 80, 84, 95, 114, 129, 133
—, Alphastrahlung von 95
—, Anreicherung von 80 ff.
—, Spaltbarkeit 5, 6
— als Spaltstoff 21
Uran-236 5
Uran-238 4, 5, 6, 15, 21, 58, 59, 61, 81, 188
— als Konversionsstoff 21, 24, 58, 59, 188
—, Resonanzbereich von 17
—, Spaltbarkeit 5, 6
Urancarbid 27
Uranerze 77 ff., 79, 152
—, Aufbereitung der 80
Uranhexafluorid 80, 81
Uraninit 78
Uranmineralien 77 ff.
Uranocircit 78
Uranoxyd, gelbes 80
Urantetrafluorid 80
Uranvorkommen 77 ff., 196
Uranylionen 86
—, Komplexbildung der 86
Uranylnitrat 87
Urgeirica 78

Västerås 172
Verbundbetrieb 180 ff.
Verbundnetz 180 ff., 182, 189
—, europäisches 181
—, Investierungen für 180
—, Übertragungsspannungen im 180
Verbundsystem 179, 180, 189, 190, 197
Verdünnungsfaktor 105
Vereinigte Staaten 108, 135, 164, 168, 169, 180, 188, 191
Vernichtungsstrahlung 92, 93
Verseuchung, radioaktive 43, 63, 122, 198
—, — der Kühlluft 43
—, — der Luft 198
—, — der Nahrungsmittel 122, 198
—, — des Trinkwassers 122, 198
—, — des Umlaufgases 43

Sachverzeichnis

Versteppung 156, 195
Verteilungskoeffizient 86
Vierfaktorenformel 15, 16, 17
Viskosität 32, 50
Volkseinkommen 153, 197
Volumen, kritisches 89
Volumenzunahme 25
— bei Phasenumwandlungen 25
Vorfluter 105, 107
—, Konstanz der Wasserführung im 107

Wärme, geothermische 196
Wärmeaustauscher 22, 23, 40, 65, 68
Wärmeenergie, Aufschlüsselung 171
Wärmeleitfähigkeit 26, 63, 131
Wärmespannungen 36
Wärmestauungen 63
Wärmeübergang 33
— von Kühlmitteln 33
Wärmeübergangszahlen 33
Wärmeüberträger 171
—, Diphenyl als 172
—, Druckwasser als 172
—, Gase als 171, 172
—, Polyphenyle als 172
—, Terphenyle als 172
—, Wasser als 172
Warmhausanlagen 172
Warneinrichtungen 117, 119
Warnsystem 119
Wasser 14, 30, 104, 108, 109
—, Bremsverhältnis von 14, 30
—, Dampfdruck 31
—, leichtes 14, 21, 46
—, Radioaktivität im 104, 109, 122, 198
— —, Kontrollmethoden für die 109
—, radiolytische Zersetzung von 30
—, Reaktion mit Graphit 29
—, schweres 21, 31, 45, 46, 49, 128, 179
— —, Kosten für 31
— — als Moderator 30
— — als Moderator 31
—, spez. Wärme von 34
—, Verdampfungswärme 34
Wasserkraft 167, 169, 170, 194

Wasserkraftwerk 167, 170, 180, 189
Wasserstoff 14, 37
—, leichter 14
Wasserstoffbombe 103
Wasserstoffsuperoxyd 95
Waste Disposal 125
Weltbevölkerung 155, 156, 194
Weltgesundheitsorganisation 160
Werkstoffe 26, 66, 67, 186
—, Dauerfestigkeit der 67
—, Strahlenschädigung der 67
Wettbewerb, freier 182, 188
WIGNER-Energie 26, 29, 43
Windenergie 194
Windscale 23, 30, 71, 72, 119, 123
Wirkungsgrad 27, 35, 44, 45, 56, 156, 166, 182, 183
Wirkungsquerschnitt 6
Wirtschaftlichkeit 139, 182
— der Kernenergie 139, 182 ff.
Wismut als Kühlmittel 34
Witwatersrand 78
Wyoming 79

Xenon-135 10, 74
—, Neutronenabsorption durch 12, 74

Yellow cake 80
Yttrium-89 118

Zelle 96, 97
Zellgift 95
Zellhaushalt 95
Zellkern 96
—, Stoffwechsel des 96
Zerfallsgeschwindigkeit 9, 84
Zerfallsgesetz 84
Zerfallsreihe 7, 118
Zersetzung, radiolytische 30
Zircalloy 26, 48
Zirkon 26, 48, 78
— als Werkstoff 26, 48, 53
Zustand, kritischer 18
Zuwachsfaktor 92
Zwei-von-drei-Prinzip 64
Zwischengitterplatz 67
Zwischengitterplatzatome 67
Zwischenkreislauf 55, 56

MIX
Papier aus verantwortungsvollen Quellen
Paper from responsible sources
FSC® C105338

If you have any concerns about our products,
you can contact us on
ProductSafety@springernature.com

In case Publisher is established outside the EU,
the EU authorized representative is:
**Springer Nature Customer Service Center GmbH
Europaplatz 3, 69115 Heidelberg, Germany**

Printed by Libri Plureos GmbH
in Hamburg, Germany